U0133699

3ds Max 2010中文版
从入门到精通

侯鹏志　刘　芸　郭圣路　等编著

電子工業出版社
Publishing House of Electronics Industry
北京·BEIJING

内 容 简 介

3ds Max 2010是全球著名三维动画设计软件,使用它不仅可以制作各种三维动画、电影特效,还可以进行建筑设计和工业设计等。本书详细地讲解了3ds Max 2010的命令及各种操作工具的使用,以及基本技巧和方法等基础知识。在讲解完每一种工具或者知识点之后,一般,都会针对性地附加了一个或者多个操作实例来帮助读者熟悉并巩固所学的知识。另外,在本书的最后还设计了几个综合性实例,起到触类旁通的作用,以帮助读者更好地掌握所学的知识。本书采用分步教学及循序渐进的讲解方式,结合详细讲解的操作实例,可以使读者很轻松地掌握3ds Max 2010的各方面知识,包括建模、赋予材质、设置灯光及渲染等,并能够为顺利地进入到相关的专业领域打下良好的基础,比如建筑效果图的设计、动画制作及影视片头的制作等。

本书适合打算学习3ds Max 2010的初级和中级读者,以及美术学院、相关院校和电脑培训班的学生阅读与使用,也可以作为各类3ds Max爱好者的参考用书。

图书在版编目(CIP)数据

3ds Max 2010中文版从入门到精通/侯鹏志,刘芸,郭圣路等编著.一北京:电子工业出版社,2010.4
ISBN 978-7-121-10425-1

Ⅰ.3… Ⅱ.①侯…②刘…③郭… Ⅲ.三维—动画—图形软件,3ds Max 2010 Ⅳ.TP391.41

中国版本图书馆CIP数据核字(2010)第029882号

责任编辑:李红玉
文字编辑:姜 影
印   刷:北京天竺颖华印刷厂
装   订:三河市鑫金马印装有限公司
出版发行:电子工业出版社
         北京市海淀区万寿路173信箱   邮编:100036
         北京市海淀区翠微东里甲2号   邮编:100036
开   本:787×1092 1/16   印张:24.75   字数:630千字
印   次:2010年4月第1次印刷
定   价:47.00元

前　言

3ds Max 2010软件是欧特克（Autodesk）公司在2009年年底发布的最新版本，它集建模、动画、材质设置和渲染方案为一体，具有很好的人机交互功能和适用性，被全球很多的客户所使用，并获得过很多的国际大奖。

新版软件能够有效解决由于不断增长的3D工作流程的复杂性对数据管理、角色动画及其速度/性能提升的要求，是目前业界帮助客户实现游戏开发、电影和视频制作以及可视化设计中3D创意的最受欢迎的解决方案之一。同时也被国内越来越多的爱好者所接受和使用。为了让读者更好地认识和掌握3ds Max 2010，我们精心设计并编写了这本图书。

比如，制作UE3（虚幻引擎3）的著名游戏设计公司Epic就是3ds Max软件的签约客户，最近其游戏引擎被索尼电脑娱乐公司选用为新版PLAYSTATION 3的软件开发工具包。它就得益于3ds Max在其项目管理的优越性，像《指环王》系列、《木乃伊》系列和《金刚》系列中的很多镜头就是使用3ds Max制作的。国内拍摄的很多电影中也可见到3ds Max的身影，像《功夫》、《十面埋伏》和《无极》等，可见3ds Max的重要性。

新版本3ds Max 2010的所有新增特性和性能能够满足动画师处理针对更为复杂的特效项目、下一代游戏机游戏和照片质量可视化设计的需求。新的角色开发功能包括：先进的角色设定工具、运动混合功能和运动重定目标功能（非线性动画）。其功能包括：首先是执行效率的提高，其次是核心编码的改进，从而使3ds Max运行得更快，另外还增加了点缓冲，而且在其他模块中都进行了优化和改进。复杂数据和资源管理的新增性能继续支持与第三方资源管理系统的互联。

在新版本中，Autodesk又推出了业界首款针对3ds Max、可扩展的mental ray 3.7网络渲染解算选项。这次基于自有技术的新增性能为使用3ds Max软件的用户带来极大的渲染便利。3D设计师可以在没有增加费用的情况下采用集成的mental ray渲染器在网络上分发3ds Max渲染任务（通过Backburner），从而能够根据网络限制或渲染服务器能力来有效地分配mental ray 3.7的渲染资源。3ds Max软件的发布极大提高了客户的制作效率。它能为客户提供更灵活的mental ray 3.7网络渲染构架，能够自由配置其渲染服务器从而获得更大的成本优势。

根据3ds Max 2010的功能，本书共分为6篇，16章。

本书属于应用型教材，具有以下四大特点：

（一）内容全面：包含3ds Max 2010几乎所有的功能介绍。

（二）技术实用：本书既有基础知识的介绍，也有相关领域的应用介绍。

（三）案例实用：本书所选实例都具有一定的针对性，比如在广告设计领域和影视制作领域等。

（四）资源丰富：本书附带随书配套资料，在配套资料中不仅包含一本书实例的场景文件（也叫线架文件）、贴图文件，还附带了大量的实用贴图和光域网文件，以供读者学习和使用。

关于读者对象

本书适合那些想学习3ds Max的读者朋友阅读和使用。适合初、中级读者，以及想进一步提高自己制作水平的朋友，也可以作为相关培训机构和大、中专院校相关专业的教材。

给读者的一点学习建议

根据很多人的学习经验，学习好3ds Max必须掌握关于它的工具和基本操作，就像我们开始学习语文课的过程，先从基本的拼音学起，然后逐步地学习汉字。根据这一体会，本书介绍的基础知识比较多，为的是让读者掌握好这些基本功，为以后的制作打下良好的基础。3ds Max涉及的领域比较多，本书的内容介绍比较全面。希望读者耐心地阅读和学习，多操作、多练习、多尝试，不要怕出错，更不要因为出现一些解决不了的问题就气馁，"失败乃成功之母"。一时出现解决不了的问题或者不明白的问题都是很正常的，通过多练习、多操作就可以解决遇到的问题。

虽然本书内容全面，但是只学习本书中的知识还是不够的，读者还需要多进行学习和实践才能真正地精通3ds Max 2010。

关于计算机的配置问题

3ds Max 2010所要求的系统配置并不太高，但制作大型的建筑场景甚至动画则需要较专业的配置。在此给出两套配置建议：一般家用配置的建议（可以满足一般性的学习需要），如果条件允许，可以配置一台性能稍微高的机器；对于专业设计人员，则需要好一些的工作站配置，如果经济条件允许，那么不妨找一些顶级的配件组装起来，打造一个"梦工厂"三维动画工作站。

1. 一般家用配置

（1）操作系统。一般的家用电脑配上Windows XP SP2、Windows XP SP3或Windows Vista操作系统就可以运行。

（2）CPU。双核CPU及以上，CPU的主频越高越好，它是影响软件运行速度的最重要因素。

（3）内存。DDR，512MB及以上，最好1GB。如果机器已经购买可以对现有内存进行升级以提高性能。如果内存不足将使处理大场景变得非常困难。

（4）显卡。要求显卡至少支持分辨率1024×768×16位色。如果想使显示流畅，那么在显卡上多花点钱也是值得的。推荐使用ATI公司的Radeon系列显卡，与其他显卡相比，除显示速度得到极大提高外，画面质量非常出众，颜色鲜艳柔和，即使较大场景，显示也较为流畅。

（5）显示器。用14英寸的显示器进行三维创作是非常吃力的。长期盯着小屏幕的显示器对眼睛也非常不利。建议使用17英寸或者19英寸的显示器。

（6）硬盘。现在小容量的硬盘想买到也不大容易，即使买上也至少是40GB的。最好选用质量更好的高速硬盘（7200转/分）。

2. 专业工作站配置

（1）操作系统。Windows 2000 SP4或者XP SP2、XP SP3、Vista操作系统。

（2）CPU。双核CPU或者4核CPU，这种CPU可大幅提高系统性能。

（3）内存。1GB DDR内存。最好配备2GB以上。高质量的内存吞吐速度快且在进行大量数据运算时具有极高的稳定性，是三维工作者的首选。而双核的CPU在DDR内存的"护航"下才能较好地发挥性能。

（4）显卡。专业的图形工作站与普通工作站的最大区别就在于专业的图形显卡，这也是其价格昂贵的主要原因。

所谓专业显卡，是指对一些专门用于制作三维动画的软件有特殊用处的显卡。

当然，这些都要根据用户的实际情况来配置。

特别提示

在编写本书的过程中，由于内容需要，使用到了一些人名和公司名称，这些名称都是虚构的，如有雷同，纯属巧合。

关于作者

本书由郭圣路统稿，侯鹏志和刘芸主编，参加编写工作的还有苗玉敏、芮鸿、刘国力、白慧双、宋怀营、张兴贞、庞占英、芮鸿、王广兴、吴战、尚恒勇、张荣圣、仝红新、杨红霞、孙静静、杨凯芳和袁海军等。

由于作者水平有限，编写时间仓促，书中难免有不妥之处，望广大读者朋友和同行批评和指正。

为方便读者阅读，若需要本书配套资料，请登录"北京美迪亚电子信息有限公司"（http://www.medias.com.cn），在"资料下载"页面进行下载。

V

目　　录

第1篇　3ds Max 2010中文版基础

第1章　初识3ds Max 2010中文版 2

1.1　3ds Max 2010中文版简介 2

1.2　3ds Max 2010中文版的功能及用途 2

1.3　3ds Max 2010中文版的新增功能简介 3

1.4　安装、启动与退出3ds Max 2010中文版 4

1.5　3ds Max 2010中文版的启动和退出 5

1.6　常用概念简介 6

1.7　可支持的文件格式 11

1.8　工作流程简介 13

1.9　界面构成 14

第2章　基本操作 26

2.1　自定制3ds Max 2010中文版的工作界面 26

2.1.1　自定制键盘快捷键、工具栏、菜单和颜色 26

2.1.2　改变工作界面的视图布局 28

2.1.3　改变视图的类型 29

2.1.4　改变视图中物体的显示模式 29

2.1.5　去掉视图中的网格 30

2.2　文件操作 30

2.2.1　新建与保存一个3ds Max场景 .30

2.2.2　打开3ds Max 2010中文版文件 31

2.2.3　合并场景 31

2.2.4　重置3ds Max 2010中文版系统 32

2.2.5　改变文件的打开路径和保存路径 32

2.3　创建基本的物体 33

2.4　对场景中物体的基本操作 34

2.4.1　选择物体 34

2.4.2　移动、旋转和缩放物体 36

2.4.3　复制物体 37

2.4.4　组合物体 38

2.4.5　排列物体 39

2.4.6　删除物体 39

2.4.7　改变物体的轴心 39

第2篇　制作模型

第3章　基础建模 44

3.1　创建标准基本体 44

3.1.1　标准基本体的种类 44

3.1.2　标准基本体的创建 45

3.2　创建扩展基本体 47

3.2.1　扩展基本体的种类 47

3.2.2　扩展基本体的创建 47

3.3　使用二维图形创建模型 48

3.3.1　二维图形的种类 48

3.3.2　二维物体的创建 49

3.3.3　"文本"工具 50

3.3.4　其他样条线工具 51

3.3.5　扩展样条线 51

3.4　实例：沙发和茶几 51

第4章　创建复合物体 57

4.1　创建复合物体的工具 57

4.2　变形工具 57

4.3　使用布尔工具创建物体 58

4.4　散布工具 60

4.4.1 散布工具的操作过程 60
4.4.2 参数面板介绍 62
4.5 创建放样物体 63
4.5.1 放样的基本操作 63
4.5.2 参数面板 64
4.5.3 放样物体的变形 66
4.5.4 放样物体的缩放变形 66
4.6 创建地形模型 68
4.6.1 地形工具的操作 68
4.6.2 参数面板介绍 69
4.7 创建图形合并物体 70
4.8 一致工具 71
4.9 连接工具 72
4.10 水滴网格工具 72
4.11 ProBoolean（预布尔）工具 72
4.12 ProCutter（预散布）工具 73
4.13 实例：茶杯和茶壶 74

第5章 使用修改器 81
5.1 修改面板 81
5.2 变形修改器 83
5.2.1 扭曲修改器 83
5.2.2 噪波修改器 84
5.2.3 弯曲修改器 85
5.2.4 拉伸修改器 86
5.2.5 挤压修改器 87
5.2.6 涟漪修改器 88
5.2.7 波纹修改器 89
5.2.8 晶格修改器 89
5.2.9 FFD4×4×4修改器 90
5.2.10 面挤出修改器 92
5.3 二维造型修改器 92
5.3.1 挤出修改器 92
5.3.2 车削修改器 93
5.3.3 倒角修改器 95
5.4 其他修改器简介 96
5.4.1 贴图缩放器修改器 96
5.4.2 路径变形修改器 96
5.4.3 区域限定变形修改器 97
5.4.4 倒角剖面修改器 97

5.4.5 摄影机贴图修改器 97
5.4.6 补洞修改器 97
5.4.7 删除网格修改器 98
5.4.8 替换修改器 98
5.4.9 圆角/切角修改器 98
5.4.10 柔体修改器 98
5.4.11 材质修改器 98
5.4.12 融化修改器 98
5.4.13 网格平滑修改器 98
5.4.14 变形器修改器 99
5.4.15 多分辨率修改器 99
5.4.16 优化修改器 99
5.4.17 推力修改器 99
5.4.18 壳修改器 100
5.4.19 倾斜修改器 100
5.4.20 切片修改器 100
5.4.21 平滑修改器 100
5.4.22 球形化修改器 100
5.4.23 曲面修改器 101
5.4.24 UVW贴图修改器 101
5.4.25 Hair和Fur修改器 101
5.5 实例：恐龙 102

第6章 石墨建模工具初探 115
6.1 石墨建模工具简介 115
6.2 石墨建模工具的选项卡简介 116
6.2.1 "石墨建模工具"选项卡 117
6.2.2 "自由形式"选项卡 127
6.2.3 "选择"选项卡 129

第7章 创建建筑模型 131
7.1 创建AEC扩展体 131
7.1.1 创建植物 131
7.1.2 创建栏杆 133
7.1.3 创建墙模型 134
7.2 创建楼梯 136
7.2.1 创建L型楼梯 137
7.2.2 参数面板 137
7.2.3 创建直角型楼梯 139
7.2.4 创建U型楼梯 139

7.2.5 创建螺旋型楼梯 139

7.3 创建门 139

  7.3.1 创建推拉门 140

  7.3.2 参数面板 140

  7.3.3 创建枢轴门 141

  7.3.4 创建折叠门 141

7.4 创建窗户 141

  7.4.1 创建平开窗 142

  7.4.2 参数面板 142

  7.4.3 创建遮蓬式窗 143

  7.4.4 固定窗 143

  7.4.5 旋开窗 143

  7.4.6 伸出式窗 144

  7.4.7 推拉窗 144

7.5 实例：L型楼梯 144

第8章 曲面建模 148

8.1 NURBS简介 148

8.2 使用NURBS建模的优点 149

8.3 曲线 149

  8.3.1 创建曲线 150

  8.3.2 CV曲线的选项 151

  8.3.3 编辑曲线 153

8.4 曲面 158

  8.4.1 创建曲面 160

  8.4.2 编辑曲面 167

8.5 实例：使用NURBS制作一艘汽
艇 170

第3篇 材质与灯光

第9章 材质与贴图初识 178

9.1 材质的概念及作用 178

9.2 材质编辑器 178

9.3 材质/贴图浏览器 189

9.4 材质坐标 189

9.5 关于材质的基本操作 190

  9.5.1 获取材质 190

  9.5.2 保存材质 190

  9.5.3 删除材质 190

  9.5.4 赋予材质 191

  9.5.5 使材质分级 191

  9.5.6 使用材质库 192

9.6 材质的类型 193

  9.6.1 标准材质 193

  9.6.2 光线跟踪材质 193

  9.6.3 高级照明覆盖材质 194

  9.6.4 建筑材质 195

  9.6.5 混合材质 196

  9.6.6 合成材质 197

  9.6.7 双面材质 197

  9.6.8 多维/子对象材质 197

  9.6.9 变形器材质 198

  9.6.10 虫漆材质 199

  9.6.11 顶/底材质 199

  9.6.12 无光/投影材质 200

  9.6.13 Ink'n Paint材质 201

  9.6.14 壳材质 203

  9.6.15 外部参照材质 203

9.7 贴图 204

  9.7.1 贴图的概念 204

  9.7.2 贴图类型 204

  9.7.3 2D贴图 204

  9.7.4 3D贴图 206

  9.7.5 合成器贴图 208

  9.7.6 颜色修改器贴图 209

  9.7.7 其他贴图类型 209

  9.7.8 位图贴图的指定与设置 210

9.8 实例：室内静物 212

第10章 灯光 217

10.1 标准灯光 217

  10.1.1 目标聚光灯 217

  10.1.2 自由聚光灯 218

  10.1.3 目标平行灯 218

  10.1.4 自由平行光 219

  10.1.5 泛光灯 219

  10.1.6 天光 219

  10.1.7 mr区域泛光灯 219

10.1.8　mr区域聚光灯 220
10.2　光度学灯光 220
10.2.1　目标灯光 220
10.2.2　自由灯光 221
10.2.3　光度学灯光的类型设置 221
10.3　系统灯光 223
10.4　灯光的基本操作 224
10.4.1　灯光的开启与关闭 224
10.4.2　阴影的开启与关闭 224
10.4.3　设置和修改阴影的类型和
效果 225

10.4.4　排除照射的物体 227
10.4.5　增加和减小灯光的亮度 228
10.4.6　设置灯光的颜色 228
10.4.7　设置灯光的衰减范围 228
10.4.8　设置阴影的颜色和密度 229
10.4.9　使用灯光投射阴影 229
10.4.10　设置光度学灯光的亮度和
颜色 229
10.5　设置灯光的原则 230
10.6　实例：设置客厅中的灯光 232

第4篇　摄影机、渲染与特效

第11章　摄影机 246
11.1　摄影机简介及类型 246
11.2　创建摄影机 247
11.3　摄影机的共用参数简介 249
11.4　多重过滤渲染效果 250
11.5　两点透视 252
11.6　实例：使用摄影机制作一个简单
的建筑浏览动画 253

第12章　渲染 258
12.1　渲染简介 258
12.2　渲染工具 258
12.3　渲染静态图像和动态图像 260
12.3.1　静态图像的渲染 260
12.3.2　动态图像的渲染 261
12.4　mental ray渲染器 262
12.4.1　使用mental ray渲染器的设
置 263
12.4.2　使用mental ray渲染器可渲
染的效果 263
12.4.3　相关选项介绍 265
12.5　高级照明渲染——光能传递 266

12.6　高级照明覆盖材质 268
12.7　光跟踪器 269
12.8　其他渲染器简介——Lightscape、
VRay、Brazil和FinalRender 270
12.8.1　Lightscape渲染器 271
12.8.2　FinalRender/VRay/Brazil渲染
器 271
12.9　实例：使用光能传递渲染一个室
内效果图——客厅 272

第13章　环境与特效 279
13.1　"环境"编辑器 279
13.1.1　曝光控制 279
13.1.2　大气效果 281
13.1.3　雾效果 281
13.1.4　体积雾 282
13.1.5　体积光 284
13.1.6　火效果 286
13.2　"效果"面板 288
13.3　Hair和Fur面板 290
13.4　实例：双烛衬"喜" 291

第5篇　动　画

第14章　动画入门 298
14.1　动画的概念 298
14.2　吹风机由小变大的效果 299

14.3　路径动画 300
14.3.1　飞行的火箭 300
14.3.2　运动面板简介 303

14.3.3　运动控制器简介 304
14.4　动力学反应器 306
　　14.4.1　reactor工具面板 307
　　14.4.2　创建刚体动画 308
　　14.4.3　创建液体动画 309
14.5　使用轨迹视图 311
　　14.5.1　菜单栏 312
　　14.5.2　控制器面板 312
　　14.5.3　关键帧窗口 313
　　14.5.4　轨迹视图工具栏 313
　　14.5.5　控制区工具 314
　　14.5.6　摄影表工具栏 314
　　14.5.7　使用轨迹视图调整弹簧的弹
　　　　　　跳 315
14.6　Video Post视频合成器 318
14.7　实例：某电视台的"环球旅行"
　　　片头 319

第15章　空间扭曲和粒子动画 326
15.1　空间扭曲和粒子动画 326
　　15.1.1　力空间扭曲 327
　　15.1.2　导向器空间扭曲 329
　　15.1.3　几何/可变形空间扭曲 331
15.2　粒子系统简介 332
15.3　PF Source系统 332
　　15.3.1　PF Source系统的创建过程 .. 333
　　15.3.2　修改PF Source粒子的渲染效
　　　　　　果 333
　　15.3.3　粒子视图 334
　　15.3.4　粒子流修改面板 335
15.4　喷射粒子系统 335
15.5　雪粒子系统 337
15.6　暴风雪粒子系统 339
15.7　粒子云 339
15.8　超级喷射 340
15.9　粒子阵列 341
15.10　实例：小屋炊烟的制作 343

第6篇　综　合　实　例

第16章　室外建筑设计——医疗中心 350
16.1　设计思路 350
16.2　制作模型 350
　　16.2.1　制作前厅 350
　　16.2.2　制作主楼 354
　　16.2.3　制作地面 366

16.3　制作材质 368
16.4　设置灯光 370
16.5　创建摄影机和进行渲染 371
16.6　后期处理 372

附录A　3ds Max 2010中的快捷键 375

第1篇 3ds Max 2010中文版基础

　　这一部分内容主要介绍3ds Max 2010中文版的基本知识，包括3ds Max 2010中文版的使用要求、用途、界面、命令、概念及一些基本的操作和工作流程，让读者对3ds Max 2010中文版有一个初步的了解，为以后深入学习3ds Max 2010中文版打下牢固的基础。

　　本篇包括下列内容：
　　❏ 第1章 初识3ds Max 2010中文版
　　❏ 第2章 基本操作

第1章　初识3ds Max 2010中文版

这一章主要是让读者了解3ds Max 2010中文版的基本知识，包括3ds Max 2010中文版的使用要求、用途及基本的工作流程。由于3ds Max 2010中文版功能比较强大，涉及的内容也比较多，在初次接触3ds Max 2010中文版时，可能不知道从何处着手，因此必须首先对它有一个概括的了解，才能更深入地学习3ds Max 2010中文版。

1.1　3ds Max 2010中文版简介

3ds Max 2010中文版是欧特克（Autodesk）公司开发的产品，使用该软件可以在虚拟的三维场景中创建出精美的模型，并能输出精美的图像和视频动画文件，目前已被广泛地应用到很多领域，比如建筑效果图制作、动画制作、电影特效和游戏开发等。自3ds Max面世以来，已经获得了很多的国际奖项。国内外多数的设计师都在使用3ds Max。

1.2　3ds Max 2010中文版的功能及用途

目前，还有其他几家公司开发的几种同类的软件，比如Maya、SoftimageIXSI、LightWave 3D和Cinema4D等，这几款软件也非常出色，功能也非常强大。但是，同其他软件相比，3ds Max具有全球最多的用户群。据统计，在过去10年里，全球有60%的游戏开发公司和出版公司的产品都是使用3ds Max开发的，而在建筑装饰方面，有几乎100%的公司都采用3ds Max进行设计。这么多的用户都在使用3ds Max，必有其原因。

首先这要归功于3ds Max的强大功能及其易用性。另外，还可以在3ds Max中插入应用程序模块，扩展它的功能。用户可以根据需要制作出任意的模型，然后可以为制作出的模型设置材质和灯光，再进行动画设置和渲染。由于其强大的制作和渲染功能，3ds Max被广泛应用于很多的领域，如游戏开发、电影特效、动画和广告片三维制作等，如图1-1到图1-7所示。

图1-1　工业产品造型设计

图1-2　室内效果图设计

图1-3 室外效果图设计

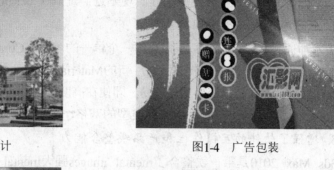

图1-4 广告包装

图1-5 影视片头和片花设计

图1-6 影视特效设计

图1-7 三维卡通动画设计

3ds Max 2010中文版除了上述几个领域的应用之外，还在军事模拟、气候模拟、环境模拟、辅助教学和产品展示等方面有着广泛的应用。

3ds Max 2010中文版以其高级的建模工具、丰富的材质、完美的灯光模拟和动画控制功能及逼真的渲染功能，吸引越来越多的用户学习和使用它。

1.3 3ds Max 2010中文版的新增功能简介

Autodesk公司始终将新技术应用到3ds Max中，因此，不断地改进3ds Max以使它的功能不断增强。在每一个版本的升级中，3ds Max都有新的功能补充进来，尤其是在3ds Max 2010这一版本中，添加了300多项新功能，主要包括以下3个方面：

1. 新增加了创作工具

新的Graphite建模和材质系统增加了至少100个创作工具，可以帮助美术师探索并快速迭代他们的创意。另外，在视图（窗）显示中增加了类似渲染的效果，比如柔和阴影、曝光控制和AO（ambient occlusion），能够快速实现贴近照片真实效果的质量。

2. 新增参考和场景管理功能

美术师通过将多个对象和场景视作一个单一的容器（Container）对象，可以创建出强大的参考工作流程，灵活管理复杂的场景。新的Material Explorer有助于简化美术师与对象和材质之间的相互配合，让迭代变得更加容易，即使在高度复杂的场景中也能如此。新的多线程xView网格分析技术可以在视图中显示几种类型的网格，有助于明显减少错误的发生。

3. 增强了软件的互操作性和产品线整合能力

3ds Max 2010是第一款整合了mental images强大mental mill技术的动画制作软件包。具有很好的实时可视化反馈功能，同时方便用户的渲染、开发、测试和维护。增强的OBJ支持和ProOptimizer技术提升了与Autodesk Mudbox 软件的互操作性。对C#和.NET的额外支持也让开发人员能够自定义和拓展Autodesk 3ds Max，并将Autodesk 3ds Max整合到其现有的产品线中。

1.4 安装、启动与退出3ds Max 2010中文版

1. 3ds Max 2010 中文版的安装

和其他软件一样，如果要使用3ds Max 2010中文版，必须首先把它安装到自己的计算机上。它的安装非常简单，只要打开计算机，把安装盘放进光驱中，也可以把安装程序复制到自己的电脑磁盘中，然后单击安装程序，并根据屏幕上的提示进行安装即可。3ds Max 2010中文版的安装执行文件如图1-8所示。

安装完成后，将会在桌面上生成一个3ds Max的快捷启动图标，如图1-9所示。

图1-8　安装执行文件　　　　　　　　图1-9　3ds Max 2010中文版的启动图标

双击桌面上的安装图标即可打开3ds Max 2010中文版本。此时，需要激活软件后才能使用。在打开的注册机中输入激活码，如图1-10所示。

把生成的激活码输入到注册窗口中，即可注册成功。然后就可以使用3ds Max 2010中文版，它的启动窗口如图1-11所示。

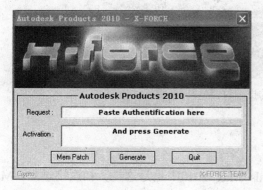

图1-10 注册机　　　　　　　　图1-11　3ds Max 2010中文版的启动界面

2. 3ds Max 2010中文版的卸载

和其他软件一样，如果不再使用3ds Max 2010中文版，那么可以把它从自己的电脑上卸载。卸载时，打开"控制面板"，双击"添加或删除应用程序"图标，打开"添加或删除程序"对话框，如图1-12所示。找到并选择Autodesk 3ds Max 2010 32位后，单击右侧的"删除"按钮即可将其卸载。

图1-12　"添加或删除程序"对话框

1.5　3ds Max 2010中文版的启动和退出

3ds Max 2010中文版的启动非常简单，只要在计算机桌面上找到3ds Max 2010中文版的启动图标，然后使用鼠标左键双击即可。还有一种比较烦琐的方法，就是使用计算机窗口左下角的"开始"命令，然后依次使用鼠标左键找到"所有程序→Autodesk→3ds Max 2010→3ds Max 2010"，然后单击即可打开3ds Max 2010中文版的工作界面。

当不需要运行3ds Max 2010中文版或者在制作完成一个项目后，需要退出3ds Max 2010，此时只需保存制作完成的项目，然后单击3ds Max 2010中文版工具界面右上角的关闭图标（含有×的方框）即可。退出时，将会打开一个小对话框提示是否要对场景进行保存，如图1-13所示。

图1-13 打开的提示对话框

1.6 常用概念简介

每个专业或领域中都有其专属的术语，在3ds Max 2010中也是这样。初次接触3ds Max 2010中文版的用户会对这些术语感到困惑，因此在学习3ds Max 2010中文版之前，最好先了解这些基本的术语，以方便以后的学习。

1. 3D（三维）

3D是英文单词three-dimensional的缩写，直译就是三维的意思，在3ds Max中指的是3D图形或者立体图形。与在其他一些软件（比如Photoshop）中看到的图形是相对而言的。3D图形具有纵深度。3ds Max就是模拟现实世界的立体空间，在3ds Max中制作出的图形具有立体感，与在现实世界中看到的图形基本相同。

2. 建模

建模是创建模型的简称，也就是创建三维模型。比如创建的球体、立方体、生物体、建筑物等。这是创建三维作品的基础，或者第一步。只有创建完模型之后，才能进行以后的工作。

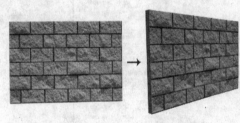

图1-14 贴图（左）与材质（右）

3. 贴图

贴图就是模型或者物体表面的图案或者图形。一般分为2D贴图和3D贴图，而且可以通过应用贴图来制作一些常见的材质，如图1-14所示。

4. 材质

材质，顾名思义就是物体的构成成分或者元素的表面特征，比如使用的办公桌，一般是由木头制作的，它具有一定的颜色、反光度和图案；再比如窗户上的玻璃，它具有一定的透明度，一定的颜色和反光度等。这些特征就是物体的材质，制作完的模型还没有被赋予材质，不会有这些特征，因此，在建模之后，要为它们赋予材质。

5. 灯光

3ds Max的灯光是模拟现实世界中的灯光，比如，在客厅中，一般都有一盏吸顶灯和多盏筒灯，有的还有落地灯和壁灯。在3ds Max中，就有不同类型的灯光，可以使用这些灯光创造出现实世界中的各种灯光效果。

6. 渲染

在为模型设置好材质和灯光后，如果不需要设置动画的话，就可以渲染出图了，这样的图片一般称为静态图片。也就是说计算机通过运算把设置的各种参数进行处理，为用户提交出所需要的图形效果。

7. 动画

动画就是物体运动的视频文件，或者动态图片，比如篮球的跳动，或者人的行走，这都是动画。在3ds Max中，可以设置物体做任意的运动，也就是设置物体的动画。

8. 帧

动画的原理与电影的原理相同，是由一些连续的静态图片构成的，这些图片以一定的速度连续播放，根据人眼具有视觉暂留的特性，就会认为画面是连续运动的。这些静态图片就是帧，每一幅静态画面就是一帧。

9. 关键帧

关键帧是相对帧而言的，在制作动画的过程中，需要设置几个主要帧的运动来控制物体的运行形式，比如一个人从跑到跳的运动过程中，就需要分别设置跑和跳的关键帧才能获得需要的运动形式。

10. alpha通道

与平面图像中的alpha通道相同，可以指定图片带有alpha通道信息，从而可以为它指定透明度和不透明度。在alpha通道中，黑色为图像的不透明区域，白色为图像的透明区域，介于其间的灰色为图像的半透明区域。

它是出现在32位位图文件中的一类数据，用于向图像中的像素指定透明度。24位真彩文件包含三种颜色信息通道：红、绿和蓝或RGB。每个通道在各个像素上都拥有具体的强度或值。每个通道的强度决定图像中像素的颜色。通过添加第四种alpha通道，文件可以指定每个像素的透明度或不透明度。alpha的值为0表示透明，alpha的值为255则表示不透明，在此范围之间的值表示半透明。透明度对于合成操作是至关重要的，如在Video Post中，位于各个层中的几个图像要混合在一起，如图1-15所示。

11. B样条线

B样条线（基础样条线）是一种由所谓的基础函数生成的样条线。在Bezier曲线上，B样条线的优点在于可以控制B样条线的顶点（CV）只影响曲线或曲面的局部区域。B样条线的计算速度也比Bezier曲线要快。

12. Bezier曲线

Bezier曲线是使用参数多项式技术建模的曲线。Bezier曲线可以由很多顶点进行定义。每个顶点由另外两个控制端点切向矢量的点控制。Bezier曲线由P. Bezier开发而来，用于在汽车设计中进行计算机建模，如图1-16所示。

图1-15 在右图中alpha通道以黑色显示，从而显示出椅子的轮廓

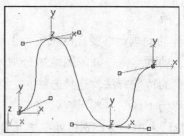

图1-16 Bezier曲线

13. 快捷键

这是一些键盘上的功能键，使用它们可以完成使用鼠标所能完成的一些工作任务。比如按键盘上Alt+W组合键可以完成某个视图的最大化显示。

14. 法线

和在几何中学习的垂线相同，它垂直于多边形物体的表面，用于定义物体的内表面和内容表面，以及表面的可见性。如果法线的方向设置错了，那么表面的材质将不可见，一般情况下，所制作的模型表面的法线方向都是正确的。法线效果如图1-17所示。

15. 全局坐标系

有人称之为世界坐标。在3ds Max中，有一个通用的坐标系，这个坐标系及它所定义的空间是不变的。在全局坐标系中，*X*轴指向右侧，*Y*轴指向观察者的前方，*Z*轴指向上方。

16. 局部坐标

局部坐标是和全局坐标相对而言的，它指的是物体自身的坐标，有时，需要改换成局部坐标来调整物体的方位。

17. 插件

插件是由独立的程序或组件所支持的一种功能。插件可以由第三方厂商或是独立软件开发商提供。例如，3ds Max附带几个Video Post过滤器和分层插件。开放架构提供精心设计的API（应用程序接口），以便于其他公司编写扩展3ds Max核心功能的插件。

18. 插值

插值是中间值的计算。例如，为运动着的对象设置两个关键帧时，中间帧上的对象位置就由插值决定，如图1-18所示。

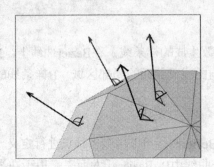

图1-17　法线

图1-18　插值效果

19. 场

制作的动画最终要在电视屏幕上观看。标准的视频信号通过将动画分割为时间段（帧）画面来显示动画。每一帧的图像被分割为水平线（扫描线）。已经开发出一种用于视频信号中表达帧信息的特殊方法。这种方法称之为"场交替"。电视监视器通过单独扫描每一帧的两个部分（即称为"场"）显示视频信号。其中，一个场包含一帧中的奇数扫描线，另一个场则包含偶数扫描线。电视监视器单独扫描并显示每一帧的两个场。场在屏幕上隔一条水平线交替显示，以此"层叠"在一起，组成一幅交替图像，如图1-19所示。

20. 冻结/解冻

可以冻结场景中的任一对象。默认情况下，无论是线框模式还是渲染模式，冻结对象都会变成深灰色。这些对象仍然保留在屏幕上，但无法选择，因此不能直接进行变换或修改。冻结功能可以防止对象被意外编辑，并可以加速重画。冻结对象与隐藏对象相似。冻结时，链接对象、实例对象和参考对象会如同其解冻时一样表现。冻结的灯光和摄影机以及所有相关联视口如正常状态一般继续工作，如图1-20所示。可以通过解冻操作来解除对场景中冻结对象的冻结操作。

图1-19 两个场相结合生成一个画面

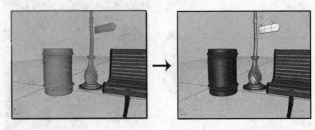

图1-20 在右图中垃圾桶和街等被解冻

21. 光通量

光通量是每单位时间到达、离开或通过曲面的光能数量。流明（lm）是国际单位体系（SI）和美国单位体系（AS）的光通量单位。如果想将光作为穿越空间的粒子（光子），那么到达曲面的光束的光通量与1秒钟时间间隔内撞击曲面的粒子数成一定比例。

22. 节点

3ds Max场景中的每一个实体在"轨迹视图"和"图解视图"中都表示为节点。节点轨迹充当了对象几何体、指定的材质和修改器等对象的容器。"轨迹视图"中的节点轨迹能够被折叠，所以所有相关的组件都可隐藏。从而可以加速"轨迹视图"层次列表的导航速度。节点也提供了层次的构建块。节点到节点的方式链接对象可以创建父/子关系。

"节点"与术语"对象"不同，因为"对象"指的是更为狭义的几何体：网格、NURBS曲面、样条线、切片等。对象（网格）的同一实例可以被多个节点进行共享，但是场景中的每个节点都是唯一的。

23. 熔合

在NURBS曲线和曲面上，熔合是将点与点或CV与CV连接在一起。（不可以将CV熔合到点上，反之亦然。）这是连接两条曲线或曲面的一种方法。这也是改变曲线和曲面形状的一种方法。熔合的点如同一个单独的点或CV，直到取消熔合。熔合点不会将两个点对象或CV子对象合并在一起。它们被连接在一起，但是保留截然不同的子对象，可以随后取消熔合。

24. 实例

实例是原始对象可交互的克隆体。修改实例对象与修改原对象的效果完全相同。实例不仅在几何体上相同，同时还共享修改器、材质和贴图以及动画控制器。例如，应用修改器更改一个实例时，所有其他实例也会随之更改。

25. 矢量场

在群组动画中，矢量场是一种特殊类型的空间扭曲，群组成员可以使用它来移动不规则的对象，如曲面、凹面。矢量场这个小插件是个方框形的格子，其位置和尺寸可以改变。通过格子交叉生成矢量。默认情况下，这些矢量垂直于已应用场的对象的表面；假如有必要，可以采用混和功能使其平滑。群组成员通过以垂直于矢量的方式而围绕对象移动。

26. 视野

视野将宽度定义为一个角，角的顶点位于视平线，末端位于视图两侧。更改视野与更改摄影机上的镜头的效果相似。视野越大，场景中可看到的部分越多且透视图会越扭曲，这与使用广角镜头相似。视野越小，场景中可看到的部分越少且透视图会越平展，这与使用长焦镜头类似，如图1-21所示。

图1-21　摄影机（左）、窄视野（中）、宽视野（右）

27. 衰减

在现实世界中，灯光的强度将随着距离的变化而减弱。远离光源的对象比距离光源较近的对象要暗，这种效果称之为衰减，如图1-22所示。在自然情况下，灯光以平方反比速率衰减；也就是说，其强度的减弱与光源之间的距离平方成一定的比例。当大气中的小粒子阻挡光线时，衰减幅度通常更大，特别是有云或雾时。

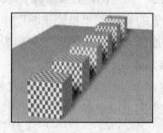

图1-22　右图使用了衰减，左图无衰减

28. 四元树

四元树是一种用于计算光线跟踪阴影的数据结构。四元树从灯光的角度表现场景。四元树的根节点列出了在视图中可见的所有对象。如果可视对象过多，节点会生成另外四个节点，均代表视图的四分之一，并分别列出所在部分的对象。该过程以自适应方式持续进行，直到每个节点都只有少量对象，或者四元树达到其深度限制（可以为每个灯光分别设置）。

29. 拓扑

创建对象和图形后，将会为每个顶点和/或面指定一个编号。通常，这些编号是内部使用的，它们可以确定指定时间选择的顶点或面。这种数值型的结构称作拓扑。拓扑不同，变形效果也可能会不同，如图1-23所示。

30. 像素

像素（Picture Element的简称）是图像上一个单独的点。图形显示器通过将屏幕划分为数千个（或数百万个）像素来显示图片，这些像素按行和列排列。

31. 荧光

荧光是一个物体在吸收了另一个光源的辐射（如紫外线）后发出的光线。光线跟踪材质具有模拟荧光的能力，如图1-24所示。

原始表面　　　　　　　　　　　清除拓扑后的效果

图1-23　对比效果

图1-24　右侧的玻璃杯具有浅绿色的荧光

32. 栅格对象

栅格对象是一种辅助对象，当需要建立局部参考栅格或是在主栅格之外的区域构造平面时可以创建它，如图1-25所示。可以在场景中创建任意数量的栅格对象，但是，同一时刻只能有一个处于活动状态。处于活动状态时，栅格对象将在所有的视口中取代主栅格。可以自由地移动和旋转栅格对象，将它们放在空间中的任何角度，或是粘贴到对象和曲面上。也可以改变视口呈现出活动栅格对象的平面视图或顶部视图。栅格对象

图1-25　使用栅搁控制小船和大船的倾斜

如同其他对象一样，可以进行命名和保存，或是使用一次后将其删除。

看了这么多的术语后，读者可能会对Max产生一种恐惧感，怎么会有这么多的术语？实际上还有很多的术语在这里没有介绍，会放在后面的正文里结合相关的知识点进行介绍。其实，如果对一些术语不了解或者不清楚也不必担心，等学习完后面的内容后再回过头来了解这些术语就非常容易了，在这里读者可以只做了解。

1.7　可支持的文件格式

我们知道在任何一个行业中都有自己的标准，符合标准的就可以应用，否则就不能被应用。文件格式就像是这种标准。在3ds Max 2010中有的文件格式是被支持的，也就能够被使用，有些文件格式是不被支持的，也就是说不能被应用。在这里专门拿出一节来介绍3ds Max 2010中可以应用的文件格式。

1. 3DS和PRJ格式

3DS是3D Studio R4网格文件格式，PRJ是3D Studio R4（适用于DOS）项目文件格式。可以将这些类型的文件导入到软件及DXF和SHP文件中。可以导出3DS文件和DXF文件。

2. BIP格式

BIP文件包含两足动物的骨骼大小和肢体旋转数据。它们采用的是原有的character studio运动文件格式。

3. BVH格式

BVH是BioVision运动捕获文件格式的文件扩展名。BVH文件包含"角色的"骨骼和肢体/关节旋转数据。

4. PSD格式

PSD是Adobe Photoshop固有图形文件的文件扩展名。此图像格式支持将图像的多个层叠加起来,以获得最终的图像。每层都可以拥有任意数量的通道(R、G、B、遮罩等)。由于使用多个层可以生成各种特殊的效果,因此这是一种功能强大的文件格式。

5. CPY格式

CPY文件包含了使用"复制/粘贴"面板复制并保存的姿势、姿态和轨迹信息。可以加载一个CPY文件,使用一个两足动物创建另一两足动物。

6. CSM格式

CSM(character studio标记)文件格式存储运动捕获数据。它是使用位置标记而不是肢体旋转数据的ASCII(文本)文件。导入原始标记文件时,只在运动捕获缓冲区中存储标记位置数据。3ds Max使用标记数据提取要定位两足动物的肢体旋转数据。

7. DWG格式

DWG文件是由AutoCAD、Autodesk Architectural Desktop和Autodesk Mechanical Desktop创建的绘图文件的主要原生文件格式。这是用于导入和导出AutoCAD绘图文件的二进制格式。

8. DXF格式

DXF文件用于从AutoCAD(及其他支持该文件格式的程序)导入和导出对象。

9. DDS格式

DirectDraw Surface(DDS)文件格式用于存储具有和不具有mipmap级别的纹理和立方体环境贴图。此格式可以存储未压缩的像素格式和压缩的像素格式,并且是存储DXTn压缩数据的首选文件格式。此文件格式的开发商是微软公司。

10. AVI格式

这是一种视频文件格式或者动画文件格式,该文件格式是由微软公司开发的一种文件格式。目前,它是一种被广泛运用的一种主要文件格式。

11. JPEG文件格式

这是一种常用的静态图像的文件格式,它是Graphics Interchange Format(可交换的图像文件格式)的缩写。一般的贴图图像最好采用这种文件格式,因为它所占用的空间比较小,而且能够保留原有图像的色彩及亮度信息。

> AVI和JPEG文件格式都属于位图格式,另外还有其他一些3ds Max 2010可支持的位图格式,包括bmp格式、cin格式、cws格式、dds格式、gif格式、ifl格式、mov格式、psd格式、rgb格式、tga格式、tif格式和yuv格式等。

12. HDRI格式

HDRI是用于高动态范围图像的文件格式。大部分摄影机不具有捕获真实世界所表现的动态范围（暗区域和亮区域之间的亮度范围）的能力。但是，可以通过使用不同的曝光设置获取同一物体的一系列照片，然后将这些照片合并到一个图像文件中来恢复这一范围。

13. MOV格式

QuickTime是由Apple创建的标准文件格式，用于存储常用数字媒体类型，如音频和视频。当选择QuickTime（*.mov）作为"保存类型"时，动画将保存为.mov文件。

14. MPEG格式

MPEG格式是用于电影文件的标准格式。MPEG代表Moving Picture Experts Group（运动图像专家小组）。MPEG文件可以具有.mpg或.mpeg文件扩展名。

15. RLA格式

RLA格式是一种流行的SGI格式，它具有支持包含任意图像通道的能力。设置用于输出的文件时，如果从列表中选择"RLA图像文件"并单击"设置"按钮，那么会进入RLA设置对话框。可以在该对话框中指定写出到文件中所使用的通道类型。

16. PASS格式

PASS（.pass）文件保存单个mental ray渲染通道的结果。可以通过合并多个通道创建最终的渲染。PASS文件格式包括Z缓冲区信息，有助于进行通道合并。

17. RPF格式

RPF（Rich Pixel格式）是一种支持包含任意图像通道能力的格式。设置用于输出的文件时，如果从列表中选择"RPF图像文件"，那么会进入RPF设置对话框。可以在该对话框中指定写出到文件中所使用的通道类型。

18. VUE格式

VUE（.vue）文件是一种可编辑的ASCII文件。VUE文件可以使用VUE文件渲染器而不是默认的扫描线渲染器来创建。

19. Targa格式

Targa（TGA）格式是Truevision为其视频板而开发。该格式支持32位真彩色，即24位彩色和一个alpha通道，通常用作真彩色格式。

20. YUV格式

YUV文件格式采用Abekas数字磁盘格式的静态图像图形文件。

21. PNG格式

PNG（可移植网络图形）是针对Internet和万维网开发的静态图像格式。

1.8 工作流程简介

为了更好、更快地学习和使用3ds Max 2010中文版，用户应该了解这些项目的制作流程，在拿到设计方案之后，应该首先设置场景，一般使用该程序的默认视图排列模式即可，也就是四视图排列模式。根据需要设置系统的显示单位，在"自定义"命令栏中选择"单位设置"项。然后选择使用"公制"、"美国标准"、"自定义"和"通用单位"。一般选择使用"通用单位"即可。可以按如图1-26所示进行创建工作。

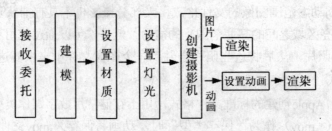

图1-26 工作流程图

最后将渲染出的图片或者动画文件进行后期的处理并进行交付就可以了。

1.9 界面构成

在本节中，将向读者介绍3ds Max 2010中文版的工作界面。因为3ds Max的界面构成比较复杂，所以有必要拿出一些页面来介绍它。按前面讲解的内容，在桌面上双击3ds Max 2010中文版的启动图标，就会打开它的工作界面，如图1-27所示。可以看到，这一版本的界面相对以前的界面看起来更加经典了，很多图标都做了调整和改动。

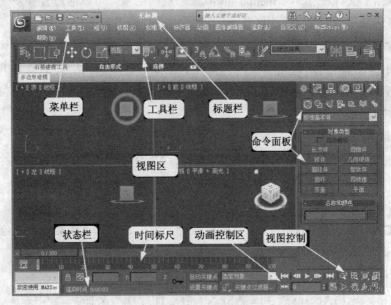

图1-27 3ds Max 2010中文版的工作界面

这是默认设置下3ds Max 2010中文版的工作界面。从图中可以看到其界面的构成部分。中间是四个视图，分别是顶视图、前视图、左视图和透视图。在进行建模、设置材质、创建灯光和设置动画时，就要从这几个视图中以可视化方式进行。

第一次启动3ds Max 2010中文版时，会打开一个"欢迎屏幕"对话框，如图1-28所示。在该对话框中包含7个模块，如果联网的话，单击某一图标就可以看到一些关于3ds Max 2010功能的动画演示。每次启动3ds Max 2010中文版时，该对话框都会打开。如果不想在每次启动3ds Max 2010中文版时都打开该对话框，那么读者通过取消对"启动时显示该对话框"选项的勾选即可。

1. 菜单栏

菜单栏中共包含14个不同的菜单命令集，如图1-29所示。它们是按着不同的功能进行分类的，在每个菜单命令集中又包含有更多的子命令，使用这些命令可以完成不同的操作和任务，下面就简要介绍一下它们的作用。

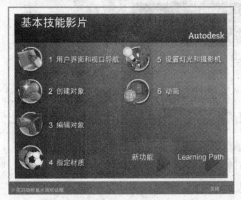

图1-28 3ds Max 2010中文版的欢迎屏幕 　　　　　　　　图1-29 菜单栏

• **Max**：该菜单就是以前的文件菜单，在该命令集中包含的是与文件相关的命令，比如打开文件、保存文件、输出、合并及渲染等。在这一版本中，还提供了一些快捷菜单按钮。

• 编辑：在该菜单命令集中包含的是对模型进行编辑的一些操作命令，比如，复制、粘贴、选择、删除等。

• 工具：在该菜单命令集中包含的是对齐、阵列、变换、镜像等。

• 组：在该菜单命令集中包含的是把物体进行分组、取消分组、打开组的命令等。

• 视图：在该菜单命令集中包含的是用于设置和控制3ds Max视图的相关命令，比如重画视图、引入背景等。

• 创建：在该菜单命令集中包含的是用于创建几何体的命令等。

• 修改器：在该菜单命令集中包含的是用于为所创建的几何体实施各种变形的命令等。

• 动画：在该菜单命令集中包含的是设置骨骼、反向动力学和正向动力学、约束等的命令。

• 图形编辑器：在该菜单命令集中包含的是用于打开和设置曲线图编辑器和清单列表等的对话框。

• 渲染：在该菜单命令集中包含的是用于设置渲染和进行后期合成处理的命令等。

• 自定义：在该菜单命令集中包含的是用于自定制使用界面、菜单和快捷键的命令等。

• **MAXScript**：在该菜单命令集中包含的是新建、打开、运行Max内置脚本的命令等。

 MAXScript一词没有被翻译过来，它是Max脚本的意思，可以通过使用脚本来执行一定的任务。

• 帮助：在该菜单命令集中包含的是用于打开3ds Max 2010中文版联机帮助的命令等。

以上是菜单栏的介绍，与它们对应的快捷键有很多，可以参看本书后面的附录。使用快捷键可以提高工作效率。

2. 工具栏

工具栏位于菜单栏和视图之间，其中包含的都是按钮图标，比如选择按钮、旋转按钮和移动按钮等，使用鼠标左键单击这些图标即可激活它们，如图1-30所示。由于按钮图标太多，不能在屏幕上全部显示出来，但是可以把鼠标指针放置在工具栏上，此时，鼠标指针将会变成一个手形形状，通过左右拖曳即可把隐藏的按钮图标显示出来。另外，把鼠标指针放在这些图标上，就会显示该图标的中文释意。下面简要地介绍一下这些按钮的功能。

图1-30　工具栏

- **（选择并链接）**：使用该按钮可以把两个物体链接，使它们产生父子层关系。

- **（断开当前选择链接）**：使用该按钮可以把两个有父子关系的物体断开联系，使它们都成为独立的物体。

- **（绑定到空间扭曲）**：使用该按钮可以把选择的物体绑定到空间扭曲物体上，使它们受空间扭曲物体的影响。

- **（选择过滤器）**：单击这里的下拉按钮可以按着3ds Max 2010中文版提供的选择方式选择场景中的物体，默认设置为**All**。

- **（选择对象）**：使用该按钮可以在场景中选择物体，被选中的物体会以白色模式显示。

- **（按名称选择）**：单击该按钮后，将会打开Select Object（选中物体）对话框，在该对话框中可以按着物体的名称选择它们，该按钮对于在比较复杂的场景中选择物体有很大的帮助。

- **（矩形选择区域）**：使用鼠标指针按住该按钮可以打开一个下拉按钮列表，它们分别是　、　、　、　、　。系统默认设置是　按钮，这样，当在场景中拖动鼠标时，会以矩形框方式选择物体。当设置为　按钮时，在场景中拖动鼠标，会以圆形框方式选择物体。当设置为　按钮时，在场景中拖动鼠标，会以多边形方式选择物体。当设置为　按钮时，在场景中拖动鼠标，会以自由形状框选择物体。当设置为　按钮时，在场景中可以绘制方式选择对象。

- **（窗口/交叉）**：激活该按钮后，只有当一个物体全部位于选择框内时才能够被选择。

- **（选择并移动）**：使用该工具可以按一定的方向（按轴向）移动选择的物体。

- **（选择并旋转）**：使用该工具可以按一定的方向（按轴向）旋转选择的物体。

- **（选择并均匀缩放）**：使用该工具，可以把选择好的物体按总体等比例进行缩放。如果把鼠标指针放在该按钮上并按住不动，那么将会打开两个新的缩放按钮，它们是　和　。使用　工具可以把物体按非等比例进行缩放，而使用　工具可以把物体按等比例进行缩放。

- **（参考坐标系）**：单击这里面的下拉按钮，将会打开一个下拉菜单，在该菜单中可以选择不同的坐标系统。共包含7种选项，一般使用View（视图）即可。

- **（使用轴点中心）**：选择该按钮时，将使用物体自身的轴心作为操作中心。如果把鼠标指针放在该按钮上并按住不动，那么将会打开两个新的按钮，它们是　和　。选择　按钮时，将使用选择的轴心作为操作中心。选择　按钮时，将使用当前坐标系统的轴心作为操作中心。

- ⊹ （选择并操作）按钮：使用该工具可以选择和改变物体的大小。
- ▣ （键盘快捷键覆盖切换）按钮：用于激活或关闭键盘快捷键覆盖切换功能。
- ³ₐ （捕捉开关）按钮：激活该按钮可以锁定3维捕捉开关。如果把鼠标指针放在该按钮上并按住不动，那么将会打开两个新的按钮，它们是 ▣ 和 ²⁵。激活 ▣ 按钮时可以锁定2维捕捉开关。激活 ²⁵ 按钮时可以锁定2.5维捕捉开关。
- ⌂ （角度捕捉切换）按钮：激活该按钮可以锁定角度捕捉开关，此时，在执行旋转操作时，将会把物体按固定的角度进行旋转。
- ％ （百分比捕捉切换）：激活该按钮后，就会打开百分比捕捉开关。
- ▣ （微调器捕捉切换）：单击该按钮上的上下箭头按钮，可以设置捕捉的数值。
- ▨ （编辑命名选择集）：激活该按钮后，可以对场景中的物体以集合的形式进行编辑和修改。
- [▼] （创建选择集）：它的功能是为一个选择集进行命名。
- ▦ （镜像）：使用它可以按指定的坐标轴把一个物体以相对方式复制到另外一个方向上。在制作效果图时经常会使用到该按钮。
- ▣ （对齐）：使用该按钮可以使一个物体与另外一个物体在方位上对齐。如果把鼠标指针放在该按钮上并按住不动，那么将会打开5个新的按钮，它们是 ▣、▣、▣、▣ 和 ▦。▣ 按钮用于快速地对齐物体，▣ 按钮用于对齐两个物体的法线，▣ 按钮用于根据高光位置把物体重新定位，▣ 按钮用于把摄影机和物体表面的法线对齐，▦ 按钮用于把选择物体的坐标轴和当前的视图对齐。
- ▣ （层管理）：使用该按钮可以打开"图层属性"对话框来管理图层。
- ▣ （石墨建模工具）：该工具是新增加的，是一种用于编辑网格和多边形对象的新范例。它具有基于上下文的自定义界面，该界面提供了完全特定于建模任务的所有工具。
- ▣ （曲线编辑器）：使用该按钮可以打开"轨迹视图"对话框，该对话框主要用于制作设置动画。
- ▣ （图解视图）：使用该按钮可以打开"图解视图"。
- ◉ （材质编辑器）：使用该按钮可以打开材质编辑器，材质编辑器是一个非常重要的窗口，它用于设置物体的材质。与之对应的快捷键是M键。
- ▣ （渲染设置）：使用该按钮可以打开一个渲染对话框用于对当前的场景进行渲染选项设置。
- ▣ （渲染帧窗口）：该按钮用于打开渲染帧的窗口。
- ◌ （渲染产品）：单击该按钮可以对当前视图进行快速渲染，与之对应的快捷键是键盘上的F9键。

另外，与这些按钮对应的有很多的快捷键，可以参看本书后面的附录。并熟练使用这些快捷键来提高我们的工作效率。

3. 视图区

在系统默认设置下，视图区共有4个视图，它们分别是顶视图、前视图、左视图和透视图，如图1-31所示。它们是按视觉角度进行划分的，在顶视图中，表示在物体的顶部进行观看；前视图表示在物体的正前方进行观看；左视图表示在物体的左侧面进行观看；透视图表示在一个特定的角度观看物体，从这里可以看到物体的前面、侧面和顶面。

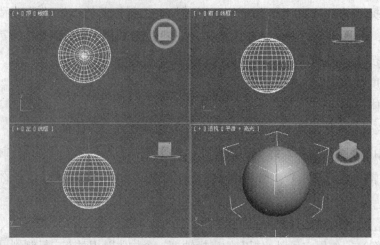

图1-31　4个视图

通常，在制作效果图时，使用这4个视图就足够了。在有些特殊情况下，需要从不同的角度来观看物体。比如从物体的底部，可以把一个视图改变成底视图，再比如把顶视图改变成前视图，在顶视图处于激活状态的情况下只要按F键即可，或者在"顶"字上按下鼠标左键，并依次选择前视图也可以，如图1-32所示。

这4个视图都可以进行这样的设置，建议读者记住切换这些视图的快捷键，在工作时，只需点按这些快捷键就可以快速地切换到自己需要的视图中去。

另外，每个视图都带有栅格，这是为了帮助用户确定位置和坐标。但是，有时不需要栅格进行确定，因此可以使用一种比较快捷的方式把它们去掉。比如，想把左视图中的栅格去掉，在左视图处于激活的状态下通过按G键就可以把栅格去掉了，如果想再恢复带有栅格的状态，那么再次按G键就可以了，如图1-33所示。

图1-32　改变成前视图

图1-33　去掉栅格的左视图

另外，还可以设置视图中物体的显示方式。在默认设置下，在顶视图、前视图和左视图中的物体都是以线框方式显示的，而在透视图中的物体则是以实体方式显示的，如图1-34所示。

但是，可以改变它们的显示方式。比如，把在左视图中的球体改变成实体显示方式，只要在视图的"左"上用右键单击，就会弹出一个菜单，在弹出的菜单中选择平滑+高光就可以把左视图中的球体改变成实体显示了。同样，也可以使用该方法把透视图中的球体改变成以线框方式显示，如图1-35所示。

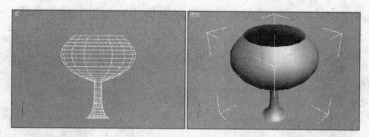

图1-34 分别以线框方式和实体方式显示的球体

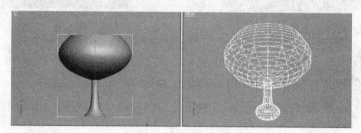

图1-35 改变显示方式

 这几个视图都可以进行这样的设置，另外还可以设置成其他的显示模式，比如面片等，但是这要根据需要进行设置。

4. 命令面板

在默认设置下，在窗口的最右侧是命令面板，如图1-36所示。使用这些命令面板可以创建出需要的模型或者物体，并可以对它们进行修改。下面就简要地介绍一下创建命令面板。

图1-36 几何体创建命令面板、图形创建命令面板和灯光创建命令面板

 在创建模型时，需要为它进行命名，在创建面板的底部命名输入框中就可以为模型设置名称。另外，在命名输入框右侧有一个颜色框，单击这个颜色框将会打开一个颜色设置对话框，使用它可以为所创建的模型设置和改变颜色。

使用该面板可以创建需要的模型，比如通过单击 长方体 按钮，并在一个视图中单击并拖曳就创建出一个长方体，如图1-37所示。

使用其他按钮可以创建球体、圆柱体、锥体、面等。下面就介绍一下这些按钮。

· ◎ （几何体）：单击该按钮即可进入到三维物体的创建命令面板中，使用该创建命令面板中的按钮，可以创建各种标准的三维物体，比如方体、圆柱体、锥体、面等，如图1-38所示。

通常，在创建出基本物体后，再通过应用修改器来将其变形为需要的形状。

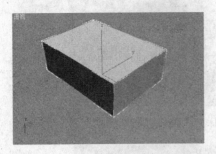

图1-37　长方体效果

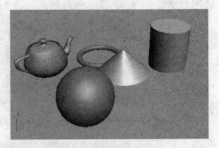

图1-38　其他几何体

· （二维图形）：单击该按钮即可进入到二维物体的创建命令面板中，使用该创建面板中的按钮，可以创建各种线段、矩形等，如图1-39所示。

· （灯光）：单击该按钮即可进入到灯光的创建命令面板中，用以创建各种灯光，如图1-40所示。

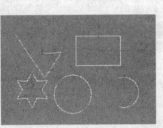

图1-39　二维图形创建命令面板和创建的部分二维物体

图1-40　灯光创建命令面板和创建的部分灯光

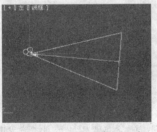

图1-41　摄影机创建命令面板和创建的摄影机

· （摄影机）：单击该按钮即可进入到摄影机的创建命令面板中，用以创建摄影机。摄影机创建命令面板如图1-41所示。

5. 修改命令面板

修改命令面板用于对制作的模型进行修改，在这里面包含了80多条修改命令。修改命令面板的修改器列表右侧有一个下拉按钮，单击该按钮就会打开一个修改命令菜单。注意，只有在场景列表器中创建了物体之后，该下拉菜单才可用，否则在该菜单命令中不显示任何的内容。

当对场景中制作的物体实施了修改命令之后，这些修改操作将被记录到修改器命令面板的一个区域中，并显示在该区域中，业内人士一般把它称为修改堆栈，如图1-42所示。

· 物体名称：这个框中显示的是选择物体的名称，在这里也可以修改物体的名称。

· 物体颜色：单击这个颜色框将会打开一个颜色选择对话框，使用该对话框可以设置所选物体的颜色。

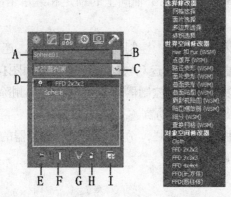

A. 物体名称；B. 物体颜色；C. 修改命令列表；D. 修改堆栈；E. 锁定堆栈；F. 显示最终结果开/关切换；
G. 使唯一；H. 从堆栈中移除修改器；I. 配置修改器集

图1-42　修改器面板和修改器列表

• 修改命令列表：单击该按钮就会打开一个修改器菜单，选择一种修改器后就为选择的物体应用了该修改器。

• 修改堆栈：在这里记录的是所有添加的修改器信息，并按先后顺序组成一个列表，最先添加的修改器在底层，最后添加的在上面。

• 锁定堆栈：在视图中选择一个物体后，单击该按钮，它会改变形状，此时修改堆栈就会锁定到该物体上，此时，即使在视图中选择了其他的物体，在修改器堆栈中也会显示锁定物体的修改命令。

• 显示最终结果开/关切换：默认处于打开状态，当选择了修改堆栈中的某一层时，在视图中显示的是当前所在层之前的修改结果，按下该按钮则会切换为显示，并可以观察到修改该层参数后的最终结果。

• 使唯一：当选择一组物体并添加相同的修改器之后，如果选择其中的一个物体，那么那么该按钮才有效。此时，如果改变修改器中的参数，那么会同时对该组中的所有物体产生影响。

• 从堆栈中移除修改器：如果选择修改器堆栈中的一个修改器名称，然后单击该按钮，那么就会把该修改器从堆栈中删除。

• 配置修改器集：单击该按钮后，如果选择下拉菜单选项，则可以让面板显示修改器的按钮，并可以把这些按钮组成一个显示集合，或者使按钮按类别显示。

6. 层次面板

该面板用于调节各相互关联的物体之间的层次关系，比如在创建反向运动过程中的层次结构等。层次面板如图1-43所示。

图1-43　层次面板

• 轴：是物体的轴心，也可以作为与其他物体的连接中心、反向运动学坐标轴心、旋转或者缩放物体的中心。

• IK 反向运动学：它与正向运动学是相对的。运用这一运动系统可以通过移动物体层次中的一个物体来使其他物体非常自然地运动起来。常见于骨骼的运动。

- **链接信息**：用于控制物体运动时在3个轴向上的锁定和继承情况。

7. 运动面板

运动面板主要用于为物体设置动画、控制物体的运动轨迹，还可以把物体的运动轨迹转换成样条曲线，也可以把样条曲线转换成运动轨迹。运动面板如图1-44所示。

- **参数**：使用它可以指定动画控制器，也可以添加和删除关键帧。
- **轨迹**：它用于显示物体的运动轨迹。

运动面板包含几个子面板或者卷展栏，分别用于指定控制器的类型、设置PRS参数、位置XYZ参数和关键点的基本信息。

8. 显示面板

该面板主要用于控制物体在视图中的冻结、显示和隐藏属性，从而可以更好地完成场景制作，加快画面的显示速度。显示面板如图1-45所示。

隐藏就是让选择的物体在视图中不显示出来，但是它们依然存在。在渲染时隐藏的物体不被渲染。将当前不需要的物体隐藏起来是为了加快视图的显示速度。

冻结是把视图中的物体像冰冻物体那样冻结起来，冻结后的物体不能被选择，也不能被进程操作，而且不再占用系统的显示资源，从而能够提高视图的显示速度。

一般在制作大的场景时，会使用到这两种操作。

9. 工具面板

该面板主要用于访问已安装的外挂插件或者应用程序。在默认状态下，该面板只显示9个应用程序或者工具。单击"更多"按钮则会打开"工具"对话框。在该对话框中选择了相应的工具后，就会在该面板中显示出来。显示面板如图1-46所示。

图1-44　运动面板　　　　　图1-45　显示面板　　　　　图1-46　显示面板

- 集按钮：用于打开已经保存的所有设置列表，从中选择一种程序项目布局。
- 配置按钮集按钮：该按钮用于设置面板中显示的程序数目和种类。
- 资源管理器：用于浏览各种图像和动画文件。
- 摄影机匹配：用于调整摄影机的位置、视野及角度，使之与背景图相一致。
- 塌陷：用于合并所有添加的修改命令，合并后的物体可以转换为可编辑的网格物体。
- 颜色剪贴板：用于存储和复制颜色。
- 测量：用于测量所选物体的表面积、体积和空间坐标。
- 运动捕捉：用于记录三维物体的运动。
- 重置变换：用于把对物体的旋转和缩放变换成Xform的形式加入到修改堆栈中。

- **MAXScript**：可使用户通过MAX脚本直接控制三维图形及动画的制作。
- **Reactor**：可辅助用户创建动画。

 以上这些概念或者词语，对于初学者而言可能不太理解，可以在后面的实例制作中更好地理解它们。

10. 视图控制区

视图控制区位于整个3ds Max 2010中文版界面的右下方，是由很多按钮组成的，使用这些按钮可以对视图进行放大或者缩小控制。另外，还有几个右下方带有小三角的按钮，如果把光标放到这些按钮上，并按下鼠标左键，那么就会弹出多个小按钮。这些按钮具有不同的作用，而且还会经常使用到。视图控制区如图1-47所示。

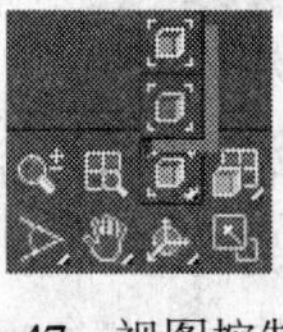

图1-47 视图控制区

- 缩放：将鼠标指针移动到任意视图，然后按住鼠标左键上下拖动即可放大或者缩小视图中的物体。
- 缩放所有视图：将鼠标指针移动到任意视图，然后按住鼠标左键上下拖动即可同时放大或者缩小所有的视图。
- 最大化显示：将鼠标指针移动到任意视图，然后单击该按钮就可以使该视图最大化显示。
- 所有视图最大化显示：将鼠标指针移动到任意视图，然后单击该按钮就可以使所有视图同时最大化显示。
- 视野：使用该按钮可以在视图中局部调整物体的视野大小。
- 平移视图：将鼠标指针移动到任意视图中，然后通过拖动即可以水平方式或者垂直方式移动整个视图，这样可便于我们观察视图。
- 环绕：单击该按钮后，当前处于激活状态的视图中就会显示出一个黄色的指示圈，并带有4个手柄，用户可以把鼠标指针移动到这个圈内或者圈外，或者四个手柄上，然后按住鼠标左键拖动，这样可以使视图以弧形方式进行移动。
- 最大化视口切换：单击该按钮后，当前处于激活状态的视图将以最大化模式显示，再次单击该按钮，那么视图将恢复到原来的大小。

11. 动画控制区

动画控制区位于界面的下方，主要用于控制动画的设置及播放、记录动画、动画帧及时间的选择，动画控制区如图1-48所示。

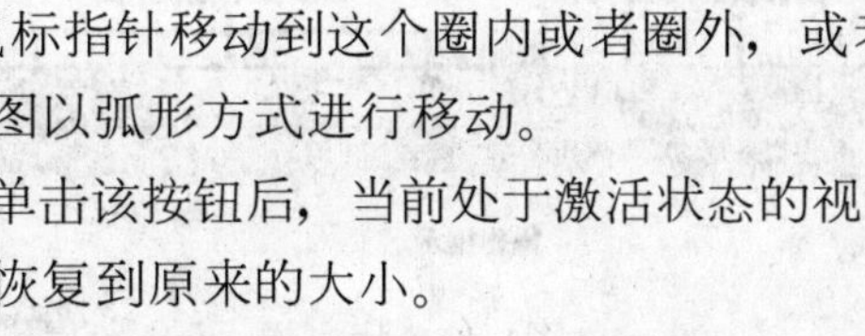

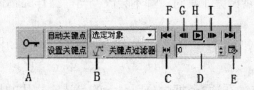

A. 设置关键点；B. 新建关键点的默认入/出切线；C. 关键点模式切换；D. 选择列表；
E. 时间配置；F. 转至开头；G. 上一帧；H. 播放动画；I. 下一帧；J. 转至结尾

图1-48 动画控制区

- 设置关键点：用于设置关键帧。
- **自动关键点**：按下该按钮，可自动记录关键帧的全部信息。
- **设置关键点**：与 配合使用，用于设置关键帧。
- **选定对象**：显示选择集合的名称，可以快速地从一个选择集合转换到另外一个选择集合。
- ：使用该按钮可以对新建的关键点设置入切线和出切线，从而改变关键点之间的形状。
- **关键点过滤器**：激活该按钮后，将会打开"关键点过滤器"窗口，在该窗口中可以设置不被录制的物体属性。
- 转至开头：激活该按钮后，动画记录将返回到第一帧。
- 关键点模式切换：激活该按钮后， 和 按钮将分别改变为 和 ，单击它们，动画画面将在关键帧之间进行跳转。
- 上一帧：激活该按钮后，将会把动画画面切换到前一帧的画面中。
- 播放动画：激活该按钮后，动画就会进行播放。在该按钮中还隐藏有一个按钮，按下该按钮时，在视图中将只播放被选中物体的动画。
- 下一帧：激活该按钮后，将会把动画画面切换到下一帧的画面中。
- 时间控制器：显示当前帧所在的位置。可手动输入数值来控制当前帧的位置。在它右侧的两个小三角按钮是微调按钮。
- 转至结尾：激活该按钮后，动画记录将返回到最后一帧。
- 时间配置：激活该按钮后，将会打开"时间配置"窗口，在该窗口中可以设置动画的模式和总帧数。

12. 状态栏

在3ds Max 2010中文版的左下区域就是状态栏，它的作用主要是显示一些信息和操作提示。另外它还可以锁定物体，防止发生一些错误操作。状态栏如图1-49所示。

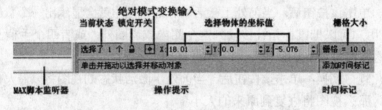

图1-49　状态栏

- 当前状态：显示当前选定物体的数量和类型。
- 锁定开关：默认状态下，它是关闭的。按下该按钮，它将以黄色显示，即将选定的物体锁定。此时，切换视图或者调整工具时，都不会改变当前操作的物体。也可以对此物体进行锁定。
- 绝对模式变换输入：这是一个按钮，单击该按钮后，可以切换到"偏移模式变换输入"按钮。
- 选择物体的坐标值：在这3个框中分别显示的是选定物体的世界坐标值。
- 栅格大小：显示当前视图中一个方格的尺寸。

·**MAX脚本监听器**：分为粉红色和白色两层，粉红色区域是宏记录区，用于显示记录到宏中的信息。白色为脚本编写区域，用于显示最后编写的脚本，3ds Max 2010中文版会自动执行直接输入的脚本语言。

·**操作提示**：根据用户选定的工具和程序，自动提示下一步的操作。

·**时间标记**：用于添加或者编辑时间标记。

以上内容简要介绍了3ds Max 2010中文版的界面构成，有了这些基本的知识之后，在以后的实例操作中就不会迷惑了。另外，对于在这部分内容中出现的一些概念或者词语，如果感到迷惑，这是很正常的，3ds Max 2010中文版是一个功能非常庞大的软件，可以结合后面的练习，慢慢地理解这些概念。

第2章 基本操作

这一章将介绍如何在3ds Max 2010中文版中操作文件。学会如何处理文件是非常重要的，因此需要认真阅读本章节的内容。

2.1 自定制3ds Max 2010中文版的工作界面

熟悉3ds Max的工作界面是非常重要的，在这一部分内容中，介绍有关于自定制3ds Max界面的知识。

2.1.1 自定制键盘快捷键、工具栏、菜单和颜色

在3ds Max 2010中文版中，可以根据自己的喜好来改变默认的界面组成部分，包括键盘快捷键、工具栏、菜单和颜色。比如把默认的键盘快捷键改变成适合自己使用的键盘快捷键，把默认的灰色背景颜色设置为自己喜欢的其他颜色，如淡蓝色或者淡绿色。上面列举的这些可以改变的界面组成部分都是在一个对话框中进行设置的。下面简单地介绍一下如何改变这些界面组成部分。

1. 自定义键盘快捷键

（1）选择"自定义→自定义用户界面"命令打开"自定义用户界面"对话框，如图2-1所示。

（2）如果要改变键盘快捷键，那么单击"自定义用户界面"对话框中的"键盘"选项卡，就会进入到设置键盘快捷键的选项卡中。比如要为"文件"菜单命令中的"保存文件为"命令指定键盘快捷键，在"类别"栏中打开File菜单命令，并选择"保存文件为"命令，如图2-2所示。

图2-1 打开的"自定义用户界面"对话框

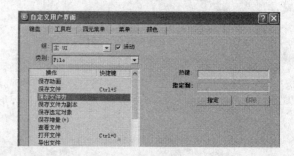

图2-2 选择的命令项

（3）在"热键"栏中单击，然后按键盘上的一个未使用的键，比如"左向箭头（Left）"键，然后单击下面的"指定"按钮即可把"左向箭头"键指定给"保存文件为"命令。因此，以后使用该命令时，只要按"左向箭头"键就可以了。如图2-3所示。当然，也可以选择其他的键，但是不要与其他命令重复。

 其他命令的快捷键方式的设置或改变也是按着这样的操作方法来进行。

2. 自定义背景颜色

在默认设置下，背景颜色是灰色，如果不喜欢使用这种颜色，那么可以把它改变成自己喜欢的颜色。下面介绍一下改变背景颜色的操作。

（1）选择"自定义→自定义用户界面"命令打开"自定义用户界面"对话框。然后单击"颜色"选项卡，就会进入到设置颜色的选项卡中，如图2-4所示。

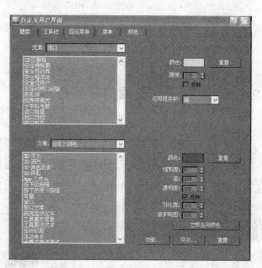

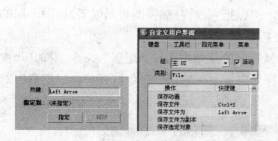

图2-3　指定快捷键的操作

图2-4　"自定义用户界面"对话框的"颜色"选项卡

（2）在元素栏中选择"视口"项，如图2-5所示。

（3）单击"颜色"右侧的颜色框，打开"颜色选择器"对话框，如图2-6所示。

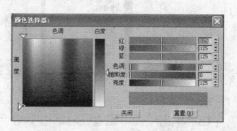

图2-5　选择的选项

图2-6　"颜色选择器"对话框

（4）单击"立即应用颜色"按钮即可，把背景色设置为白色之后的视图效果如图2-7所示。

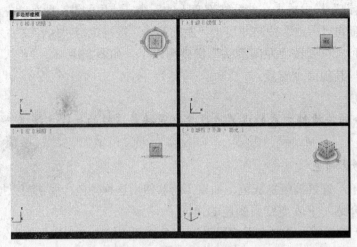

图2-7　白色背景效果

还可以使用这种方法来设置视图中的边框颜色、标签颜色、安全框颜色等。在此不再赘述。

2.1.2　改变工作界面的视图布局

3ds Max 2010中文版默认的界面布局为4视图布局，即顶视图、前视图、左视图和透视图。有时根据需要，不必使用4视图布局的工作界面，可以把它改变成3视图布局或者2视图布局的工作界面。下面就介绍如何把它改变成3视图的工作界面。

（1）在一个视图的图题上单击鼠标右键，从打开的菜单中选择"配置"命令，打开"视口配置"对话框，如图2-8所示。也可以通过选择"自定义→配置"命令打开"视口配置"对话框。

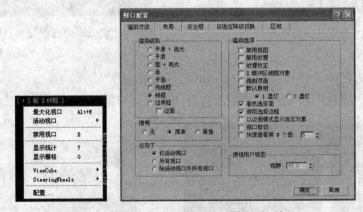

图2-8　打开的菜单和"视口配置"对话框

（2）单击"视口配置"对话框中的"布局"选项卡，对话框将会发生改变，如图2-9所示。

（3）单击带有边框的图形，然后再单击对话框底部的"确定"按钮，那么界面布局将会变成如图2-10所示的样子。

使用同样的方法可以把界面布局改变2视图的，也可以改变其他构成样式的界面布局。一共有14种布局模式。

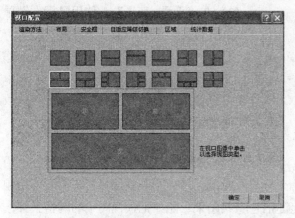

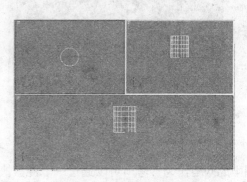

图2-9 "视口配置"对话框中的"布局"选项卡　　　图2-10 改变了的界面布局

　　另外，还可以把鼠标指针放在两个界面之间，当光标改变成双向箭头时，拖动鼠标就可以任意改变视图的比例大小。

　　如果在改变布局结构之后，想返回到四视图模式下，可以单击左下角的四视图按钮，然后再单击窗口底部的"确定"按钮，界面布局就会改变成原来的样子。

2.1.3　改变视图的类型

　　有时，需要把顶视图改变成前视图，而把前视图改变成顶视图或者其他的视图，以便于更好地观察场景。下面就介绍如何把顶视图改变成前视图。

　　（1）使用鼠标左键在顶视图中单击，把顶视图激活。

　　（2）在"顶"上使用鼠标左键单击。在弹出的关联菜单中依次选择"前"命令，这样就把顶视图改变成前视图了，如图2-11所示。

 　　读者也可以通过在一个视图的图题上单击鼠标右键，然后从打开的菜单中选择"前/后/左/底/左/右"命令来改变视图。菜单命令如图2-12所示。

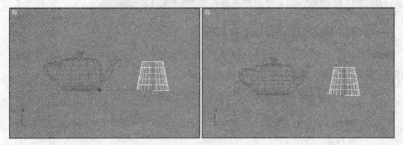

图2-11 改变视图的类型　　　　　　　　图2-12 改变视图类型的菜单命令

　　可以使用同样的方法把一个视图改变为任意的视图。

2.1.4　改变视图中物体的显示模式

　　当场景很大时，需要改变视图中物体的显示模式，以便于观察和提高视图的刷新速度。下面就介绍如何改变视图中物体的显示模式。

　　（1）在创建命令面板中单击 茶壶 按钮，然后在任意一个视图中单击并拖曳，即可在视图中创建一个茶壶，如图2-13所示。

图2-13　创建一个茶壶

（2）在"平滑+高光"上使用鼠标右键单击。在弹出的关联菜单中选择"线框"命令，这样就把视图中的物体改变成线框模式显示，如图2-14所示。

也可以使用同样的方法把视图中的物体改变为其他显示模式。

2.1.5　去掉视图中的网格

有时，为了便于观察场景，不需要使用视图中的网格作为参考，可以通过一个键盘快捷键把它隐藏起来。比如把顶视图中的网格去掉，只需通过在一个视图中单击把它激活，然后按G键就可以了，效果如图2-15所示。

图2-14　茶壶以线框模式显示

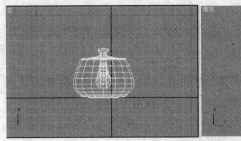

图2-15　去掉网格后的效果（右图）

　如果想把隐藏的网格线重新显示出来，那么再次按G键就可以了。

2.2　文件操作

在3ds Max 2010中文版中，文件操作包括新建场景文件、保存场景文件、打开已有的文件、合并场景文件等。

2.2.1　新建与保存一个3ds Max场景

开始创建一个项目时，就需要创建一个新的场景。如果是刚打开3ds Max 2010中文版，那么直接创建物体就可以了。如果当前正在制作其他的模型或者项目，而此时需要重新创建一个场景，那么就需要执行"文件→新建"命令来创建一个新的场景，也可以使用键盘快捷键Ctrl+N。

当创建完一个场景或者暂时中断创建该场景时，就需要把创建的场景保存起来。有两种方法可以保存3ds Max文件，一种方法是执行"⑥→保存"命令。另一种方法是使用键盘快捷键Ctrl+S。然后会打开"文件另存为"对话框，如图2-16所示。在该对话框中设置保存的路径，也就是保存在哪个磁盘的文件夹中，并设置好保存的文件名称，然后单击"保存"按钮。这样就可以把创建的场景保存起来了。

如果需要把一个场景另外保存一份，那么可以执行"⑥→另存为"命令，然后设置好保存的路径和文件名称就可以了。

2.2.2　打开3ds Max 2010中文版文件

如果一个场景只创建了一部分，或者调节或者查看已经做好的场景，就需要把它再次打开。只需要执行"⑥→打开"命令，或者使用键盘快捷键Ctrl+O，就会打开"打开文件"对话框，如图2-17所示。在该对话框中找到并选定需要打开的文件，然后单击"打开"按钮，这样就可以把创建好的场景在3ds Max中重新打开了。

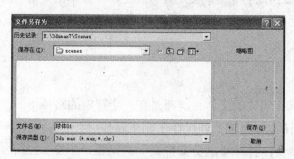

图2-16　"文件另存为"对话框

图2-17　"打开文件"对话框

2.2.3　合并场景

在以后的创建工作中，将会经常需要把多个已经创建好的场景合并到一起，这一操作对于制作复杂场景是非常有用的，如图2-18所示。这只是一个简单的示例，对于复杂的场景，这一方法特别适用。

可以这样进行合并场景：首先打开一个场景，然后执行"⑥→导入→合并"命令，打开"打开文件"对话框，如图2-19所示。选定好需要的场景名称，再单击"打开"按钮即可把两个场景文件合并在一起。

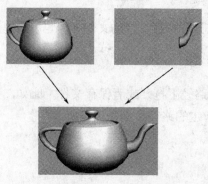

图2-18　合并场景

图2-19　"合并文件"对话框

当两个场景中的物体名称或者材质名称相同时，会弹出一个对话框，提示重新命名物体的名称或者材质的名称。

另外，这一版本的3ds Max增加了替换功能，比如，当场景中的某一对象不合适时，可以选中它，然后执行"⑤→导入→替换"命令，从打开的"替换文件"对话框中选择一个合适的对象将其替换掉。

 以前版本中的撤销和重做按钮在这一版本的3ds Max中已经被改变到菜单栏的右上角了，如图2-20所示。快捷键还是Ctrl+Z。

2.2.4　重置3ds Max 2010中文版系统

当操作有误或者出现错误时，可以重新返回到3ds Max的初始状态重新创作。这样进行恢复：执行"文件→重置"命令，此时会打开对话框提示"场景已修改。是否保存更改"，如图2-21所示。可以根据自己的实际情况单击"是"按钮或者"否"按钮进行确定，如果单击"是"按钮，就会打开一个进行保存的对话框，该对话框和前面介绍的相同。如果单击"否"按钮，还会打开一个对话框提示是否真的要进行重置。

2.2.5　改变文件的打开路径和保存路径

安装好3ds Max 2010后，一般在打开或者保存需要的文件时，都是在一个特定的路径下。但是，有时需要在指定的路径下打开和保存文件。可以按下列操作来制定路径。

（1）选择"⑤→管理→设置项目文件"命令，打开"浏览文件夹"对话框，如图2-22所示。

图2-20　撤销按钮和重做按钮　　　图2-21　确认对话框　　　图2-22　"浏览文件夹"对话框

（2）在"浏览文件夹"对话框中可以指定需要打开和保存文件的文件夹，也可以单击"新建文件夹"按钮创建一个新的文件夹。

（3）设置完文件夹后，单击"确定"按钮即可。

这样，当打开或者保存文件时，就可以在指定的路径下打开或者保存文件。比如，在保存文件时，打开的"文件另存为"对话框中就会显示指定的路径，如图2-23所示。

图2-23 "文件另存为"对话框

2.3 创建基本的物体

可以观察一下周围的物体，它们有的是规则的形状，有的是不规则的形状。不规则的形状也是由有规则的形状演变而来的。下面，通过一个长方体的创建过程来演示标准基本体的创建。使用长方体创建的模型比较多，比如在制作建筑效果图时，墙体、地面、顶以及桌面等，一般都会使用到长方体。长方体的创建过程如下：

（1）在创建命令面板中依次单击 → → 长方体 按钮，然后在顶视图中使用鼠标左键单击并拖曳，这样将定义出长方体的长度和宽度。再松开鼠标左键，向上或者向下移动，然后单击鼠标左键。这样就创建出了一个长方体，如图2-24所示。

（2）修改长方体的大小。在创建命令面板中单击 按钮，可以看到它的参数面板，如图2-25所示。

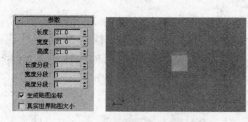  

图2-24 创建出的长方体 　　　　图2-25 参数面板（左）改变了的长方体（右）

也有人把参数面板称为卷展栏，为了便于叙述，本书中将它称为参数面板。

（3）分别把它们的长度参数、宽度参数和高度参数改成20、20和110，这时的长方体将改变成如图2-24所示的形状。

当创建的模型大小不合适或者不正确时，可以采用这样的方法来修改模型的大小。

在上面的参数面板中，还有长度分段、宽度分段和高度分段三个参数。它们的默认值都是1，如果需要把它进行弯曲的话，为了得到自然的弯曲效果，就需要把它们的参数改变成6、8等比较大的数值。但是，如果不需要这样的改变，那么需要把这些数值设置得尽量低一些，这样是为了使模型的面数保持得尽量少。比如，这个长方体现在的面数是6个，也就是说它是由6个面构成的，如果把它们的长、宽和高的分段数都改变成2的话，那么它的面数将增加到24个，这样会降低系统的运行速度。这一点在游戏开发过程中尤为重要。

其他标准基本体的创建方法与长方体的创建方法是相同的。比如可以创建下面的这些几何体模型，如图2-26所示。

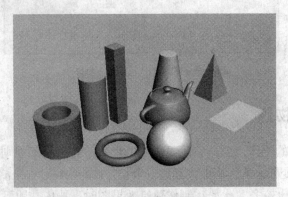

图2-26　可以创建的几何体

2.4　对场景中物体的基本操作

在本节内容中，将介绍如何在场景中操作所创建的模型，比如物体的选择、移动、缩放、复制、组合及对齐操作，这些操作知识是非常重要的，必须要掌握这些基本操作技能，因为这些技能在以后的制作中是经常使用的。

2.4.1　选择物体

在3ds Max 2010中文版中，选择物体是最为重要的一环，几乎所有的操作都离不开选择这一操作。选择的方法也有多种，所以专门拿出一节的内容来详细介绍各种选择物体的方法。

1. 使用"选择对象"工具进行选择

在3ds Max 2010的工具栏中，有一个按钮，它的名称是"选择对象"工具。使用该工具可以选择一个物体，也可以选择多个物体。下面进行分类讲解。

（1）如果选择一个物体，那么只需要在场景中单击需要选择的物体即可，选中后的物体以白色线框模式显示。如果是以实体模式显示的物体，则在它周围显示一个范围框，如图2-27所示。

（2）如果想取消选择该物体，那么在其外侧单击即可。或者按住**Alt**键单击该物体。

（3）如果是选中多个物体，可以按**Ctrl**键依次单击需要选择的物体，也可以按住鼠标左键拖曳出一个框选多个物体，也就是人们常说的框选。

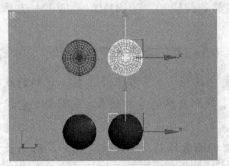

图2-27　选中后的物体（右）

（4）如果想同时取消对多个物体的选择，那么可以在视图的空白处单击。

这种方法是最常使用的一种方法。

2. 使用范围框选择

如果想在一个场景中同时选择多个物体，那么就可以使用范围框进行选择，并可以根据不同的情况选择不同的范围框来选择物体。首先介绍一下各种范围框选择工具，把鼠标指针放在矩形选择按钮上不放，就会打开一列选择工具按钮，如图2-28所示。

一共有5种范围框选择工具，根据它们的名称和外形，就可以知道通过绘制各种形状来框选场景中的物体。用户可以根据需要选择任意的工具，然后在视图中拖曳，就会形成一个虚线框，线框之内的物体即可被选定。

3. 使用编辑菜单命令选择

还可以使用"编辑"菜单命令来选择物体，不过有一定的局限性。下面进行分类介绍。

（1）执行"编辑→全选"命令可以选中场景中的所有物体，快捷键是Ctrl+A。

（2）执行"编辑→全部不选"命令可以取消选中场景中的所有物体，快捷键是Ctrl+D。

（3）执行"编辑→反选"命令可以将场景中未被选中的物体选中，快捷键是Ctrl+I。

（4）执行"编辑→选择方式→颜色"命令可以按颜色选中场景中的同色物体。

4. 按名称选择

如果一个物体是由多个物体组合而成的，那么很难选择某个物体，不过，可以按名称进行选择。前提是确定所要选择的物体的名称是什么，操作步骤如下：

（1）单击工具栏中的"按名称选择"按钮，打开"选择对象"对话框，如图2-29所示。

图2-28 各种范围框选择工具（左）　　　　图2-29 "选择对象"对话框
和框选物体（右）

（2）在"选择对象"对话框中使用鼠标左键单击需要选中的物体名称，比如，Box01，然后单击"选择"按钮即可选中该物体。

如果场景过于复杂，那么可以通过在该对话框中设置一些选项来选择需要的物体。这种选择方法也是比较常用的。

打开"选择对象"对话框的快捷方式是按H键。

在以后的创建工作中，建议养成为物体命名的习惯，而且最好起一个比较有意义的名称，这一点是非常重要的。

另外，我们还可以使用移动、旋转和缩放工具进行选择，也可以使用过滤器、图解视图和轨迹视图进行选择，但是不很常用，所以在此不再赘述。

2.4.2　移动、旋转和缩放物体

移动、旋转和缩放场景中的物体也是非常重要的操作，这些操作都有专门的工具。

1. 选择并移动物体

选择和移动场景中的物体需要使用工具栏中的选择和移动工具 ✛。在移动物体时，只需要选择该工具，在不同的视图中单击选择该物体，然后按需要沿一定的轴向进行拖动就可以了，如图2-30所示。

用户可以把物体移动到场景中的任意位置。

2. 选择和旋转物体

选择和旋转场景中的物体需要使用工具栏中的选择和旋转工具 ⟳。在旋转物体时，只需要选择该工具，然后在不同的视图中单击选择该物体，然后按需要沿一定的轴向进行拖动就可以旋转它了，如图2-31所示。

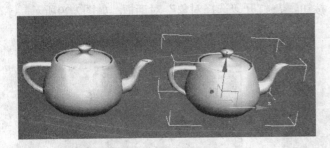

图2-30　移动物体

图2-31　旋转前和旋转后的手盆

3. 选择和缩放物体

选择和缩放场景中的物体需要使用工具栏中的选择和缩放工具 ▣。在缩放物体时，只需要选择该工具，在不同的视图中单击选择该物体，然后按需要沿一定的轴向进行拖动就可以缩放它了。可以把物体放大，也可以把物体缩小。另外，缩放工具有3种，把鼠标指针放在矩形选择按钮上不放，就会打开一列缩放工具按钮，如图2-31所示。使用均匀工具缩放后的椅子如图2-32所示。

图2-32　缩放工具（左）和使用均匀工具缩放后的椅子（右）

2.4.3 复制物体

3ds Max 2010中文版有一个非常重要的功能，那就是复制，有了这一功能，可以使用户的工作量大大减少。比如，在制作室外高层楼房效果图时，只需要制作出一层，然后通过复制把其他的楼层复制出来。或者制作出一栋楼房之后，复制出另外一栋。再比如，在制作大的游戏场景时，一些大理石柱或者门窗，只需要制作出一个来，然后复制出其他的就可以了。如图2-33所示。

图2-33 使用3ds Max的复制功能可以复制所有可以复制的对象

有3种复制的方法，即菜单命令、使用Shift键和镜像复制，下面分别进行介绍。

1. 使用菜单命令复制

（1）进入到"扩展基本体"创建面板中，单击"胶囊"按钮 胶囊 ，在视图中创建一个胶囊体，如图2-34所示。

（2）执行"编辑→克隆"命令，将会打开一个对话框，如图2-34所示。然后单击"确定"按钮。再使用 ✛ 工具移动复制的胶囊体，如图2-35所示。

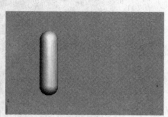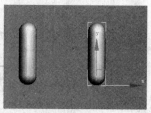

图2-34 创建一个胶囊体　　　　图2-35 "克隆选项"对话框（左）和复制的胶囊体

如果想复制多个物体，那么执行"编辑→克隆"命令即可。使用该命令每次只能复制一次。如果想同时复制出多个，那么最好还是使用Shift键进行复制。

2. 使用Shift键复制

这种复制方法是最常用的，比如在制作数量很多的相同模型时，就可以使用这种方法进行复制，如图2-36所示。

下面介绍一下使用Shift键进行复制的操作步骤，

（1）在视图中创建出物体后，使用鼠标左键单击选定物体，并激活 ✛ 工具。

（2）按住Shift键，沿选定物体上的轴向向左或者向上拖动，此时会打开一个对话框，如

图2-37所示。

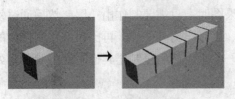

图2-36 按指定的数量复制模型　　　　　　　图2-37 "克隆选项"对话框

（3）"克隆选项"对话框中有一个"副本数"选项，比如6或者15，在这个输入框中输入需要的数量，可以是任意数量，然后单击"确定"按钮即可按设置的复制数量进行复制，而且复制出的物体间距是相同的。

3. 镜像复制

当创建对称的规则模型时，就需要使用到镜像复制方法，这种复制方法也是比较方便的，一般多用于创建生物体模型和复杂的对称性模型。其操作步骤如下：

（1）制作出一个一半的模型，如图2-38（左图）所示。

这种模型的制作比较烦琐一些，用户需要很大的耐心才能够制作出来，在此只是演示。

（2）执行"工具→镜像"命令或者单击工具栏中的█按钮，打开一个"镜像"对话框，设置好镜像轴、偏移量和复制选项后，单击"确定"按钮，就会镜像出另外一半，如图2-39所示。

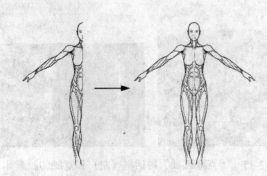

图2-38 制作出模型的一半　　　　　　图2-39 "镜像"对话框

2.4.4 组合物体

创建出的物体都具有独立的编辑属性，如果需要同时编辑多个物体，那应该怎么办呢？比如，一张桌子的4条腿。不要担心，3ds Max 2010中文版还有一个非常好功能，就是成组功能，如图2-40所示。

只需要选中4条桌子腿，然后执行"组→成组"命令就可以把它们组成一组。这样只要移动或者旋转一条桌子腿，其他两条桌子腿也会跟随其一起移动或者旋转。

图2-40 桌子的4条腿（左）和调整好的桌子腿（右）

 如果成组之后，再分开它们，那么只需要执行"组→解组"命令就可以把它们解开。

2.4.5 排列物体

3ds Max 2010中文版还有一个非常好的功能，那就是按着一定的路径排列物体的功能，这一功能也具有复制的特性。对于创建阵列性的模型比较适用。下面介绍这一功能的应用。

（1）创建一个长方体和一个圆圈，圆圈作为排列的路径，并使长方体处于选中状态，如图2-41所示。

（2）执行"工具→对齐→间隔工具"命令，打开"间隔工具"对话框，如图2-42所示。

图2-41 创建一个场景　　　　图2-42 "间隔工具"对话框（左）和排列效果（右）

（3）分别设置各个选项，参照图2-42。然后单击"拾取路径"按钮，再单击视图中的圆圈，长方体就会排列成一圈，如图2-42（右）所示。

这一功能也是非常有用的，比如在一些建筑效果图和动画片中会经常使用到的。

2.4.6 删除物体

有时，需要删除场景中的一个或者多个物体，那该怎么办呢？我们有两种比较方便的方法来删除不需要的物体。

第一种方法是：在视图中选中不需要的物体，然后按Delete（删除）键即可。

第二种方法是：在视图中选中不需要的物体，然后执行"编辑→删除"命令即可。

2.4.7 改变物体的轴心

在3ds Max 2010中文版中，物体的轴心就是该物体的旋转轴，一般位于物体的中心位置，在创建物体时会自动生成。对于相同的物体，如果轴心不同，那么操作结果也会不同。在创建过程中，有时会需要改变物体的轴心。

如果要改变物体的轴心，则需要使用到"层次"命令面板，在这里简要介绍一下该面板中的几个按钮，如图2-43所示。

·仅影响轴：激活该按钮后，可以使用"选择并移动"和"选择并旋转"工具对选定物体的轴心进行变换。

·仅影响对象：激活该按钮后，可以对选定物体进行单独变换，而不会影响轴心。

·仅影响层次：激活该按钮后，只影响它下一级物体的偏移，而不影响该物体及其子物体的几何形状。

改变物体轴心的操作步骤如下：

（1）在视图中创建一个物体，然后使用✥工具选中创建的物体，此时，可以看到该物体的坐标轴，在坐标轴的中心位置就是该物体的轴心，如图2-44（左）所示。

（2）单击♣按钮，进入到"层次"面板中，再单击"仅影响轴"按钮。此时就会显示出轴心坐标轴，如图2-44（右）所示。

图2-43　"层次"面板

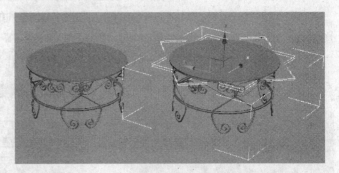

图2-44　物体的坐标轴（左）和轴心坐标轴（右）

（3）使用✥工具把轴心坐标轴向下移动到模型的底部，然后单击"仅影响轴"按钮，此时使用"选择并旋转"工具旋转模型，就会看到模型的旋转轴心改变了，如图2-45所示。

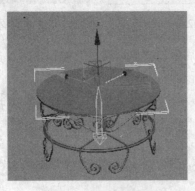
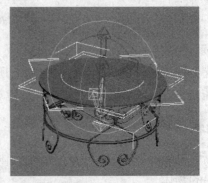

图2-45　改变物体的轴心（左）和旋转轴心发生改变（右）

　在图中可能看得不是很清楚，可以在3ds Max软件中观察，在那里看得比较清楚。

小技巧：如何添加背景图片

关于背景的添加，在以后的制作工作中是非常重要的。如图2-46所示的足球，实际上，它的背景只是一幅图片，但是，给人的感觉是足球队员在追逐它。背景添加得好不好将直接关系到最终的效果。在添加背景图片时，首先需要根据场景和制作要求制作出或者选择出需要的背景图片，可以到网上下载一些备用图片，或者在Photoshop等平面软件中自己绘制。然后在3ds Max中执行"渲染→环境"命令，打开"环境和效果"对话框，然后在该对话框中单击"无"按钮，打开"材质/贴图浏览器"对话框，在材质/贴图浏览器中双击"位图"打开"选择位图图像文件"对话框，在该对话框中选择制作好的背景图片，再单击"打开"按钮就可以了。

图2-46   足球模型

第3章 基础建模

第2篇 制作模型

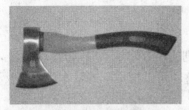

本篇将介绍如何在3ds Max 2010中文版中进行建模，也就是如何创建模型。也有人把建模称为制作造型，意义都是一样的，大部分人都习惯于使用"建模"这个词，希望读者不要被弄懵了。我们在前面的内容中提到过，建模是非常基础的一步，没有模型，就不能进行以后的工作。在这部分内容中，不光要介绍建模的工具，还将介绍一些建模的方法和技巧。希望读者认真阅读这一部分的内容。

本篇包括下列内容：

- ❑ 第3章 基础建模
- ❑ 第4章 创建复合物体
- ❑ 第5章 使用修改器
- ❑ 第6章 石墨建模工具初探
- ❑ 第7章 创建建筑模型
- ❑ 第8章 曲面建模

第3章 基础建模

在自然界中，物体的形状是各种各样的，但是它们都可以使用3ds Max创建出来，不管是简单的、复杂的，还是规则的、扭曲的物体。通过这一章的学习，可以使读者掌握一些基本模型的制作方法和技巧，为以后的学习打下良好的基础。

3.1 创建标准基本体

可以观察一下周围的物体，它们有的是规则的，有的是不规则的。实际上，不规则的形状也是有规则的形状演变而来的。通过编辑和调整，可以把规则的基本体改变成不规则的形状。因此，先来介绍一些标准基本体的创建。

基本体就是基本的物体形状。在3ds Max 2010中文版面市之前，很多人把基本体称为几何体，也就是基本的几何形状体。以前汉化的一些3ds Max软件中和目前的一些有关于3ds Max的书籍中也是这样叫的，希望读者不要迷糊。

3.1.1 标准基本体的种类

从3ds Max 2010中文版右上角的"对象类型"面板中，可以看到一共有10个按钮，如图3-1（左）所示。对应的物体类型如图3-1（右）所示。

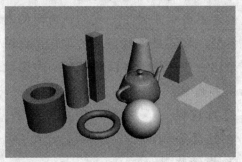

图3-1 "对象类型"面板（左）和物体类型（右）

从图中可以看到标准基本体共有10个类型，它们分别是长方体、圆锥体、球体、几何球体、圆柱体、管状体、圆环体、四棱体、茶壶和平面体。使用这些基本体就可以创建出很多常见的物体形状，比如长方体，在制作建筑效果图和游戏场景时，可以使用它来创建建筑物的墙体、地面、顶等。圆柱体可以用来创建圆形的大理石柱、桌面、桌腿、路灯杆等。

使用"球体"和"几何球体"按钮工具都会创建出一个球体模型，但是它们在结构上具有一定的区别，如图3-2所示。它们之间存在不同的拓扑布局和点面数，因此，在进行建模操作时会有一定的区别。

球体   几何球体

图3-2　在结构上的区别

3.1.2　标准基本体的创建

下面通过一个圆柱体的创建过程来演示标准基本体的创建。

（1）首先在创建命令面板中依次单击 ![btn] → ![btn] → 圆柱体 按钮，然后在顶视图中使用鼠标左键单击并拖曳，这样将定义出圆柱体的直径。再松开鼠标左键，向上或者向下移动，然后单击鼠标左键。这样就创建出了一个圆柱体，如图3-3所示。

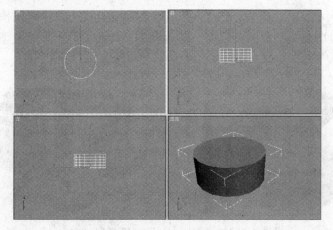

图3-3　创建出的圆柱体

 如果是从前视图中开始创建圆柱体，那么圆柱体的方位会有一定的区别，如图3-4所示。可以使用"选择并旋转"工具进行旋转。

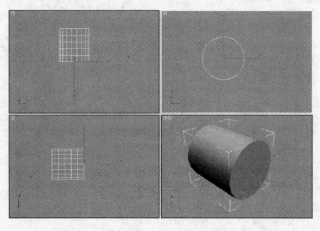

图3-4　在前视图中开始创建的圆柱体

（2）修改圆柱体的大小。在创建命令面板中单击 按钮，可以看到它的参数面板，如图3-5（左）所示。

（3）分别把它们的半径参数和高度参数改成5和80，这时的圆柱体将改变成如图3-5（右）所示的形状。

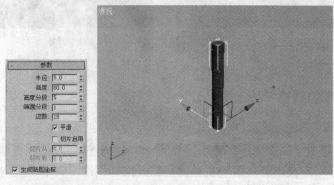

图3-5　参数面板（左）和圆柱体改变大小（右）

当创建的模型大小不合适或者不正确时，可以采用这样的方法来修改模型的大小。还可以按这种方法创建各种圆锥模型、圆管模型、球体模型、环形模型、平面模型、四棱锥模型等，如图3-6所示。

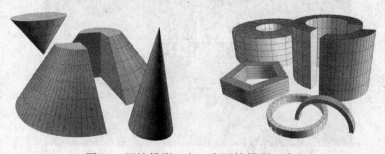

图3-6　圆锥模型（左）和圆管模型（右）

其他标准基本体的创建方法与圆柱体的创建方法是相同的，可以自己尝试创建这些模型，在此不再赘述。使用标准基本体工具可以创建一些比较规则形状的模型，如建筑墙体、地面、大理石柱、桌面、桌腿等，如图3-7所示。

图3-7　使用标准基本体创建的建筑模型

3.2 创建扩展基本体

扩展基本体是标准基本体的外延或者扩展，所以称它为扩展基本体，它相比标准基本体要稍微复杂一些。

3.2.1 扩展基本体的种类

首先观察创建命令面板，在"标准基本体"命令的右侧有一个小三角按钮，单击该按钮，将会打开一个下拉菜单，从中选择"扩展基本体"项，面板就会改变成扩展基本体面板，如图3-8所示。

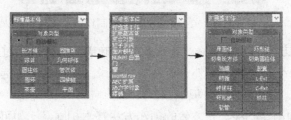

图3-8 改变创建命令面板

从图中可以看出，扩展基本体总共有13种类型，它们分别是异面体、环形体、切角长方体、切角圆柱体、油罐、胶囊、纺锤、球棱体、环形波、棱柱、软管、L-Ext和C-Lxt。

3.2.2 扩展基本体的创建

下面通过一个切角长方体的创建过程来演示扩展基本体的创建。使用切角长方体创建的模型比较多，比如沙发坐垫、靠背、桌面、枕头和墙角基线等。切角长方体的创建过程如下：

（1）在创建命令面板中单击 切角长方体 按钮，然后在顶视图中使用鼠标左键单击并拖曳，这样将定义出长方体的长度和宽度。再松开鼠标左键，向上或者向下移动，然后移动鼠标指针，再单击一次，这样就创建出了一个长方体。不过现在还没有创建完成，还需要单击鼠标左键一次，这样才能完成一个切角长方体的创建，如图3-9所示。

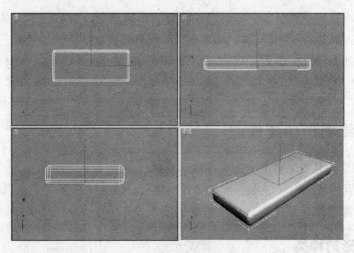

图3-9 创建出的切角长方体

很多人把切角长方体也称为倒角方体，要注意这些概念。切角长方体多用于制作沙发等边角带有一定平滑度的模型，如图3-10所示。对于有一定造型的沙发垫需要使用FFD修改器进行调整，关于修改器的使用，将在本书后面的章节中介绍。

图3-10　使用切角长方体制作的沙发

（2）修改切角长方体的大小与修改标准长方体的操作一样，不过在其参数面板中切角长方体多了两个选项，一个是圆角，另外一个是圆角分段。使用这两个选项可以调节长方体圆角的圆滑度。修改切角长方体的参数面板如图3-11所示。

其他标准基本体的创建方法与长方体的创建方法基本相同。比如可以创建下面的这些扩展基本体的模型，如图3-12所示。

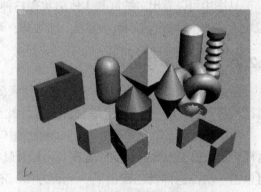

图3-11　参数面板　　　　　　　　图3-12　可以创建的其他扩展基本体

使用扩展基本体工具可以创建一些形状比较规则的模型，如建筑体、家具、瓷器、机械构造模型等。

通过对这些基本体进行编辑，可以把它们编辑成需要的一些形状，具体的操作，可以参阅后面章节中的一些内容。

3.3　使用二维图形创建模型

在上一部分内容中，介绍了一些基本体的创建。对于一些复杂的物体，则很难使用这些建模方法来创建，但是可以借用二维图形来创建。另外，使用二维图形也可以创建出使用基本体创建出的模型。本节将介绍使用二维图形来创建模型。

3.3.1　二维图形的种类

在3ds Max 2010中文版工作界面右上角创建命令面板中单击 按钮，即可打开二维图形创建面板，如图3-13所示。默认是"样条线"创建面板，单击"样条线"右侧的小三角按钮 ，并选择NURBS曲线项，即可打开"NURBS曲线"创建面板，如图3-13所示。

从图中可以看出，在"样条线"创建面板中有11种类型，它们分别是线、矩形、圆、椭圆、弧、圆环、多边形、星形、文本、螺旋线和截面。在"NURBS曲线"创建面板中有2种类型，它们分别是点曲线和CV曲线。在"扩展样条线"创建面板中有5种类型，它们分别是墙矩形、通道、角度、T形和宽法兰。

NURBS曲线是英文单词Non-Uniform Rational B-Splines（非均匀有理B样条曲线）的简称。而CV曲线是英文单词Control Vertex（可控顶点）曲线的简称。这些类型的建模方法都有各自的优势。关于NURBS曲线及曲面部分的内容，可以参阅"曲面建模"一章内容。

在制作中，我们会经常使用这些工具来创建需要的模型，比如可以通过把一些简单的图形组合成复杂的图形，然后使用它来创建复杂的模型。在3ds Max 2010中，可以把它们用于下列创建目的：

（1）创建面片和薄的曲面。

（2）作为放样的路径和截面。

（3）创建旋转曲面。

（4）在制作动画时，作为动画的路径。

（5）创建挤压物体的基本形状。

下面将详细介绍它们的制作方法。

3.3.2 二维物体的创建

二维物体的创建非常简单，只要点选该工具按钮，然后在视图中单击并拖曳，再松开鼠标键就可以了，如图3-14所示。

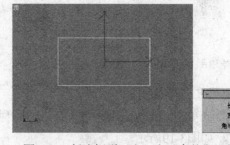

图3-13 "样条线"创建面板（左）、
"NURBS曲线"创建面板（中）、
"扩展样条线"面板（右）

图3-14 创建矩形（左）和"参数"面板（右）

创建矩形也有"参数"面板，在该面板中可以设置矩形的长度和宽度。可以在输入框中直接输入数值，也可以单击输入框右侧的两个小三角按钮来增加或者减小它们的数值。可以绘制出下列三种类型的矩形，如图3-15所示。

不过这些工具的使用也有一些不同之处，下面以"线"工具为例介绍一下。如果在单击"线"工具之后，在视图中依次单击，也就是说单击鼠标左键之后，不再按住鼠标键，依次单击，那么创建出的形状和图3-16中的左侧形状相同，也就是说它的拐角是直角的。如果在单击"线"工具之后，在视图中单击，按住鼠标键不放，然后依次单击，那么创建出的形状和图

3-16中的右侧形状相同，也就是说它的拐角是圆滑的，如图3-16所示。

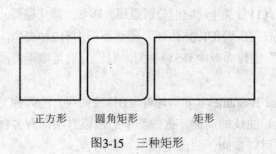

图3-15　三种矩形　　　　　　　　　　　　　　　图3-16　两种图形对比

在使用"线"工具创建完需要的图形之后，如果需要结束创建过程，那么要单击鼠标右键。

还可以按着这种方法创建各种圆、多边形、星形样条线、弧形样条线、截面样条线和螺旋线等，如图3-17所示。

3.3.3　"文本"工具

在这里介绍一下"文本"工具，因为该工具在影视片头制作中非常有用，那些影视片头中的文字基本上都是使用该工具创建的，如图3-18所示。

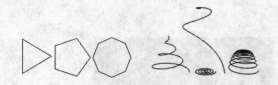

图3-17　多边形样条线（左）和螺旋线样条线（右）　　　　图3-18　电视片头

"文本"工具的使用如下。

（1）首先单击 ▨文本 按钮。然后在它的"参数"面板的"文本"输入框中输入"影视剧场"4个字，如图3-19所示。

在"文本"输入框中可以输入中文字体和英文字体，这些字体的编辑和Word中的编辑相同，可以编辑它们的字号、字型、字体、间距和行距等。读者可以自己尝试。

（2）输入文本后，在前视图中单击鼠标左键即可把文本输入到视图中，如图3-20所示。

（3）单击▨按钮，进入到修改命令面板中。然后单击修改器列表右侧的小按钮，从打开的列表中选择"挤出"修改器，对文字进行挤出操作，操作后的结果如图3-21所示。

读者也可以为文字应用"倒角"修改器来制作出文字上的倒角效果。

图3-19 输入文字

图3-20 在视图中创建文字

图3-21 对文字应用"挤出"操作后的结果

3.3.4 其他样条线工具

使用"样条线"创建面板中的工具，还可以创建下列形状，如图3-22所示。这些工具都有其特有的参数面板，它们的形状都可以被编辑。

3.3.5 扩展样条线

在"扩展样条线"创建面板中有5种创建工具，分别是墙矩形、通道、角度、T形和宽法兰创建工具。这些工具的使用很简单，激活一个工具后，在一个视图中单击、拖动、再次单击即可创建出需要的图形。然后在"参数"卷展栏中设置相应的参数即可对图形进行编辑。使用扩展样条线工具创建的各种图形如图3-23所示。

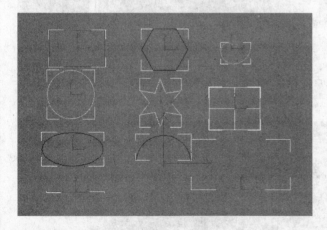

图3-22 其他二维图形

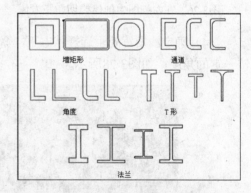

图3-23 使用扩展样条线工具创建的各种图形

3.4 实例：沙发和茶几

本实例主要练习前面所学的知识，使用切角长方体、圆柱体与长方体等基本工具制作一套简单的沙发和茶几模型，效果如图3-24所示。在制作室内效果图时，会经常使用到沙发和茶几模型。

（1）制作沙发。进入到扩展基本体创建命令面板中，依次单击 → →切角长方体 按钮，在顶视图中创建一个切角长方体作为沙发面，并在"参数"面板设置好参数，如图3-25所示。

图3-24　沙发和茶几模型　　　　　　　图3-25　创建的切角长方体

（2）在扩展基本体创建命令面板中依次单击 → →切角长方体 按钮，在左视图中创建一个切角长方体，并在"参数"面板中设置好参数。然后使用"选择并移动" 工具调整位置，如图3-26所示。

（3）在扩展基本体创建命令面板中依次单击 → →切角长方体 按钮，在前视图中创建一个切角长方体作为沙发背，并在"参数"面板中设置好参数，然后使用"选择并移动" 工具调整位置，如图3-27所示。

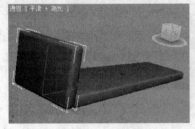

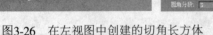

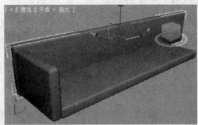

图3-26　在左视图中创建的切角长方体　　　图3-27　在前视图中创建的切角长方体

（4）确定沙发背处于选择状态下，激活工具栏中的"选择并旋转" 工具，将其沿Z轴旋转一定的角度，如图3-28所示。

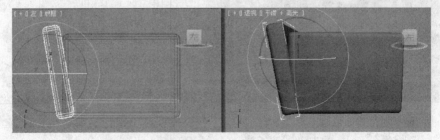

图3-28　旋转的沙发背

（5）在扩展基本体创建命令面板中依次单击 → →切角长方体 按钮，在顶视图中创建一个切角长方体作为沙发垫，并在"参数"面板中设置好参数，然后使用"选择并移动" 工具调整位置，如图3-29所示。

（6）按住Shift键，并使用"选择并移动" 工具将座垫沿X轴向右移动一定距离。释放Shift键，此时会打开"克隆选项"对话框。在"克隆选项"对话框中选择"实例"选项，然后将"副本数"的值设置为2，制作出两个座垫副本，如图3-30所示。

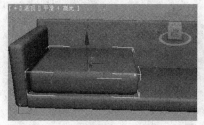

图3-29 创建的沙发垫

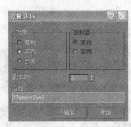
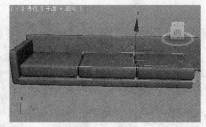

图3-30 复制的座垫

（7）在扩展基本体创建命令面板中依次单击→→切角长方体 按钮，在前视图中创建一个切角长方体作为靠背。并在"参数"面板设置好参数，然后使用"选择并移动"工具和"选择并旋转"工具调整其位置，如图3-31所示。

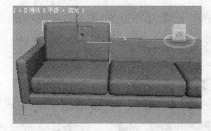

图3-31 制作的靠背

（8）按住Shift键，并使用"选择并移动"工具将座垫沿X轴向右移动。释放Shift键，此时会打开"克隆选项"对话框。在"克隆选项"对话框中选择"实例"选项，将"副本数"的值设置为2。制作出靠背的两个副本，如图3-32所示。

图3-32 复制的靠背

（9）在扩展基本体创建命令面板中依次单击→→切角长方体 按钮，在顶视图中创建一个切角长方体作为另一侧的沙发面，并在"参数"面板中设置好参数。然后使用"选择并移动"工具调整位置，如图3-33所示。

（10）在扩展基本体创建命令面板中依次单击→→切角长方体 按钮，在左视图中创建一个切角长方体，并在"参数"面板设置好参数。然后使用"选择并移动"工具调整位置，如图3-34所示。

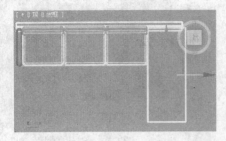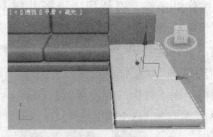

图3-33 创建的沙发面

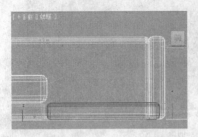

图3-34 创建的切角长方体

（11）在扩展基本体创建命令面板中依次单击 ⊕ → ○ → 切角长方体 按钮，在顶视图中创建一个切角长方体作为座垫，并在"参数"面板中设置好参数。然后使用"选择并移动" ✛ 工具调整位置，如图3-35所示。

（12）进入到扩展基本体创建命令面板中，然后依次单击 ⊕ → ○ → 切角长方体 按钮，在前视图中创建一个切角长方体作为靠背，并在"参数"面板中设置好参数。然后使用"选择并移动" ✛ 工具和"选择并旋转" ○ 工具调整其位置，如图3-36所示。

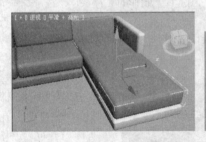

图3-35 创建的座垫　　　　　　　　　　　　图3-36 创建的靠背

（13）在扩展基本体创建命令面板中依次单击 ⊕ → ○ → 切角长方体 按钮，在左视图中创建一个切角长方体作为靠背，并在"参数"面板中设置好参数。然后使用"选择并移动" ✛ 工具和"选择并旋转" ○ 工具调整其位置，如图3-37所示。

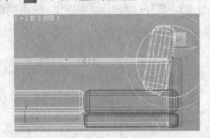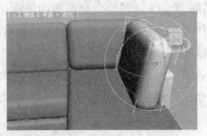

图3-37 创建的靠背

（14）进入到标准基本体创建命令面板中，然后依次单击 ⚙ → ⚪ → 圆柱体 按钮，在顶视图中创建一个圆柱体作为沙发腿，并在"参数"面板中设置好参数。然后使用"选择并移动" ✛ 工具调整其位置，如图3-38所示。

图3-38　创建的圆柱体

（15）按住Shift键，并使用"选择并移动" ✛ 工具将沙发腿沿X轴向右移动。以"实例"的方式将其复制7个，制作出其他的沙发腿，如图3-39所示。

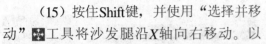

图3-39　复制的沙发腿

（16）制作茶几。在标准基本体创建命令面板中依次单击 ⚙ → ⚪ → 长方体 按钮，在顶视图中创建一个长方体，并在"参数"面板中设置好参数。然后使用"选择并移动" ✛ 工具调整其位置，如图3-40所示。

（17）在标准基本体创建命令面板中依次单击 ⚙ → ⚪ → 圆柱体 按钮，在顶视图中创建一个圆柱体作为茶几腿，并在"参数"面板中设置好参数。然后使用"选择并移动" ✛ 工具调整其位置，如图3-41所示。

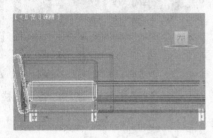
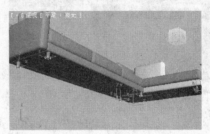

图3-40　创建的茶几面　　　　　　　　　　图3-41　创建的圆柱体

（18）按住Shift键，并使用"选择并移动" ✛ 工具将沙发腿沿X轴向右移动。以"实例"的方式将其复制3个，制作出其他的茶几腿，如图3-42所示。

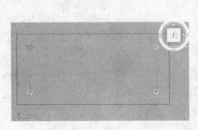
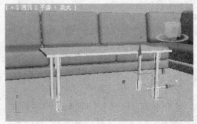

图3-42　复制的茶几腿

（19）在标准基本体创建命令面板中依次单击 →→长方体按钮，在顶视图中创建一个长方体作为搁板，并在"参数"面板中设置好参数。然后使用"选择并移动" 工具调整其位置，如图3-43所示。

（20）在标准基本体创建命令面板中依次单击 →→圆柱体按钮，在顶视图中创建一个圆柱体，并在"参数"面板中设置好参数，然后按住Shift键，以"实例"的方式创建出三个副本，并使用"选择并移动" 工具调整其位置，制作出茶几支柱，如图3-44所示。

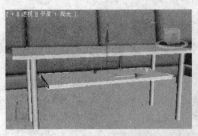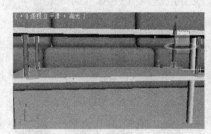

图3-43　创建的茶几搁板　　　　　图3-44　制作的茶几支柱

（21）至此，沙发和茶几的模型已创建完成，分别为各部分赋予材质后进行渲染，效果如前图3-22所示。

通过上面的实例练习，读者应该体会到3ds Max 2010中文版的功能了。其实，这只是冰山一角，下面一章将介绍二维图形的创建。

第4章 创建复合物体

前面的内容介绍了如何在3ds Max 2010中文版中创建一些基本体、二维图形，还介绍了一些修改器的使用。虽然使用这些建模工具可以创建很多的模型，但是在自然界中还有很多由多个物体构成的复合模型，这样的模型就需要使用一些特殊的方法来创建，本章就介绍复合物体的创建。

4.1 创建复合物体的工具

创建复合物体就需要使用一些创建复合物体的工具，因此，先来看一下创建复合物体需要使用哪些工具。

在创建命令面板中，单击"创建基本体"右侧的小按钮。把创建面板改变成"复合对象"创建面板，共包括12种工具，如图4-1所示。注意，相对于以前版本，这一版的3ds Max中增加了"ProBoolean（预布尔）"和"ProCutter（预散布）"工具。

图4-1　"复合对象"创建面板

4.2 变形工具

变形是一种非常重要的动画制作技术，类似于2D动画中的补间动画（这是Flash中的术语）。当两个或多个物体的顶点位置相互匹配时，可以通过插补运算从一种形状过渡到另外一种形状。在动画制作中，可以使用它来制作角色面部的动画，如图4-2所示。

参数简介

变形工具有两个参数面板，分别是"拾取目标"参数面板和"当前对象"参数面板，如图4-3所示。在这两个参数面板中包含变形工具的所有选项设置。

图4-2　制作角色面部的动画

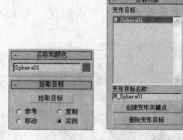

图4-3　参数面板

拾取目标对象时，可以将每个目标指定为"参考"、"移动"、"副本"或"实例"。根据创建变形之后场景几何体的使用方式进行选择。

· 拾取目标：使用该按钮，可以指定目标对象或所需的对象。

· 参考/复制/移动/实例：用于指定目标对象传输至复合对象的方式。它可以作为参考、副本或实例进行传输，也可以进行移动。对于后面这种情况，不会留下原始图形。

· 变形目标：显示一组当前的变形目标。

· 变形目标名称：使用该字段，可以在"变形目标"列表中更改选定变形目标的名称。

· 创建变形关键点：在当前帧处添加选定目标的变形关键点。

· 删除变形目标：删除当前高亮显示的变形目标。如果变形关键点参考的是删除的目标，也会删除这些关键点。

4.3 使用布尔工具创建物体

首先来看一个模型，如图4-4所示。对于这样的形状，很难使用前面介绍的建模方法来创建，但是可以使用布尔工具来创建。

下面通过一个布尔工具的使用过程来演示复合体的创建。

（1）根据前面所学的知识，在视图中分别创建一个茶壶体和一个圆柱体，如图4-5所示。

图4-4 复合体   图4-5 创建出的茶壶模型和圆管

（2）按着前面介绍的方法，把创建面板改变成"复合对象"创建面板。

（3）在工具栏中单击 按钮，然后在透视图中单击长方体，再在创建命令面板中单击 布尔 按钮，再单击面板下面的 拾取操作对象 B 按钮，再返回到透视图中单击球体。此时透视图中的模型就变成了如图4-6所示的形状。

 使用布尔工具可以创建一些比较复杂的模型，比如仿古凳，效果如图4-7所示。

图4-6 布尔运算效果   图4-7 仿古凳效果

注意 有人把布尔工具的操作称为布尔运算，这样也是可以的。因为布尔这个词语就源自于数学领域，它的操作原理与数学中的布尔运算也是相同的。

从上面的创建过程看，在使用布尔工具创建模型时，必须有两个物体，一个是运算物体A，另外一个是运算物体B。其操作分为并集、交集、差集和切割，其中差集又细分为差集（A-B）和差集（B-A）。这几个概念分别来自于数学中的并集、交集和差集的概念，在下面的参数面板中进行介绍。将把整个面板分成几个单独的部分进行介绍，首先介绍"拾取布尔"面板，如图4-8所示。

· 参考：勾选该项后，将原物体的参考复制品作为运算物体B。

· 复制：勾选该项后，将原物体进行复制作为运算物体B，不会破坏原物体。

· 移动：勾选该项后，将原物体直接作为运算物体B，运算后原物体消失。

· 实例：勾选该项后，将原物体的实例复制品作为运算物体B，运算一个物体时，另外一个物体也受影响。

下面介绍"参数"面板，如图4-9所示。

· 并集：勾选该项后，将两个物体合并为一个新物体。

· 交集：勾选该项后，将两个物体的相交部分合并为一个新物体。

· 差集（A-B）：勾选该项后，如果两个物体是重叠在一起的，那么从A物体中减去B物体的体积。

· 差集（B-A）：勾选该项后，如果两个物体是重叠在一起的，那么从B物体中减去A物体的体积。

· 切割：勾选该项后，将把两个物体的形状作为辅助面进行剪切，但不给B物体添加任何内容，切割后的物体不是封闭的实体，如图4-10所示，它有4种类型。

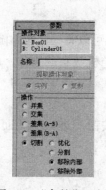

图4-8 "拾取布尔"面板　　图4-9 "参数"面板　　　　图4-10 非封闭实体

优化：勾选该项后，在两物体相交的物体A上添加新的顶点和边。

分割：勾选该项后，沿着物体B减去物体A的边界添加第2组顶点和边。

移除内部：勾选该项后，移除物体B内部操作物体A的所有面。

移除外部：勾选该项后，移除物体B外部操作物体A的所有面。

下面介绍"显示/更新"面板，如图4-11所示。

· 结果：勾选该项后，只显示最后的运算结果。

· 操作对象：勾选该项后，将显示出所有的运算物体。

· 结果+隐藏的操作对象：勾选该项后，将在视图中以线框模式显示出隐藏的运算物体。
· 始终：勾选该项后，总会在进行布尔运算后显示出操作结果。
· 渲染时：勾选该项后，只有在进行渲染时才显示布尔操作的结果。
· 手动：勾选该项后，下面的"更新"按钮变为可用，可提供手动的更新控制。

根据不同的选项设置，可以制作各种各样的复合模型。在实际生活中的马桶和浴盆模型也是使用布尔运算制作出来的，如图4-12所示。

图4-11 "显示/更新"面板 图4-12 使用布尔运算创建的物体

 当对同一物体执行多次布尔运算时，需要重新选择场景中的复合物体，并再次单击"布尔"按钮，重新进行布尔操作。

另外还可以使用其他创建复合体的方法创建出其他的物体，可以参阅后面章节中的一些内容。

4.4 散布工具

散布也是一种非常重要的工具，使用该工具可以将一个物体随机地分布于另外一个物体的表面或者内部。适合制作散乱的石块、树木等随机散布的物体，如图4-13所示。

4.4.1 散布工具的操作过程

（1）单击"标准基本体"旁边的小三角按钮，进入到"面片栅格"创建面板中，如图4-14所示。这种工具适合创建地面等物体。

图4-13 在球体表面上的散布效果 图4-14 "面片栅格"创建面板

（2）单击 四边形面片 按钮在视图中创建一个面片，注意把它们的分段数值都设置为2，然后应用"编辑面片"修改器，在"顶点"模式下，调整形状，如图4-15所示。

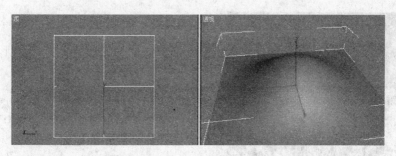

图4-15 创建一个地面

（3）单击"标准基本体"旁边的小三角按钮，选择"AEC扩展"进入到"AEC扩展"创建面板中，单击 植物 按钮，再在下面的面板中单击"垂柳"图标，并在顶视图中单击，即可创建一棵垂柳，如图4-16所示。

图4-16 创建一棵垂柳

  创建时的垂柳比较大，需要使用"选择并缩放"工具把它缩小一些。

（4）单击"标准基本体"右侧的小按钮，选择"复合对象"进入到"复合对象"面板中，然后单击"散布"工具。

（5）在下面的面板中单击 拾取分布对象 按钮，并在视图中单击地面，这样植物物体就会移动到平面物体上。

（6）在下面的"源对象参数"面板中，把重复数设置为20后的结果如图4-17所示。

图4-17 垂柳被散布在地面上

还可以在上面添加乱石、杂草等物体，从而可以创建出比较真实的效果，如图4-18所示。

  使用3ds Max 2010中文版创建这些造型，就是模拟自然界中的这些造型，模拟得越真实越好。

图4-18　更复杂的效果

4.4.2　参数面板介绍

这部分内容介绍一下地形工具的参数面板，如图4-19所示。

拾取分布对象面板

·"拾取分布对象"按钮：用于在视图中选择作为散布的地面。

·参考/复制/移动/实例：分别用于指定散布物体的散布方式。

图4-19　参数面板

散布对象面板

·使用分布对象：勾选该项后，只散布作为散布物体的源物体。

·仅使用变换：勾选该项后，将不会散布物体。

·源名：在这里可以重新命名散布的源物体。

·分布名：在这里可以重新命名分布的物体。

·提取操作对象按钮：用于提取选择散布物体的副本或者实例。

·实例/复制：用于设置提取操作的方式。

源对象参数面板

·重复数：用于设置散布物体的复制数量。

·基础比例：用于改变源物体的比例，也会同时影响每个复制的物体。

·顶点混乱度：用于为源物体的顶点应用随机的混乱性。

·动画偏移：可以设置动画的帧数，可以使每个源物体的复制物体都偏离于前一复制物体。

分布对象参数面板

·垂直：勾选后，使每个复制的物体都垂直于相应的面。

·仅使用选定面：勾选后，使散布物体只分配给选择的面。

·区域：勾选后，在物体表面均匀地散布物体。

·偶校验：勾选后，分布物体的面数除以重复数，并跳过相应的面数进行分布。

·跳过N个：勾选后，在散布物体时，将会跳过几个面进行散布。

·随机面：勾选后，在分布物体的表面随机散布物体。

- 沿边：勾选后，沿着分布物体的边缘散布物体。
- 所有顶点：勾选后，在分布物体的表面的每个顶点上散布物体。
- 所有边的中点：勾选后，在分布物体的每个分段边的中心处散布物体。
- 所有面的中点：勾选后，在分布物体的每个三角形面的中心处散布物体。
- 体积：勾选后，遍及分布物体的体积散步物体。

显示面板

- 结果/操作对象：用于设置是否显示散布操作的结果或者散布之前的操作对象。

变换面板

- 旋转栏：用于设置随机的旋转偏移。
- 局部平移栏：用于设置沿它们自身坐标轴的平移。
- 在面上平移栏：用于设置沿分布物体的重心面坐标的平移。
- 比例栏：设置复制物体沿它们自身坐标轴的大小。

显示选项面板

- 代理：勾选后，将复制物体显示为简单的物体，这样可以在处理复杂的散布物体时加快视图的刷新。
- 网格：勾选后，以网格体显示散布物体。
- 显示：用于设置视图中复制物体的显示百分比。
- 隐藏分布对象：勾选后，隐藏分布物体。
- 新建按钮：生成一个新的随机种子数。
- 种子：用于设置种子数。

重载/保存预设面板

- 预设名：用于指定设置的名称。
- 加载：在保存预设列表中加载当前的预设。
- 保存：保存预设名栏中的名称，并把它放置在保存预设对话框中。
- 删除：在保存预设对话框中删除选择的项目。

散布工具的参数选项比较多，但是都非常简单，而且易于操作，只要认真阅读和练习，就能理解和掌握它们。

4.5 创建放样物体

放样是把一个二维图形作为剖面，另外一条曲线作为放样路径而形成的三维物体。另外在路径上还可以有不同的剖面形状。可以利用该工具创建出一些非常复杂的物体模型，如图4-20所示。

4.5.1 放样的基本操作

首先来看一下它的操作步骤。

（1）使用创建二维图形的 ▇▇线▇▇ 工具在前视图中创建一个形状，作为轮廓线，如图4-21（左）所示。

（2）再使用 工具在顶视图中创建一个形状，作为路径，如图4-21（右）所示。

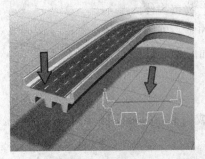

图4-20　放样效果

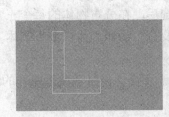

图4-21　轮廓线（左）和路径（右）

（3）单击标准基本体右边的小三角按钮，选择"复合对象"，进入到"复合对象"创建面板中。

（4）单击 放样 按钮，从下面的面板中单击 获取路径 按钮，再在视图中单击作为路径的曲线，此时就会生成铁轨的形状，如图4-22所示。

使用该工具时，首先要把作为放样轮廓和路径的曲线绘制好，否则生成的模型不是很合适。下面介绍一下它的参数。

4.5.2　参数面板

由于该面板太长，把它分成两部分进行介绍，第一部分是创建方法面板，如图4-23所示。

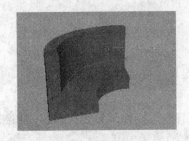

图4-22　放样效果

图4-23　创建方法面板

- "获取路径"按钮：该按钮用于在视图中选择作为放样路径的曲线。
- "获取图形"按钮：该按钮用于在视图中选择作为放样轮廓的曲线。
- 移动/复制/实例：这3个选项用于设置图形的属性。勾选移动后，原来的样条曲线消失。勾选复制后，原来的样条曲线不被移动。勾选实例后，原来的样条曲线将被移动。
- 平滑长度：勾选该项后，会沿着路径的长度平滑物体的表面。
- 平滑宽度：勾选该项后，会沿着物体的剖面平滑物体的表面。
- 应用贴图：该项用于打开和关闭放样物体的贴图坐标。
- 长度重复：该项用于设置沿路径长度重复贴图的次数。
- 宽度重复：该项用于设置沿物体剖面重复贴图的次数。
- 规格化：该项决定路径顶点间隔对贴图的平铺影响。

・生成材质ID：勾选该项后，会在放样过程中创建材质ID。

・使用贴图ID：勾选该项后，可以使用样条线的ID来定义材质ID。

・面片：勾选该项后，会在放样过程中生成面片物体。

・网格：勾选该项后，会在放样过程中生成网格物体。

第二部分是路径参数面板，如图4-24所示。

・路径：用于设置路径的级别。

・捕捉：在生成的造型中生成一致的距离。

・百分比：按路径总长度的百分比设置路径级别。

图4-24 路径参数面板

・距离：从路径的第一个顶点开始设置路径级别。

・路径步数：按路径步数和顶点来生成三维造型。

・封口始端：勾选该项后，会在放样物体的始端封口。

・封口末端：勾选该项后，会在放样物体的末端封口。

・变形：根据变形目标所需要的可预见而又可重复的模式排列封口面。

・栅格：在图形边界处修剪的矩形中排列封口面。

・图形步数：用于设置造型的平滑度，值越大，造型也越平滑。

・路径步数：其值越大，弯曲的造型也越平滑。

・优化图形：勾选该项后，将会减少图形的复杂程度。

・优化路径：勾选该项后，将会自动设定路径的复杂程度。

・自适应路径步数：勾选该项后，会使路径更加光滑。

・轮廓：勾选该项后，放样的剖面图形将自动与路径垂直。

・倾斜：勾选该项后，放样的剖面图形会跟随路径曲线的弯曲变化，与切点始终保持平衡。

・恒定横截面：勾选该项后，放样剖面在路径上自动进行缩放，从而保证整个剖面都有恒定的大小。否则，剖面将保持初始的尺寸，不产生任何变化。

・线形插值：勾选该项后，将在每个剖面图形之间使用直线形式生成表皮，否则将会使用光滑的曲线制作表皮。

・翻转法线：勾选该项后，将把法线翻转180度。

・四边形的边：勾选该项后，如果放样物体各剖面边数相同，则用四边形面连接，如果不同，则用三边形面连接。

・变换降级：勾选该项后，在调节放样物体时，不显示放样物体。

・表皮：勾选该项后，在视图中以网格模式显示表皮造型。

・表皮于着色视图：在视图中以实体模式显示表皮造型。

另外，使用放样建模方法还能够创建带有多个剖面的模型，也可以创建带有开口的模型。其制作过程和上面介绍的创建过程基本相同，可以参阅后面的实例部分。

4.5.3 放样物体的变形

在创建完放样物体之后，还可以对它进行变形操作来产生更为复杂的形状。可以执行哪些变形操作呢？下面来介绍一下。

确定放样物体处于选择状态，然后单击 按钮进入到修改命令面板中。在最下面的修改面板中有一个变形面板，如图4-25所示。单击这些按钮可以分别打开一个对应的对话框，在打开的对话框中可以进行一些变形设置。

> 注意
> 如果变形面板没有打开，可以单击 +   变形   将其展开。

· 缩放：使放样截面在X、Y轴上进行缩放，通过在这两个轴向上进行缩放可以使放样物体进行一定的变形。

· 扭曲：使放样截面在X、Y轴上进行旋转，通过在这两个轴向上进行旋转可以使放样物体进行旋转变形。

· 倾斜：使放样截面在Z轴上进行旋转，通过在这个轴向上进行旋转可以使放样物体进行倾斜性变形。

· 倒角：使放样物体进行倒角变形。

· 拟合：可以使用两条拟合曲线来定义物体的顶部和侧面轮廓。

4.5.4 放样物体的缩放变形

通过使用缩放变形可以使放样截面在X、Y轴上进行缩放，这样就可以在放样路径的不同区域改变造型的大小，从而生成一定的变形。首先看一下"缩放变形"对话框，单击"缩放"按钮就会打开该对话框，如图4-26所示。

图4-25　变形面板

图4-26　"缩放变形"对话框

· 🔒均衡：锁定X、Y轴，同时编辑两个轴向的截面图形。

· ／显示X轴：激活该按钮后，显示X轴控制线，此时只能编辑X轴上的截面。

· ＼显示Y轴：激活该按钮后，显示Y轴控制线，此时只能编辑Y轴上的截面。

· ✕显示XY轴：激活该按钮后，可以同时编辑X、Y轴上的截面。

· 🔄交换变形曲线：将X、Y轴上的控制线进行交换，这样会使截面图形交换。

· ✛移动控制点：使用该工具可以移动控制点的位置，从而改变控制线的形状。

· I缩放控制点：用于垂直移动控制点的位置。

· ━插入角点：可以插入新的角点，用于变形物体的形状。它下面还包含一个插入Bezier点按钮 ━，使用该按钮可以插入Bezier点。

· δ删除角点：用于删除当前选择的控制点。

· ✕重置曲线：用于将变形的控制曲线恢复为原来的状态。

其中，视图区用于显示控制线和控制点，调节的控制线形状就显示在该视图区中。在坐标输入栏中可以输入坐标值来改变控制点的位置。在显示控制区中包含有多个按钮，这些按钮用于平移、最大化显示、左右缩放显示、上下缩放显示及框取缩放显示等操作。

下面介绍缩放变形的具体操作。

（1）使用创建二维图形的 线 工具在前视图中创建一个形状作为轮廓线，如图4-27（左）所示。

（2）再使用 线 工具在顶视图中创建一个形状作为路径，如图4-27（右）所示。

图4-27 轮廓线（左）和路径（右）

（3）单击标准基本体右边的小三角按钮，选择"复合对象"，进入到复合对象创建面板。

（4）单击 放样 按钮，从下面的面板中单击 获取路径 按钮，再在视图中单击作为路径的曲线。此时就会生成一个形状，如图4-28所示。

（5）在修改命令面板中，展开"变形"面板，并单击"缩放"按钮，打开"缩放变形"对话框。然后使用 ━ 按钮分别插入3个点，并使用 ✛ 工具移动它们的位置，如图4-29所示。

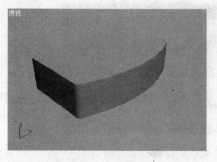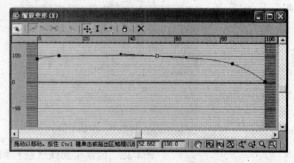

图4-28 生成的形状　　　　　图4-29 "缩放变形"对话框

（6）视图中的模型将会变成如图4-30所示的形状。

 需要使用工具栏中的"选择并旋转"工具进行旋转后，才能出现这样的形状。

　　其他几个变形对话框的使用与"缩放变形"对话框的使用基本相同，由于本书篇幅所限，不再介绍其他几个对话框的具体操作。关于这些对话框的使用，需要用户多进行练习和操作，找到它们的应用规律，这样才能创建出自己需要的形状。

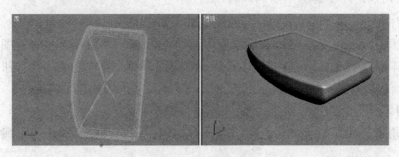

图4-30　形状改变

4.6　创建地形模型

　　前面介绍过创建带有起伏地形的建模方法——使用噪波修改器。但是使用它创建的起伏地形不能手动进行控制，也就是说不是很精确。如果使用地形工具来创建的话，就能够有更大的主动性。创建的地形效果如图4-31所示。

图4-31　创建的地形效果

4.6.1　地形工具的操作

　　（1）依次单击 ⊕→■线■按钮在前视图中创建如图4-32（左）所示的封闭轮廓线。

　　（2）使用"选择并移动"工具在左视图中移动这几条封闭曲线的位置，如图4-32（右）所示。最小的封闭曲线在最上面，最大的封闭曲线在最下面，依次类推。

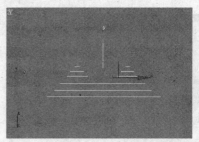

图4-32　创建轮廓线（左）和调整轮廓线的位置（右）

　　如果是在前视图中创建的封闭曲线，那么需要在顶视图中调整曲线的位置。

　　（3）单击"标准基本体"右侧的小按钮，并选择"复合对象"进入到"复合对象"面板。

　　（4）选择最下面的一条曲线，然后单击"地形"工具，这时就会创建一个平面的地形，如图4-33（左）所示。

（5）在下面的面板中单击 拾取操作对象 B 按钮，并在左视图中从低到高依次单击封闭曲线。此时，就会形成地形的造型，如图4-33（右）所示。

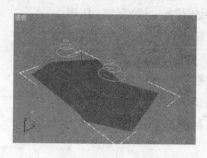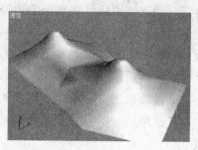

图4-33　平面地形（左）和地形造型（右）

（6）如果此时感觉地形的形状不妥，那么可以进入到修改面板中。在下面的"参数"面板中分别选中那些封闭曲线的名称，同时会选中这些曲线，可以调整它们的位置、大小及形状。

（7）还可以为地形物体应用修改器，比如为它应用"涡轮平滑"修改器。如果为它赋予材质，或者更多的编辑之后，就会形成更好的地形效果。

 在绘制地形的轮廓线时，需要把它们绘制得平缓一些，精确一些，否则形成的地形不是很好看。

4.6.2　参数面板介绍

这部分内容介绍一下地形工具的参数面板，如图4-34所示。

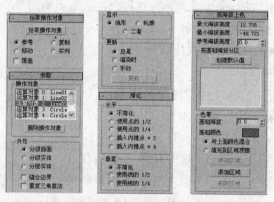

图4-34　参数面板

拾取操作对象面板

· "拾取操作对象"按钮：用于在视图中选择创建地形的曲线。

· 参考/复制/移动/实例：分别用于指定创建地形的操作方式，类似于布尔运算的那些选项。

· 覆盖：用于选择覆盖其内部其他操作对象数据的封闭曲线。

参数面板

在该面板中显示形成地形的曲线名称，选中一条曲线的名称后，单击"删除操作对象"按钮即可将其删除。

外形面板

· 分级曲面：勾选该项后，依据轮廓线创建分级的地形曲面。

- 分级实体：勾选该项后，以环绕方式创建分级的地形曲面。
- 分层实体：勾选该项后，以层的方式创建分级的地形曲面。
- 缝合边界：勾选该项后，在地形的边缘处不会生成新的三角形面。
- 重复三角算法：勾选该项后，可以更精确地控制地形的形状。

显示面板

- 地形：勾选该项后，只显示三角形的网格。
- 轮廓：勾选该项后，只显示地形物体的轮廓线。
- 二者：勾选该项后，同时显示三角形网格和地形轮廓线。

更新面板

- 总是：勾选该项后，立即显示操作结果。
- 渲染时：勾选该项后，只在渲染时显示操作结果。
- 手动：勾选该项后，"更新"按钮可用，可手动设置显示操作的结果。

简化面板（水平）

- 不简化：使用所有的顶点来生成地形。这样会生成很多的细节，但是生成的文件也很大。
- 使用点的1/2：使用1/2的顶点来生成地形。
- 使用点的1/4：使用1/4的顶点来生成地形。
- 插入内推点*2：使用2倍的顶点来生成细节更多的地形。
- 插入内推点*4：使用4倍的顶点来生成细节更多的地形。

简化面板（垂直）

- 不简化：使用所有的曲线来生成地形。这样会生成很多的细节，但是生成的文件也很大。
- 使用线的1/2：使用1/2的曲线来生成地形。
- 使用线的1/4：使用1/4的曲线来生成地形。

按海拔上色面板

- 最大海拔高度：显示地形物体Z轴的最大高度。
- 最小海拔高度：显示地形物体Z轴的最小高度。
- 参考海拔高度：显示一个参考高度。
- 基础海拔：这是指定地形颜色区域的基本海拔高度。
- 基础颜色：单击颜色选择框可以打开一个颜色拾取器，用于改变颜色。
- 与上面颜色混合：勾选该项后，和上面区域的颜色进行混合。
- 填充到区域顶部：勾选该项后，不会和上面区域的颜色进行混合。
- 修改区域：用于修改选择的区域。
- 添加区域：为新的区域添加值和选择项。
- 删除区域：删除选择的区域。

该工具的操作选项比较多，但是不要畏惧，只要多使用，就可以掌握这些选项了。

4.7 创建图形合并物体

　　使用图形合并工具可以将一个或者多个样条曲线合并到网格物体中，也可以从网格物体中去掉合并的物体。使用该工具创建出的是多个图形的复合体，主要用于制作物体表面上的图案、花纹和文字等，也可以用于创建浮雕或者镂空的效果。下面介绍该工具的操作。

（1）依次单击 → 圆柱体 按钮在前视图中创建一个长方体，如图4-35（左）所示。

（2）依次单击 → 文本 按钮，并在前视图中创建出文本，如图4-33（右）所示。

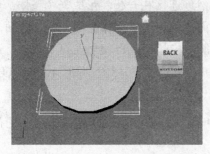

图4-35 生成的长方体造型（左）和创建的文本（右）

（3）使用"选择并缩放"工具调整文本的大小，然后使用"选择并移动"工具把文本移动到长方体的前方。

（4）单击"标准基本体"右侧的小按钮 ，并选择"复合对象"进入到"复合对象"面板中，然后单击"图形合并"工具，再单击"拾取图形"按钮，并在视图中单击文本，如图4-36所示。这时的文字就会被投射到长方体上。不过此时还看不到效果，还需要设置一个选项。

（5）在参数面板中选中"饼切"项，这样可以在长方体上切去文字图形的曲面，成为镂空的文字效果。

（6）设置好背景图片后，单击工具栏中的 按钮，渲染出的效果如图4-37所示。

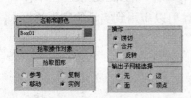

图4-36 参数面板

图4-37 渲染效果

镂空文本的颜色与背景色是相同的，可以通过背景色来控制文本的颜色。也可以使用布尔运算来制作这种镂空效果。

4.8 一致工具

使用一致工具可以将一个物体放置在另外一个物体的表面上，并可以产生变形。使用该工具适合制作山地中的道路等在物体表面有变形的物体，如图4-38所示。

图4-38 制作山地中的道路

4.9 连接工具

使用该工具可以将两个网格物体的断面自然地连接在一起，形成一个整体。可以先使用在前面内容中介绍的"删除网格"修改器，根据需要删除网格物体表面上的部分面，创建一个或多个洞，然后通过移动或者旋转将两个物体的洞对应起来，再使用连接工具进行连接即可，效果如图4-39所示。比如，在创建动画或者游戏中的角色时，可以分别制作出角色的头部和耳朵，然后使用该工具把它们连接在一起。

 像一些炊具，比如勺子和铲子的把柄和前头，都可以使用连接工具来进行制作，其效果如图4-40所示。

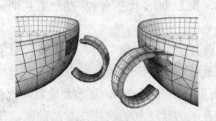
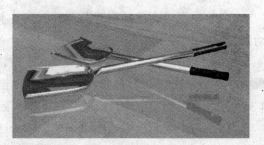

图4-39 连接杯子和把柄 　　　　图4-40 制作的铲勺效果

4.10 水滴网格工具

使用该工具可以创建类似于水滴的各种效果，适用于粒子系统。可以通过使用基本体或者粒子创建一簇球体，并将它们连接起来创建水滴簇的效果，而且可以应用到实际的广告拍摄中，效果如图4-41所示。

图4-41 水珠效果（左）和实际应用（右）

4.11 ProBoolean（预布尔）工具

布尔对象通过对两个或多个其他对象执行布尔运算将它们组合起来。ProBoolean将大量功能添加到传统的3ds Max布尔对象中，如每次使用不同的布尔运算立刻组合多个对象，效果如

图4-42所示。ProBoolean还可以自动将布尔结果细分为四边形面，这有助于将网格平滑和涡轮平滑。

在执行预布尔运算之前，它采用了3ds Max网格并增加了额外的智能。首先它组合了拓扑，然后确定共面三角形并移除附带的边。然后不是在这些三角形上而是在N多边形上执行布尔运算。完成布尔运算之后，对结果执行重复三角算法，然后在共面的边隐藏的情况下将结果发送回3ds Max中。这样额外工作的结果具有双重意义：布尔对象的可靠性非常高，由于有更少的小边和三角形，因此结果输出更清晰。

使用ProBoolean可以将纹理坐标、顶点颜色、可选材质和贴图从运算对象传输到最终结果。可以选择将运算对象材质应用于所得到的面，也可以保留原始材质。如果其中一个原始运算对象具有材质贴图或顶点颜色，则所得到的面是由于运算对象保持这些图形属性获得的。但是，当纹理坐标或顶点颜色存在时，不能移除共面的面，因此所得到的网格质量会降低。

使用"ProBoolean"工具的方法与使用"布尔"工具的操作过程相同，选项也基本相同。不过使用"ProBoolean"工具可以一次性执行多个布尔操作。比如创建一个球体和3个长方体后，如果要在一个球体上执行3次布尔运算，那么激活"ProBoolean"工具后（按照布尔运算的操作执行），依次单击长方体即可完成，如图4-43所示。

图4-42 使用预布尔制作的效果

图4-43 预布尔运算效果

4.12 ProCutter（预散布）工具

ProCutter复合对象能够使用户执行特殊的布尔运算，主要目的是分裂或细分体积。ProCutter运算的结果尤其适合在动态模拟中使用，在动态模拟中，对象炸开，或由于外力或另一个对象使对象破碎。该工具是一个用于爆炸、断开、装配、建立截面或将对象（如3D拼图）拟合在一起的出色的工具，效果如图4-44所示。

关于这些工具的应用，需要多进行练习，只要找出它们的使用规律，就可以很熟练地操作这些工具。后面的内容将详细介绍几种常用工具的操作。

图4-44 破碎效果

4.13 实例：茶杯和茶壶

本实例主要练习复合对象的创建方法。通过制作茶杯与茶壶之间融合的部分，练习"连接"工具与"布尔运算"工具。制作的茶杯和茶壶效果如图4-45所示。

（1）制作杯体。进入到图形创建命令面板中，依次单击 ● → ● → 线 按钮，在前视图中绘制出杯体的轮廓曲线，如图4-46所示。

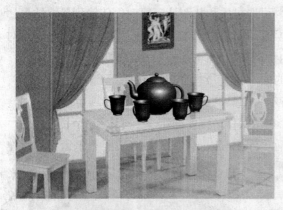

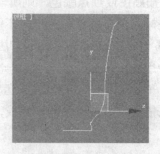

图4-45　茶具模型　　　　　　　　　　　图4-46　杯体的轮廓曲线

（2）确定轮廓曲线处于选中状态，单击 按钮，进入到修改命令面板中。单击"样条线"左侧的小"+"图标，展开它的次级对象后单击 "样条线"选项。然后单击"几何体"面板中的"轮廓"按钮，在视图中拖动轮廓曲线得到封闭曲线，退出次对象层级，如图4-47所示。

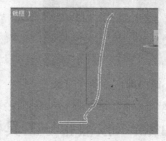

图4-47　创建杯体的侧面轮廓

（3）确定杯体的侧面轮廓曲线处于选中状态下，单击"修改器列表"右侧的下拉按钮，打开修改器列表，选择"车削"修改器。在"参数"面板上，单击"对齐"面板中的"最小"按钮。将"分段"的值设置为20，然后启用"焊接内核"。 若车削形成的模型看不到表面，可启用"翻转法线"，如图4-48所示。

　　当车削形成的模型看不到表面或者在赋予材质后看不见时，可能是把法线的方向弄错了。这时要启用"翻转法线"，即将模型表面的法线翻转180°。

（4）使用"放样"制作杯柄。进入到图形创建命令面板中，依次单击 ● → ● → 线 按钮，在前视图中绘制出杯柄的轮廓曲线作为放样路径，如图4-49所示。

（5）进入到图形创建命令面板中，依次单击 ● → ● → 椭圆 按钮，在左视图中绘制一个椭圆作为轮廓线，如图4-50所示。

  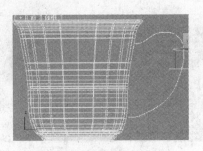

图4-48 "车削"效果   图4-49 绘制的放样路径

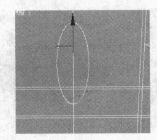 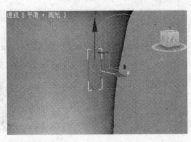

图4-50 绘制的椭圆

（6）确定路径曲线处于选中状态，进入到"复合对象"创建面板中。单击 放样 按钮，然后在"创建方法"面板中单击 获取图形 按钮。再返回到视图中单击椭圆，效果如图4-51所示。

（7）确定杯体处于选中状态，用右键单击该选择对象，打开一个菜单，在"变换"区域选择"转换为→转换为可编辑多边形"命令，如图4-52所示。

图4-51 "放样"效果及"创建方法"面板   图4-52 打开的菜单

（8）在修改器中选择"边"选项，进入到"边"模式下。然后进入到"编辑几何体"面板中，单击 切割 按钮，在杯体与杯柄的连接处增加连线，如图4-53所示。

 切割边时首先在杯体上单击以设置边的起点，然后拖动鼠标绘制新的边，再次单击设置边的终点，然后单击"切割"按钮以将其禁用。

（9）使用同样的方法切割出杯体与杯柄下部的连接处的边，如图4-54所示。

（10）单击"选择"面板中的"多边形" ■ 按钮。按住Ctrl键，在杯体上选择切割边形成的连接处的面。然后按Delete键将选择的多边形删除，以创建开放的表面，如图4-55所示。

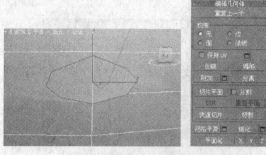
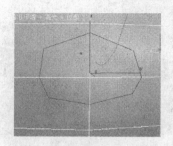

图4-53　切割出的边和"编辑几何体"面板　　　　　　　　图4-54　切割出下部连接处的边

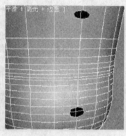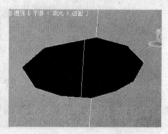

图4-55　选择的面及删除后的效果

（11）选择杯柄，打开修改命令面板中的"蒙皮参数"面板。在"封口"区域取消勾选"封口始端"和"封口末端"复选框，如图4-56所示。

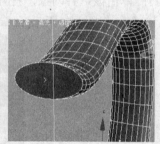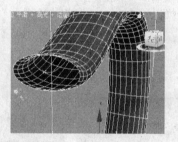

图4-56　"蒙皮参数"面板和修改后的对比效果

（12）确定杯体处于选中状态，进入到"复合对象"创建面板中。依次单击 ▧ → ◎ → 连接 按钮，然后单击面板下面的 拾取操作对象 按钮，再返回到透视图中单击杯柄，此时两者便合并在一起，效果如图4-57所示。

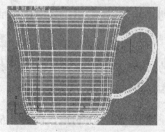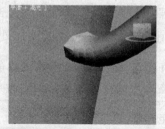

图4-57　连接效果

　默认参数得到的结合体过渡效果太生硬，下面通过修改参数使过渡更平滑一些。

（13）在"参数"面板中设置"分段"的值为4，"张力"的值设置为0.5，此时就可得到过渡光滑的结合体对象，效果如图4-58所示。

完整的茶杯效果如图4-59所示。

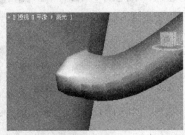

图4-58 参数设置及效果   图4-59 茶杯效果

（14）至此，茶杯的模型已创建完成，将茶杯暂时隐藏，接下来制作茶壶。进入到图形创建命令面板中，依次单击 → → 线 按钮，在前视图中绘制出壶体的轮廓曲线，如图4-60所示。

（15）确定壶体轮廓曲线处于选中状态，单击 按钮，进入到修改命令面板中。单击"样条线"左侧的小"+"图标，展开它的次级对象后单击"样条线"选项。然后单击"几何体"面板中的"轮廓"按钮，在视图中拖动轮廓曲线得到封闭曲线，退出次对象层级，如图4-61所示。

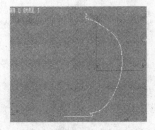

图4-60 壶体的轮廓曲线   图4-61 创建杯体的侧面轮廓

（16）确定壶体的侧面轮廓曲线处于选中状态下，单击"修改器列表"右侧的下拉按钮，打开修改器列表，选择"车削"修改器。在"参数"面板上单击"对齐"中的"最小"按钮。将"分段"的值设置为20，然后启用"焊接内核"。 若车削形成的模型看不到表面，可启用"翻转法线"，如图4-62所示。

（17）进入到图形创建命令面板中，依次单击 → → 线 按钮，在前视图中绘制出壶盖的轮廓曲线，如图4-63所示。

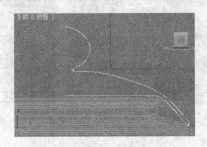

图4-62 "车削"效果   图4-63 壶盖的轮廓曲线

（18）确定壶盖的侧面轮廓曲线处于选中状态下，单击"修改器列表"右侧的下拉按钮，打开修改器列表，选择"车削"修改器。在"参数"面板上单击"对齐"中的"最小"按钮。将"分段"的值设置为20，然后启用"焊接内核"。 若车削形成的模型看不到表面，可启用"翻转法线"，如图4-64所示。

（19）使用"放样"制作杯柄。进入到图形创建命令面板中，依次单击 ⊛ → ◻ → 弧 按钮，在前视图中绘制出壶把的轮廓曲线作为放样路径，如图4-65所示。

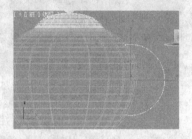

图4-64 "车削"效果　　　　　　　　　　　　图4-65 绘制的放样路径

（20）进入到图形创建命令面板中，依次单击 ⊛ → ◻ → 椭圆 按钮，在左视图中绘制一个椭圆作为轮廓线，如图4-66所示。

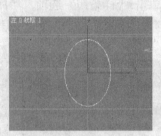

图4-66 绘制的椭圆

（21）确定路径曲线处于选中状态，进入到"复合对象"创建面板中。单击 放样 按钮，然后在"创建方法"面板中单击 获取图形 按钮。再返回到视图中单击椭圆，效果如图4-67所示。

（22）选择壶体，进入到几何体创建面板中。依次单击 ⊛ → ◻ → 布尔 按钮，在"操作"面板中选择"并集"，然后单击面板下面的 拾取操作对象B 按钮。再返回到透视图中单击壶把，此时壶体与壶把便合并成为一个对象，如图4-68所示。

图4-67 "放样"效果及"创建方法"面板　　　　　　图4-68 "布尔运算"效果

（23）使用"放样"制作杯柄。进入到图形创建命令面板中，依次单击 ⚙→🔲→ 线 按钮，在前视图中绘制出杯柄的轮廓曲线作为放样路径，如图4-69所示。

（24）进入到图形创建命令面板中，依次单击 ⚙→🔲→ 椭圆 按钮，在左视图中绘制一个椭圆作为轮廓线，如图4-70所示。

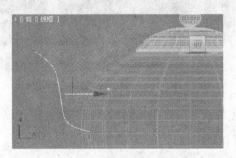
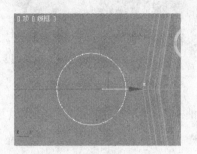

图4-69　绘制的放样路径　　　　　　　　　图4-70　绘制的椭圆

（25）确定路径曲线处于选中状态，进入到"复合对象"创建面板中。单击 放样 按钮，然后在"创建方法"面板中单击 获取图形 按钮。再返回到视图中单击椭圆，效果如图4-71所示。

（26）打开修改命令面板中的"蒙皮参数"面板。在"封口"区域取消勾选"封口始端"和"封口末端"复选框，如图4-72所示。

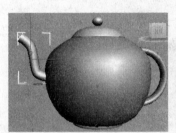

图4-71　"放样"效果及"创建方法"面板　　　　图4-72　"蒙皮参数"面板和修改后的效果

（27）进入到"变形"修改面板中。单击 缩放 按钮，打开"缩放变形"对话框，单击后面的控制点，按住鼠标左键将其向上拖动，如图4-73所示。

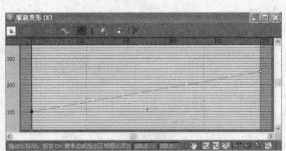

图4-73　"变形"面板及"缩放变形"对话框

（28）关闭"缩放变形"对话框，视图中的壶嘴下端变得更粗一些，效果如图4-74所示。

（29）进入到复合对象创建面板中，选择壶体，依次单击 ⚙→🔲→ 布尔 按钮，在"操作"面板中选择"并集"，然后单击面板下面的 拾取操作对象B 按钮。再返回到透视图中单击壶把，此时壶体与壶把便合并成为一个对象，如图4-75所示。

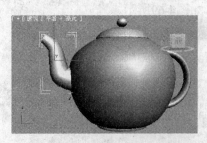
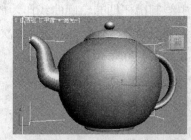

图4-74　缩放后的效果　　　　　　　　　　图4-75　"布尔运算"效果

如图4-76所示是完整的茶壶效果。读者还可以使用布尔运算的方法对壶嘴的形状进行调整。

图4-76　茶壶效果

（30）茶杯与茶壶的模型已创建完成，分别为各部分赋予材质，按F9键进行渲染，效果如前图4-45所示。

第5章　使用修改器

前面介绍了一些基本体的创建。在以后的工作中，只使用这些基本体还是远远不够的，也就是说还不能制作出自然界中形状各异的物体。不必忧心，3ds Max 2010中文版提供了很多功能强大的修改器。使用这些修改器可以把那些基本体修改成各种各样的形状，如图5-1所示，（按从下到上的顺序进行观察）。本章将介绍如何对基本体应用修改器。

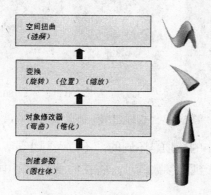

图5-1　对一个圆柱体应用多个修改器后的变形效果

5.1　修改面板

使用创建面板创建基本体，当然还可以创建摄影机、灯光、辅助对象和空间扭曲，而利用修改面板可以修改它们的参数和属性。单击 按钮后，打开的面板就是修改面板，也有人称之为修改器面板，如图5-2所示。

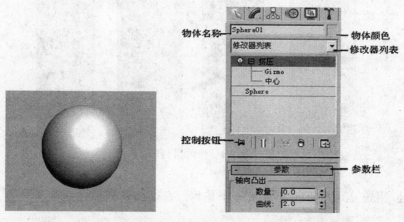

图5-2　应用了挤压修改器后的球体（左）和修改面板（右）

只有先在视图中创建一个或者多个物体之后，该修改面板才可用。该面板是在创建一个球体之后的显示状态。

物体名称就是在视图中选定的物体的名称，在这里可以修改物体的名称，只要输入一个新的名称替换原有的名称即可；物体颜色是在视图中选定物体的颜色，在这里可以修改物体的颜色；修改列表是所有修改器的集合，在这里集中了所有的修改器；控制按钮是用于控制修改器的按钮，比如锁定修改器堆栈和配置修改器集等；参数栏中选项的作用分别是：半径是球体的内外半径；旋转用于控制球体的旋转度；扭曲用于控制球体的扭曲程度；分段和边数用于控制球体的面数；可以直接输入数值来修改这些参数。当"启用切片"项被选中后，可以通过设置下面的几个数值来获得不同的形状，如图5-3所示。

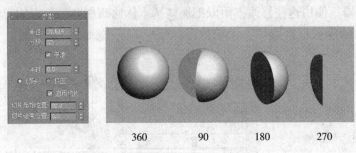

图5-3　"切片启用"被选中后的效果

不同的模型，在参数栏中的选项是不同的，不过大同小异，根据中文的名称即可明白它们所起的作用。关于灯光、摄影机的参数选项，将在后面的章节中分别予以介绍。本章将重点介绍变形修改器。

变形修改器都位于修改器列表中，只要单击修改器列表右侧的下拉小按钮，就可以把它打开，如图5-4所示。可以根据它们的中文意义来确定该修改器的作用。

图5-4　修改器列表

　在3ds Max 2010中，该列表是一个整体，在这里我们把它分开了。

在视图中创建好物体，确定物体处于选择状态。然后打开修改器列表，从中选择需要的修改器，然后调整一些参数就可以了。可以为一个物体应用多个修改器，也可以为多个物体同时应用一个修改器。如图5-5所示为应用"倾斜"修改器后的结果。

对于创建的模型，可以应用多个修改器，从而制作出更复杂的模型效果，另外，应用多个修改器之后，还可以将其进行塌陷，也就是人们常说的将修改器堆栈进行塌陷。可以对执行塌陷后的对象执行布尔运算操作。执行塌陷操作时，在修改器堆栈中单击鼠标右键，从打开的关联菜单中选择"塌陷全部"或者"塌陷到"命令即可，如图5-6所示。注意，对塌陷后的模型不能执行撤销操作，因此在执行该操作之前，应该保存一个副本，以便于以后的修改。

图5-5 应用修改器后的效果

图5-6 选择"塌陷"命令

5.2 变形修改器

本节将介绍几种常用修改器的作用及使用方法。有些修改器很少使用，所以这里只选择一些比较常用的修改器来介绍。

5.2.1 扭曲修改器

扭曲修改器可以使物体按指定的轴向进行扭曲，可以产生自然界中的一些扭曲效果，如图5-7所示。

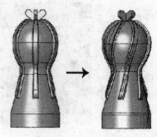

图5-7 扭曲效果

下面通过一个冰激凌形状的创建过程来介绍该修改器的操作过程：

（1）依次单击 ⊕ → ○ → 四棱锥 按钮，在顶视图中创建一个四棱体，然后在其"参数"面板中把它的长度分段、宽度分段和高度分段的数量设置为30，如图5-8所示。

图5-8 创建出的四棱体（左）和扭曲效果（右）

（2）确定四棱体处于选择状态，然后进入到修改面板中，单击修改器列表右侧的下拉小按钮 ，从打开的修改器列表中选择"扭曲"修改器，这样就把修改器应用给了四棱体。

（3）在下面的参数面板中，把角度的参数设置成300，效果如图5-9所示。

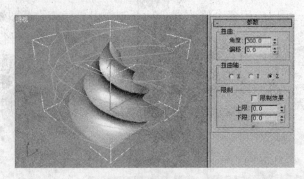

图5-9　扭曲后的效果

下面介绍参数面板中几个参数的作用：

·角度：用于设置物体扭曲的度数。

·偏移：用于设置物体扭曲的方向，向上或者向下。

·扭曲轴：用于设置物体扭曲的轴向，也就是说设置沿哪个坐标轴进行扭曲。

·上限/下限：用于设置物体扭曲的范围，在上半部分还是下半部分。

5.2.2　噪波修改器

噪波修改器可以使物体按指定的轴向进行噪波，可以产生自然界中的一些噪波效果，比如凹凸不平的地形和水面效果，如图5-10所示。

图5-10　噪波效果

下面通过一个水面的创建过程来介绍该修改器的操作过程。

（1）依次单击■→■→ **平面** 按钮，在顶视图中创建一个平面，然后在其"参数"面板中把它的长度分段、宽度分段的数量设置为10，如图5-11所示。

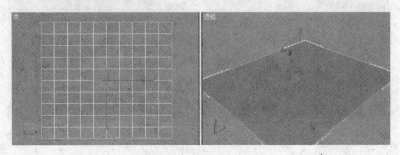

图5-11　创建出的平面

（2）确定平面处于选择状态，然后进入到修改器面板中，单击修改器列表右侧的小按钮，从打开的修改器列表中选择"噪波"修改器，这样就把修改器应用给了平面。

（3）在下面的参数面板中，把角度的参数设置成300，效果如图5-12所示。为其指定水纹材质后，即可呈现出水纹的效果。

"噪波"修改器的参数面板如图5-13所示，下面介绍参数面板中几个参数的作用。

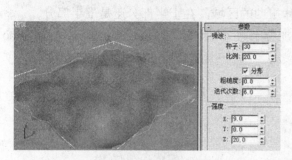

图5-12 应用噪波后的效果

图5-13 参数面板

- 种子：用于设置噪波随机生成的效果大小，不同数值会产生不同的效果。
- 比例：用于设置噪波对物体的影响大小，一般数值越大，影响越小。
- 粗糙度：勾选分形选项后，用于设置噪波起伏程度的大小。
- 迭代次数：用于设置噪波平滑程度的大小。
- 强度：用于设置噪波沿3个坐标轴起伏的轴向。
- 频率：勾选动画噪波选项后，用于设置噪波动画的速度。
- 相位：勾选动画噪波选项后，用于设置噪波动画的开始和结束点。

5.2.3 弯曲修改器

弯曲修改器可以使物体按指定的轴向进行弯曲，可以产生自然界中的一些弯曲效果，比如一些竿状物的弯曲效果，如图5-14所示。可以指定物体的弯曲角度和方向，还可以限定它在一定的区域内进行弯曲。

下面通过一个圆柱体的弯曲过程来介绍该修改器的操作过程。

（1）依次单击 ● → ● → 平面 按钮，在顶视图中创建一个圆柱体，然后在其"参数"面板中把它的高度分段的数量设置为5，如图5-15所示。

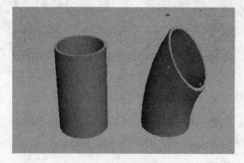

图5-14 弯曲效果

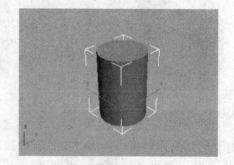

图5-15 创建出的圆柱体

（2）确定圆柱体处于选择状态，然后进入到修改器面板中，单击修改器列表右侧的小按钮，从打开的修改器列表中选择"弯曲"修改器。这样就把修改器应用给了圆柱体。

（3）在下面的参数面板中，把角度的参数设置成45，效果如图5-16所示。

下面介绍参数面板中几个参数的作用。

· 角度：用于设置物体弯曲的角度。

· 方向：用于设置物体弯曲的方向。

· 弯曲轴：用于设置物体沿哪个轴向进行弯曲，共有3个轴向。

· 上限/下限：勾选该项后，用于设置物体扭曲的区域，在上半部分还是下半部分。

另外，在修改器堆栈中单击Bend左边的小加号"+"图标，可以展开它的次级对象：Gizmo（线框物体）和"中心"，如图5-17所示。

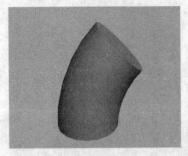

图5-16　应用弯曲后的效果　　　　　　　　　　　　图5-17　次级对象

使用鼠标左键单击Gizmo（线框物体），此时，在视图中将会显示出黄色的线框。然后使用"选择并移动"工具拖动黄色的线框，也可以使物体变形。另外，选中"中心"后，视图中的线框将会改变成红色，使用"选择并移动"工具拖动黄色的线框，也可以变形物体。

5.2.4　拉伸修改器

拉伸修改器可以使物体按指定的轴向进行拉伸，并沿着其他两个轴向的反方向进行缩放，并保持体积不变。最大的缩放部位在物体的中心部位，并向两端衰减。可以产生自然界中的一些拉伸或者挤压效果，如图5-18所示。

下面将通过一个茶壶的拉伸过程来介绍该修改器的操作过程。

（1）依次单击 → → 茶壶 按钮，在顶视图中创建一个茶壶，如图5-19所示。

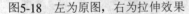

图5-18　左为原图，右为拉伸效果　　　　图5-19　创建出的茶壶（左）和拉伸效果（右）

（2）确定茶壶处于选择状态，然后进入到修改器面板中，单击修改器列表右侧的小按钮，从打开的修改器列表中选择"拉伸"修改器，这样就把修改器应用给了茶壶。

（3）如果把拉伸的参数设置成1，效果会发生改变。

下面介绍参数面板中几个参数的作用，拉伸的参数面板如图5-20所示。

· 拉伸：用于设置物体拉伸的强度。

· 放大：用于设置物体拉伸后的变形程度。

· 拉伸轴：用于设置物体沿哪个轴向进行拉伸，共有3个轴向。

· 上限/下限：勾选该项后，用于设置物体拉伸的区域，在上半部分还是下半部分。

5.2.5 挤压修改器

挤压修改器与拉伸修改器的作用基本相同，可以使物体按指定的轴向进行挤压，产生自然界中的一些拉伸或者挤压效果，如图5-21所示。

图5-20 拉伸的参数面板

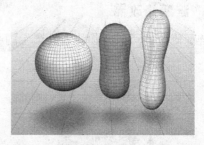

图5-21 左为原图，中右分别为挤压效果

下面通过一个长方体的挤压过程来介绍该修改器的操作过程。

（1）依次单击 —→ —→ 几何球体 按钮，在顶视图中创建一个几何球体，如图5-22所示，也可以创建其他的物体进行挤压。

（2）确定几何球体处于选择状态，然后进入到修改器面板中，单击修改器列表右侧的小按钮，从打开的修改器列表中选择"挤压"修改器，这样就把修改器应用给了几何球体。

（3）在下面的参数面板中把挤压的参数设置成如图5-23（左图）所示的样子。

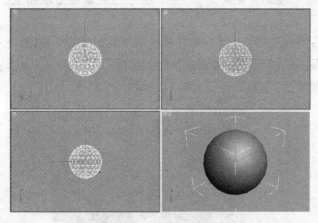

图5-22 创建出的几何球体

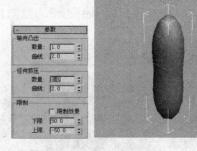

图5-23 挤压效果

下面介绍参数面板中几个参数的作用，挤压的参数面板如图5-24所示。

轴向凸出

· 数量：用于设置物体凸出的强度。

· 曲线：用于设置物体凸出末端的弯曲程度。

径向挤压

· 数量：用于设置物体挤压的强度。

· 曲线：用于设置物体受挤压变形的弯曲程度。

限制

· 上限/下限：勾选该项后，用于设置物体挤压的范围，在上半部分还是下半部分。

效果平衡

· 偏移：在保持物体体积不变的情况下，改变物体受挤压的相对数量。

· 体积：改变物体的体积，同时增加或者减小相同数量的挤压或者拉伸效果。

5.2.6　涟漪修改器

涟漪修改器可以使物体表面产生同心涟漪效果，产生自然界中的一些波纹现象，如图5-25所示。

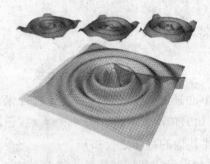

图5-24　挤压的参数面板　　　　　　　　图5-25　涟漪效果

下面通过一个平面的涟漪创建来介绍该修改器的操作过程。

（1）依次单击　→　→　平面　按钮，在顶视图中创建一个平面，并把它的长度分段和宽度分段分别设置成80，如图5-26所示。

（2）确定平面处于选择状态，然后进入到修改器面板中，单击修改器列表右侧的小按钮，从打开的修改器列表中选择"涟漪"修改器，这样就把修改器应用给了平面。

（3）在参数面板中把涟漪的振幅1和振幅2的参数都设置成6，效果如图5-27所示。

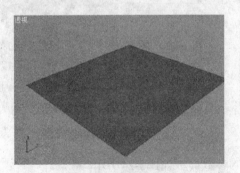
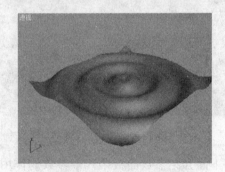

图5-26　创建出的平面　　　　　　　　图5-27　涟漪效果

图5-28　涟漪的参数面板

下面介绍参数面板中几个参数的作用，涟漪的参数面板如图5-28所示。

· 振幅1：用于设置物体表面沿X轴生成振动的强度。

· 振幅2：用于设置物体表面沿Y轴生成振动的强度。

- 波长：用于设置每个涟漪的长度。
- 相位：用于设置涟漪变形的大小。
- 衰退：用于设置涟漪形状衰减的程度。

5.2.7 波纹修改器

波纹修改器与涟漪修改器的功能基本相同，可以使物体表面产生同向波纹效果，产生自然界中的一些波纹现象，如图5-29所示。

该修改器的操作与参数面板基本相同，在此不再赘述。

5.2.8 晶格修改器

晶格修改器可以使网格物体变换为线框造型，交叉点转换为节点造型，如图5-30所示。一般用于制作建筑框架结构，可以指定给整个物体，也可以指定给选择的物体。

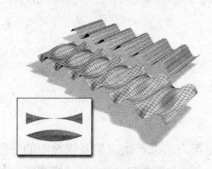
图5-29 波纹效果

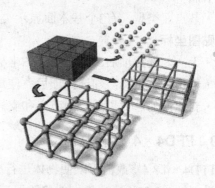
图5-30 晶格效果

下面将通过一个框架的创建过程来介绍该修改器的操作过程。

（1）依次单击 ⊕→⊙→ 四棱锥 按钮，在顶视图中创建一个四棱体，然后在其"参数"面板中把它的高度分段的数量设置为4，如图5-31（左）所示。

（2）确定四棱体处于选择状态，然后进入到修改器面板中，单击修改器列表右侧的小按钮，从打开的修改器列表中选择"晶格"修改器。这样就把修改器应用给了四棱体。四棱体也会变成如图5-31（右）所示的样子。

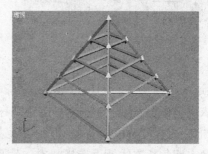
图5-31 创建出的四棱体（左）和晶格效果（右）

下面介绍参数面板中几个参数的作用，其参数面板如图5-32所示。

几何体

- 应用于整个对象：勾选此项后，整个物体将呈现线框结构。它们下面有3个选项。
  仅来自顶点的节点：勾选此项后，物体只显示节点的造型。

　　仅来自边的支柱：勾选此项后，物体只显示支柱的造型。

　　二者：勾选此项后，节点和支柱都显示出来。

支柱

在该区域的这些参数用于设置支柱的参数。

　　半径：用于设置支柱的大小。

　　分段：用于设置支柱的分段数。

　　边数：用于设置支柱截面的边数。

　　材质ID：用于为支柱指定材质的ID号。

· 忽略隐藏边：勾选此项后，仅生成可视边的结构。

· 末端封口：将末端封口应用于结构。

· 平滑：勾选此项后，支柱产生光滑的圆柱效果。

节点

· 基点面类型：有3个基本面显示类型，下面的几个选项与支柱的参数功能相同。

贴图坐标

· 无：勾选此项后，不产生贴图坐标。

· 重用现有坐标：勾选此项后，使用物体本身的贴图坐标。

· 新建：勾选此项后，为节点和支柱指定新的贴图坐标。

5.2.9　FFD4×4×4修改器

　　FFD4×4×4修改器可以使物体进行整体的平滑变形，可以产生家装及建筑中的一些平滑的效果，如图5-33所示。类似的修改器还有FFD2×2×2修改器和FFD3×3×3修改器，其作用是基本相同的。

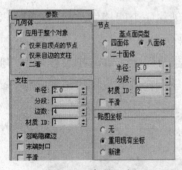

图5-32　参数面板

图5-33　FFD效果

　　下面通过一个椅子垫的创建过程来介绍该修改器的操作过程。

　　（1）依次单击　→　→　切角长方体　按钮，在顶视图中创建一个切角长方体，然后在其"参数"面板中把它的长度分段、宽度分段和高度分段的数量设置为8，如图5-34所示。

　　（2）确定切角长方体处于选择状态，然后进入到修改器面板中，单击修改器列表右侧的小按钮，从打开的修改器列表中选择FFD4×4×4修改器，这样就把修改器应用给了切角长方体。

　　（3）在修改器堆栈中单击FFD4×4×4左边的小加号"+"图标，可以展开它的次级对象：控制点、晶格和设置体积，如图5-35所示。

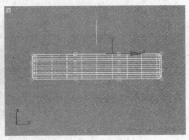

图5-34 椅子（左）和切角长方体（右）　　　　　　　图5-35 次级对象

使用鼠标左键单击控制点，选中该项，此时，在视图中将会显示出黄色的线框。然后使用"选择并移动"工具选中左侧顶部的黄色控制点，并向下拖动；再选中第二排上面的黄色控制点向上拖动；再选中最右边上面的黄色控制点向下拖动，直到形状变成如图5-36所示的样子为止。

下面介绍参数面板中几个参数的作用，其参数面板如图5-37所示。

图5-36 应用FFD4×4×4修改器后的效果　　　图5-37 FFD4×4×4修改器的参数面板

显示

· 晶格：勾选该项后，在控制点之间显示一条连接线，从而形成晶格框。

· 源体积：勾选该项后，将会显示出晶格框原来的形状。

变形

· 仅在体内：顶点显示在源体积的内部。

· 所有顶点：顶点可以显示在源体积内部，也可以显示在外部。

控制点

· 重置：单击该按钮之后，所有的控制点将返回到它们初始的位置。

· 全部动画化：单击该按钮之后，就可以在轨迹视图中显示出所有的控制点。

· 与图形一致：单击该按钮之后，将把所有的控制点移动到与修改物体相交叉的区域，并在物体中心和控制点的原始位置之间显示出一条直线。

· 内部点："与图形一致"按钮只对物体内部的点起作用。

· 外部点："与图形一致"按钮只对物体外部的点起作用。

· 偏移："与图形一致"按钮起作用的点将偏离于物体表面。

通过设置不同的参数，可以制作出一些特定的模型效果，比如沙发垫、靠背、椅子垫，如图5-38所示。

图5-38　使用FFD4×4×4修改器制作的沙发垫和椅子垫效果

提示　这些修改器只对标准基本体和扩展基本体起作用，在后面的内容中，将介绍对二维图形起作用的修改器。

5.2.10　面挤出修改器

"面挤出"修改器用于将物体沿其法线挤出面，沿挤出面与其对象连接的挤出边创建新面。如果使用多种修改器，将影响当前面的挤出效果。"面挤出"修改器和可编辑网格中的"面挤出"功能之间有很多区别，"面挤出"修改器中的所有参数可设置动画。面挤出的效果如图5-39所示。

图5-39　面挤出的效果

5.3　二维造型修改器

前面的内容介绍了二维图形的创建方法。在这一部分内容中，将介绍一些二维图形修改器，使用这些修改器可以创建出非常复杂的模型，因此，应该着重阅读这部分的内容。

5.3.1　挤出修改器

挤出修改器可以将绘制出的二维图形沿指定的轴向进行挤出造型，并使二维图形产生厚度，从而创建出一些复杂的三维模型，如图5-40所示。

下面将通过一个齿轮的创建过程来介绍该修改器的操作过程。

（1）使用二维图形创建工具在顶视图中绘制一个齿轮的外型，如图5-41所示。

图5-40　挤出的模型效果

（2）确定二维图形处于选择状态，然后进入到修改面板中，单击修改器列表右侧的小按钮，从打开的修改器列表中选择"面挤出"修改器。这样就把修改器应用给了二维图形。

（3）在其参数面板中，将数量的值设置为60，二维图形就会变成如图5-41（右）所示的样子。

图5-41 绘制出齿轮的外型（左）和挤出效果（右）

下面介绍参数面板中的几个参数，其参数面板如图5-42所示。

- 数量：设置二维图形挤出的数量。
- 分段：设置挤出形状的分段数。
- 封口始端：勾选此项后，在挤出物体的开始端封口。
- 封口末端：勾选此项后，在挤出物体的末端封口。

图5-42 挤出参数面板

- 变形/栅格：用于设置封口面的类型。
- 面片：勾选此项后，生成一个可以塌陷为面片物体的物体。
- 网格：勾选此项后，生成一个可以塌陷为网格物体的物体。
- NURBS：勾选此项后，生成一个可以塌陷为NURBS面的物体。
- 生成贴图坐标：为挤出物体创建一个贴图坐标。
- 生成材质ID：为挤出物体的面指定不同的材质ID号。
- 使用图形ID：将使用赋予挤出物体分段面的材质ID值。
- 平滑：勾选此项后，挤出的物体将产生光滑的效果。

5.3.2 车削修改器

车削修改器可以将绘制出的二维图形沿指定的轴向进行造型，并使二维图形产生厚度，从而创建出一些复杂的三维模型，如图5-43所示。

下面通过一个酒杯的创建过程来介绍该修改器的操作过程。

（1）使用二维图形创建工具▅▅▅▅在顶视图中绘制一个酒杯的外型轮廓线，如图5-44（左）所示。

（2）确定二维图形处于选择状态，然后进入到修改器面板中，单击修改器列表右侧的小按钮，从打开的修改器列表中选择"车削"修改器。这样就把修改器应用给了二维图形，如图5-44（右）所示。

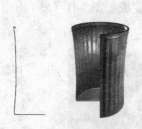
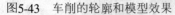

图5-43　车削的轮廓和模型效果

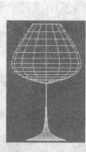

图5-44　绘制出葫芦的外型（左）和车削效果（右）

（3）这样生成的模型类似葫芦，但不是葫芦，所以在其参数面板中单击 最大 按钮，二维图形就会变成如图5-45所示的样子。

下面介绍参数面板中的几个参数，其参数面板如图5-46所示。

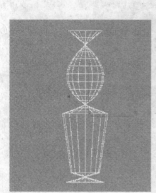
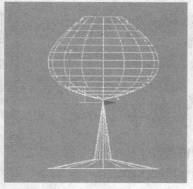

图5-45　车削后的二维图形

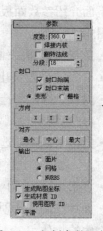

图5-46　车削参数面板

- 度数：设置二维图形旋转的角度。
- 焊接内核：将轴心重合的顶点合并为一个顶点。
- 翻转法线：将模型表面的法线翻转180°。当车削形成的模型看不到表面或者在赋予材质后看不见时，就可能把法线的方向弄错了。
- 分段：用于设置车削模型侧表面的分段数。
- 封口始端：勾选此项后，在车削物体的开始端封口。
- 封口末端：勾选此项后，在车削物体的末端封口。
- 变形/栅格：用于设置封口面的类型。
- X/Y/Z：用于设置二维图形旋转的轴向。
- 最小：使二维图形的内边界与旋转轴向对齐。
- 中心：使二维图形的中心与旋转轴向对齐。
- 最大：使二维图形的外边界与旋转轴向对齐。

使用上面3个的按钮形成的不同形状如图5-47所示。

- 面片：勾选此项后，生成一个面片物体。
- 网格：勾选此项后，生成一个网格物体。

- **NURBS**：勾选此项后，生成一个NURBS面物体。
- **生成贴图坐标**：为车削物体创建一个贴图坐标。
- **生成材质ID**：为车削物体的面指定不同的材质ID号。
- **使用图形ID**：将使用赋予车削物体分段面的材质ID值。
- **平滑**：勾选此项后，车削的物体将产生光滑的效果。

5.3.3 倒角修改器

倒角修改器可以使绘制出的二维图形在拉伸成三维造型后，在边界或者边角处产生圆形倒角，一般用来制作带有倒角的立体文字或者建筑成分，如图5-48所示。

图5-47 单击不同的按钮所产生的形状　　　　图5-48 倒角的模型效果

下面通过一个字幕的创建过程来介绍该修改器的操作过程。

（1）使用二维图形中的文本工具在顶视图中绘制"相声晚会"4个字，如图5-49所示。

（2）确定二维图形处于选中状态，然后进入到修改器面板中，单击修改器列表右侧的小按钮，从打开的修改器列表中选择"倒角"修改器。这样就把修改器应用给了二维图形。

（3）现在还不能生成带有倒角的模型，还需要设置倒角的参数值，在其参数面板中设置倒角参数，这样才能生成带有倒角的模型，如图5-50所示。

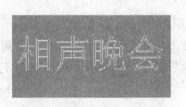

图5-49 文字效果　　　　图5-50 倒角效果（左）和设置的倒角参数（右）

下面介绍参数面板中的几个参数，其参数面板如图5-51所示。

封口
- **始端**：勾选此项后，在倒角物体的开始端封口。
- **末端**：勾选此项后，在倒角物体的末端封口。

封口类型
- **变形**：创建的封口面与造型相匹配。
- **栅格**：创建的封口面是栅格样式的。

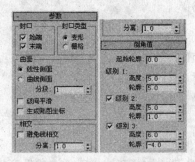

图5-51　倒角参数面板

曲面

　　• 线性侧面：勾选此项后，生成的倒角以直线方式进行插补。

　　• 曲线侧面：勾选此项后，生成的倒角以贝塞尔曲线方式进行插补。

　　• 分段：用于设置倒角表面的分段数。

　　• 级间平滑：勾选此项后，将对倒角进行平滑，但保持封口面不被处理。

　　• 生成贴图坐标：勾选此项后，为倒角物体创建一个贴图坐标。

相关

　　• 避免线相交：勾选此项后，可以避免产生的倒角带有折角，也就是不会使倒角变形。

　　• 分离：用于设置两个边之间的距离。

倒角值

　　• 起始轮廓：用于设置原始二维图形的轮廓大小。

　　• 高度：用于设置倒角的高度，分3个层级。

　　• 轮廓：用于设置倒角的轮廓大小，也分3个层级。

　一般使用参数面板中的默认设置选项即可。

5.4　其他修改器简介

　　前面的内容中介绍了3ds Max 2010中文版中一些比较常用的修改器，而有些修改器则很少使用到。在视图中创建好物体后，选定该物体，然后在修改器面板中单击"修改器列表"右面的下拉按钮　将会在打开的一个长列表中看到它们。

　　另外，根据在场景中创建的物体类型不同，在修改器列表中列出的修改器类型也不同。比如在场景中创建一个长方体的基本体后，二维图形的修改器就不会显示出来，比如倒角剖面修改器就不会显示在修改器列表中。由于本书篇幅有限，这一部分将简要介绍另一部分不常使用的修改器。它们的操作与前面介绍的修改器相同。

5.4.1　贴图缩放器修改器

　　使用贴图缩放器修改器可以在保持贴图纹理不变的情况下，调整模型的大小。也就是说，可以在改变模型大小时，保持纹理图案不发生改变，如图5-52所示。

5.4.2　路径变形修改器

　　使用路径变形修改器可以使物体基于作为路径的样条曲线或者NURBS曲线进行变形，如图5-53所示。

图5-52 使用贴图缩放器修改器的示例　　　　图5-53 使用路径变形修改器的示例

5.4.3 区域限定变形修改器

使用区域限定变形修改器可以使在物体表面选择的一部分顶点进行变形，并带动选定区域周围的相应变形，如图5-54所示。

5.4.4 倒角剖面修改器

为二维图形应用了倒角剖面修改器后，在其参数面板中单击"拾取剖面"按钮，再到视图中单击另外一个作为挤出路径的图形，并生成一个三维物体，如图5-55所示。

图5-54 使用区域限定变形修改器的示例　　　　图5-55 使用倒角剖面修改器的示例

5.4.5 摄影机贴图修改器

使用摄影机贴图修改器可以根据当前帧和指定的摄影机为物体赋予一个贴图坐标，从而可以改变物体的贴图纹理，如图5-56所示。

5.4.6 补洞修改器

使用该修改器可以为在网格物体上的洞创建封口面，这些洞是由一些封闭的边形成的，如图5-57所示。

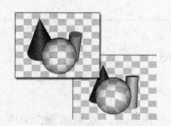

图5-56 使用摄影机贴图修改器的示例　　　　图5-57 使用补洞修改器可以使蛋糕看起来更加真实

5.4.7 删除网格修改器

使用该修改器可以把当前的表面删除掉，比如在杯子模型的表面上删除一部分，以便把把柄连接到杯体上，如图5-58所示。

5.4.8 替换修改器

该修改器的作用就像一个力场，可以使物体的形状发生改变，如图5-59所示。

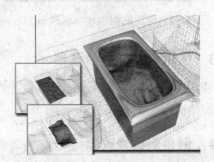

图5-58　使用删除网格修改器的示例

图5-59　使用替换修改器生成的造型

5.4.9 圆角/切角修改器

使用该修改器可以使绘制的图形尖角进行圆化，并添加新的控制点，如图5-60所示。

5.4.10 柔体修改器

该修改器模拟柔体运动学的作用，在物体顶点之间带有一个虚拟的弹簧，可以设置弹簧的硬度，也可以控制顶点的运动方式，使用该修改器可以生成如图5-61所示的效果。

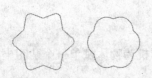

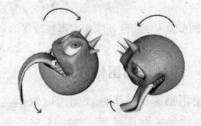

图5-60　使用圆角/切角修改器生成的图形

图5-61　使用柔体修改器生成的效果

5.4.11 材质修改器

该修改器可用于改变物体的材质分配，也可以为之设置动画，其作用如图5-62所示。

5.4.12 融化修改器

该修改器可用于模拟各种物体的融化效果，如图5-63所示。

5.4.13 网格平滑修改器

该修改器用于平滑场景中使用网格创建的物体，有多种方式，效果如图5-64所示。

图5-62 指定不同的材质

图5-63 融化效果

5.4.14 变形器修改器

该修改器用于改变网格物体、面片物体和NURBS物体的形状，可以把一个物体从一个形状变成另外一种形状，比如可以模拟人物的面部表情效果，如图5-65所示。

图5-64 平滑造型

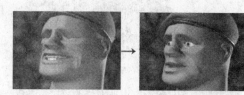

图5-65 使用变形器修改器生成的效果

5.4.15 多分辨率修改器

使用该修改器可以减少网格物体的多边形及顶点的数量，当把模型的多边形数量减少之后，可以降低系统资源的使用。该修改器在制作动画或者游戏场景时会使用到。使用该修改器的效果如图5-66所示。

 在制作动画角色和游戏角色及模型时，业内人士一般把多边形及顶点数量多的模型称为高分辨率模型，而把多边形及顶点数量少的模型称为低分辨率模型，高分辨率的模型一般看上去比低分辨率模型更平滑一些。

5.4.16 优化修改器

使用该修改器可以减少网格物体的多边形及顶点的数量，也就是组成模型的面的数量，使用该修改器的效果如图5-67所示。如果模型的点面数太多，就可以使用该修改器。

5.4.17 推力修改器

使用该修改器可以使用户沿着平均顶点法线把物体的顶点向外或者向内推拉，这样可以产生膨胀的效果，如图5-68所示。

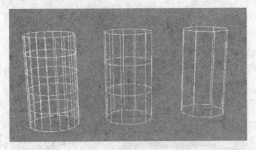

图5-66　模型的多边形数量从左到右依次减少

图5-67　模型的面减少，但是
外观没有多大的变化

5.4.18　壳修改器

使用该修改器可以使面物体产生厚度，但是这样会添加额外的一组面，如图5-69所示。

图5-68　应用推力修改器

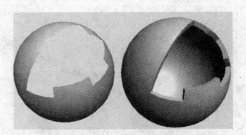

图5-69　壳修改器

5.4.19　倾斜修改器

使用该修改器可以使物体按统一方式进行倾斜，可以在3个轴向上控制物体的倾斜方向，也可以控制倾斜的区域，如图5-70所示。

5.4.20　切片修改器

使用该修改器可以创建出物体被刀具横切的效果，如图5-71所示。

图5-70　应用倾斜修改器

图5-71　使用切片修改器创建的效果

5.4.21　平滑修改器

使用该修改器可以创建出物体自动进行平滑的效果，如图5-72所示。

5.4.22　球形化修改器

使用该修改器可以把一个物体的一部分变形为一个球状的形状，如图5-73所示。

图5-72 使用切片修改器创建的效果

图5-73 使用球形化修改器创建的效果

5.4.23 曲面修改器

使用该修改器可以根据样条线网格的轮廓生成曲面面片，面片可以是三边的，也可以是四边的，使用该修改器可以创建出如图5-74所示的效果。

5.4.24 UVW贴图修改器

通过为物体应用一个贴图坐标，就可以使用该修改器控制贴图及纹理的投射方式，如图5-75所示。

图5-74 使用切片修改器创建的模型

图5-75 为球体和长方体应用的贴图

5.4.25 Hair和Fur修改器

在3ds Max中，可以使用Hair和Fur修改器为场景中的物体添加毛发效果。创建物体后，应用该修改器即可添加上毛发效果，如图5-76所示。

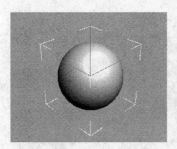 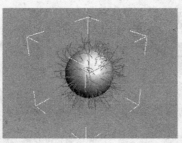 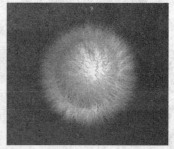

图5-76 为球体添加的毛发效果

还有一些修改器的功能与介绍的修改器是类似的，还有些修改器就包含在其他的工具中。由于篇幅所限，这些修改器就不介绍了。后面的实例将详细介绍这些修改器的使用。

5.5　实例：恐龙

本实例将使用多边形建模的方法制作一只恐龙的模型。首先将长方体在点模式下进行调整，制作出身体的大致形状。然后使用"挤出"工具、"倒角"工具和"切角"工具等制作出恐龙的眼睛、口腔、鼻孔及身体其他各部分的形状。再对圆柱体进行编辑，制作出腿的形状，通过焊接顶点命令将身体与腿合并在一起，最后通过"对称"修改器制作出恐龙的另一半身体。最终效果如图5-77所示。

（1）建议读者搜集一幅恐龙的图片或者自己制作一张恐龙的草图，至少头脑中应该有一只恐龙的大体形状，这样制作出的恐龙模型各部分的大小比例才不会失调。

（2）制作身体。进入到标准基本体创建命令面板中，然后依次单击 ⊕ → ◎ → 长方体 按钮，在前视图中创建一个长方体。确定长方体处于坐标轴的原点，并在"参数"面板设置好参数，如图5-78所示。

图5-77　恐龙效果

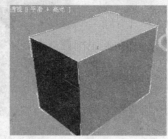

图5-78　创建的长方体

（3）选中长方体，在长方体上单击鼠标右键，在打开的菜单栏里选择"转换为可编辑多边形"命令。然后在修改器中选择"多边形"选项，此时长方体进入到"多边形"模式下，可以对其进行编辑，如图5-79所示。

（4）选择长方体右部的一半面，按Delete键将其删除，如图5-80所示。

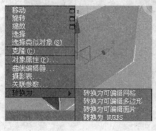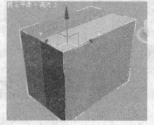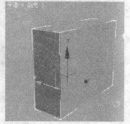

图5-79　鼠标右键菜单　　　　　　　图5-80　选择的面和删除的面后的效果

将长方体的一半面删除，只对其中一半进行编辑，然后使用"对称"修改器制作出恐龙身体的另一半，大大提高了工作效率。

（5）在修改器中选择"顶点"选项，或者单击"选择"面板中的"顶点" █ 按钮，进入到"顶点"模式下。然后使用"选择并移动" ✛ 工具和"选择并均匀缩放" █ 工具在前视图中适当调整顶点的位置，如图5-81所示。

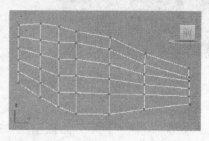

图5-81 调整的顶点

（6）继续使用"选择并移动" ✛ 工具和"选择并均匀缩放" █ 工具分别在左视图和顶视图中适当调整顶点的位置，将其调整成恐龙身体的形状，如图5-82所示。

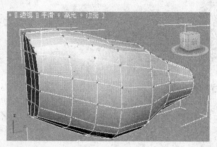

图5-82 调整的顶点

（7）制作尾巴。在修改器中选择"多边形"选项，或者单击"选择"面板中的"多边形" █ 按钮，进入到"多边形"模式下。选择后部的所有面，如图5-83所示。

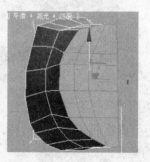

图5-83 "选择"面板和选择的面

（8）从修改器面板进入到"编辑多边形"面板，单击 挤出 按钮后面的"小方块" █ 按钮，打开"挤出多边形"对话框，将"挤出高度"的值设置为10，如图5-84所示。

（9）单击"挤出多边形"对话框下部的 确定 按钮，挤出恐龙的尾部。确定挤出的面处于选择状态下，使用"选择并移动" ✛ 工具和"选择并均匀缩放" █ 工具适当调整面的位置和大小，如图5-85所示。

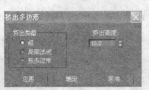
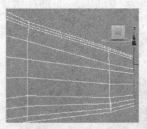
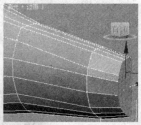

图5-84　"编辑多边形"面板和　　　　　　　　图5-85　调整的面
　　　　　"挤出多边形"对话框

（10）进入到"编辑多边形"面板中，单击 挤出 按钮后面的"小方块" ■ 按钮，打开"挤出多边形"对话框，将"挤出高度"的值设置为20，挤出恐龙尾部，如图5-86所示。

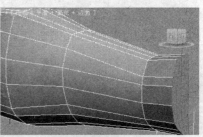

图5-86　"编辑多边形"面板、"挤出多边形"对话框和挤出的面

（11）使用"选择并移动" ■ 工具和"选择并均匀缩放" ■ 工具适当调整面的大小和位置。如图5-87所示。

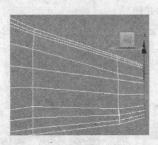
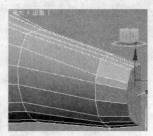

图5-87　调整的面

（12）继续使用"挤出"按钮挤出尾巴的面，并使用"选择并移动" ■ 工具和"选择并均匀缩放" ■ 工具适当调整面的大小和位置，然后激活工具栏中的"选择并旋转" ■ 工具，将挤出的面旋转一定的角度，如图5-88所示。

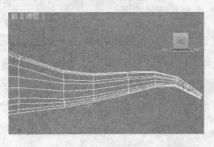
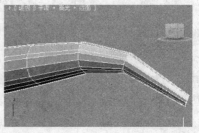

图5-88　挤出的尾巴

（13）单击"选择"面板中的"顶点"
按钮，进入到"顶点"模式下。使用"选择并移
动" 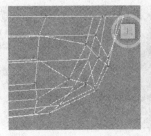工具和"选择并均匀缩放" 工具在前视
图中适当调整尾巴末端顶点的位置，使尾巴末端
变得圆滑一些，如图5-89所示。

（14）因为在挤出尾巴时会在侧面生成一
些多余的面，需要将其删除。进入到"面"模式
下选择侧面的多余的面，按Delete键将其删除，
如图5-90所示。

图5-89 调整尾巴末端的顶点

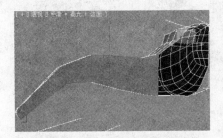

图5-90 选择的面及删除后的效果

（15）制作头部。在修改器中选择"多边形"选项，或者单击"选择"面板中的"多边形"
按钮，进入到"多边形"模式下，选择前面的所有面，如图5-91所示。

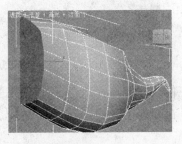

图5-91 修改器、"选择"面板和选择的面

（16）进入到"编辑多边形"面板中，单击
按钮后面的"小方块" 按钮，打开"倒角
多边形"对话框，将"高度"的值设置为20，
"轮廓量"的值设置为-1，如图5-92所示。

（17）单击"倒角多边形"对话框下部的
按钮，制作出恐龙的颈部。然后使用"选择
并旋转" 工具将面沿Z轴旋转一定的角度，如
图5-93所示。

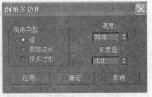

图5-92 "编辑多边形"面板和"倒
角多边形"对话框

（18）使用"挤出"命令对颈部的面进行挤出，然后激活工具栏中的"选择并旋转" 工
具，将挤出的面旋转一定的角度，如图5-94所示。

（19）继续使用"挤出"命令挤出脖子处的面，并使用"选择并移动" 工具和"选择并
均匀缩放" 工具适当调整面的大小和位置，然后使用"选择并旋转" 工具将挤出的面旋转
一定的角度，制作出头部的转弯，如图5-95所示。

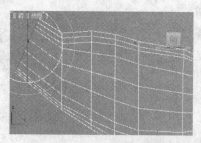

图5-93　颈部的面

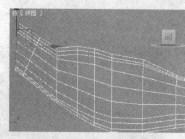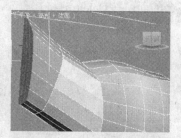

图5-94　挤出的脖子

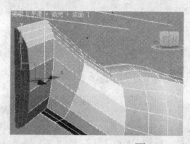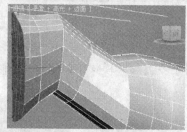

图5-95　挤出的头部

（20）在修改器中选择"边"选项，进入到"边"模式下。在"编辑几何体"面板中单击 切割 按钮，在嘴部中央增加连线。注意切割时要到位，避免产生多余的顶点，如图5-96所示。

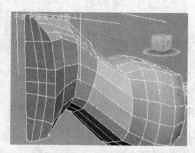

图5-96　修改器、"编辑几何体"面板和切割后的效果

（21）进入到"多边形"模式下，选择上颚处的九个面，使用"编辑多边形"面板中的"挤出"命令挤出上颚，如图5-97所示。

（22）使用"选择并移动" 工具和"选择并均匀缩放" 工具适当调整面的大小和位置，如图5-98所示。

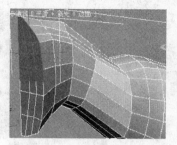 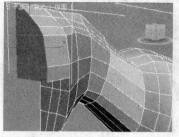

图5-97 选择的面和挤出的上颚

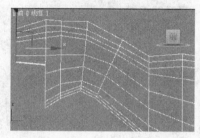 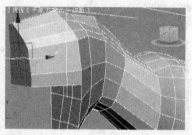

图5-98 调整的上颚（一）

（23）继续使用"挤出"命令挤出上颚的面，并使用"选择并移动" 工具和"选择并均匀缩放" 工具适当调整面的大小和位置，然后激活工具栏中的"选择并旋转" 工具，将挤出的面旋转一定的角度，如图5-99所示。

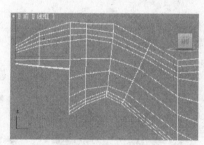 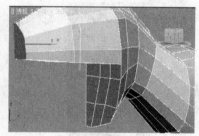

图5-99 挤出的上颚（二）

（24）进入到"顶点"模式下，使用"选择并移动" 工具和"选择并均匀缩放" 工具在前视图中适当调整上颚前端顶点的位置，使其变得圆滑一些，如图5-100所示。

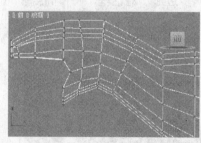 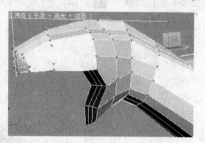

图5-100 调整的顶点

（25）使用与制作上颚同样的方法制作出下颚，如图5-101所示。

（26）因为在挤出头部时会在侧面生成一些多余的面，需要将其删除。进入到"面"模式下，选择侧面的多余的面，按Delete键将其删除，如图5-102所示。

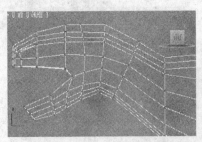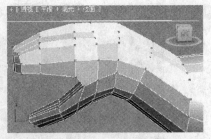

图5-101　制作的下颚

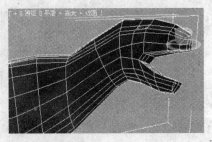

图5-102　选择的面及删除后的效果

（27）在修改器中选择"边"选项，进入到"边"模式下。在"编辑几何体"面板中单击 切割 按钮，在眼睛部位增加连线。注意切割时要到位，避免产生多余的顶点，如图5-103所示。

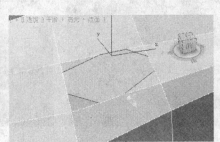

图5-103　切割的眼睛轮廓

（28）进入到"多边形"模式下。选择切割的眼睛面，进入到"编辑多边形"面板中，单击 倒角 按钮后面的"小方块" ■按钮，打开"倒角多边形"对话框，将"高度"的值设置为0.2，"轮廓量"的值设置为-0.5，如图5-104所示。

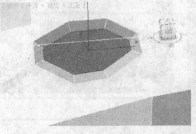

图5-104　"倒角多边形"对话框

（29）单击"倒角多边形"对话框下部的 确定 按钮，制作出恐龙的眼眶。然后多次执行"倒角"命令，效果如图5-105所示。

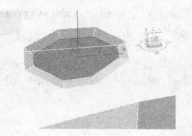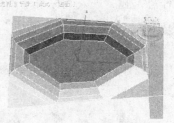

图5-105 制作的眼眶

（30）进入到"边"模式下，选择鼻孔处的边。在"编辑边"面板中单击 切角 按钮后面的"小方块" ■按钮，打开"切角边"对话框。将"切角量"的值设置为0.2，"分段"的值设置为1，如图5-106右所示。

图5-106 选择的边、"编辑边"面板和"切角边"对话框

（31）单击"切角边"对话框下部的 确定 按钮，效果如图5-107所示。

（32）进入到"多边形"模式下，选择鼻孔处的面。进入到"编辑多边形"面板，单击 倒角 按钮后面的"小方块" ■按钮，打开"倒角多边形"对话框，将"高度"的值设置为0.2，"轮廓量"的值设置为-0.5，再次执行"倒角"命令，制作出鼻孔如图5-108所示。

图5-107 切角边效果　　　　　图5-108 "倒角多边形"对话框和制作的鼻孔

（33）恐龙身体部分制作完成，效果如图5-109所示。

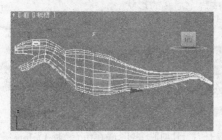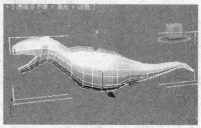

图5-109 恐龙身体部分

（34）制作恐龙腿。进入到标准基本体创建命令面板中，然后依次单击 → ◎ →圆柱体 按钮，在顶视图中创建一个圆柱体用来制作恐龙后腿，并在"参数"面板设置好参数，如图5-110所示。

（35）选中圆柱体，在圆柱体上单击鼠标右键，在打开的菜单栏中选择"转换为可编辑多边形"命令，如图5-111所示。

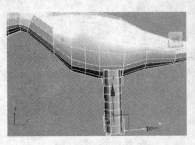

图5-110　创建的圆柱体　　　　　　　　　　　　　图5-111　鼠标右键菜单

（36）进入到"顶点"模式下，使用"选择并移动" 工具和"选择并均匀缩放" 工具在前视图中适当调整顶点的位置，如图5-112所示。

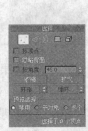
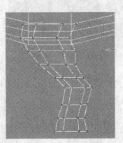

图5-112　调整的顶点

（37）继续使用"选择并移动" 工具和"选择并均匀缩放" 工具分别在前视图和顶视图中适当调整顶点的位置，将其调整成恐龙后腿的形状，如图5-113所示。

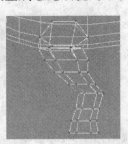

图5-113　调整成恐龙后腿的形状

（38）在修改器中选择"边"选项，进入到"边"模式下。在"编辑几何体"面板中单击切割按钮，在腿部增加连线。在身体上切割出腿部的轮廓，如图5-114所示。

> 切割的腿部的边线数量取决于已经制作出的腿部的边线数量，以便于在连接腿与身体边线时能互相吻合。

（39）进入到"多边形"模式下，选择身体上切割腿部形成的面，按Delete键将其删除，如图5-115所示。

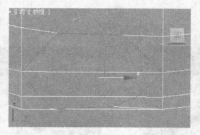

图5-114 切割的腿部轮廓

图5-115 选择的面及删除面后的效果

（40）选择恐龙后腿，进入到"多边形"模式下。选择上部的两个面，按Delete键将其删除，如图5-116所示。

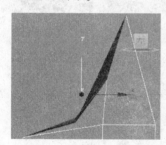

图5-116 选择的面及删除面后的效果

（41）选择恐龙后腿，使用"选择并移动" 工具将其调整到身体上适当的位置，如图5-117所示。

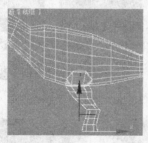

图5-117 调整腿的位置

（42）选择身体，进入到"编辑几何体"面板，单击 附加 按钮，然后在视图中单击恐龙后腿，两者将会合并成一个整体，如图5-118所示。

（43）进入到"顶点"模式下。选择相对应的两个顶点，使用"选择并均匀缩放" 工具将两个顶点靠近一些。然后单击"编辑顶点"面板的"焊接"按钮，此时两个顶点会融合成一个顶点，如图5-119所示。

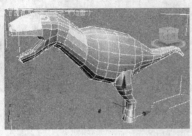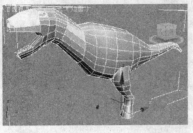

图5-118 附加效果   图5-119 选择的顶点及焊接后的效果

（44）使用同样的方法将其他的7对顶点焊接在一起，如图5-120所示。焊接完毕后身体与后腿便完全连接成为一个整体。

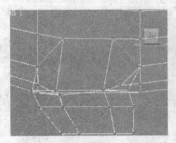

图5-120 焊接顶点后的效果

（45）制作脚趾。进入到"多边形"模式下，选择脚趾处的面。进入到"编辑多边形"面板中，单击倒角按钮后面的"小方块"按钮，打开"倒角多边形"对话框，将"高度"的值设置为6，"轮廓量"的值设置为-1，如图5-121所示。

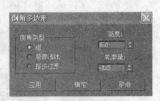

图5-121 选择的面、"编辑多边形"面板和"倒角多边形"对话框

（46）单击"倒角多边形"对话框下部的确定按钮，制作出恐龙的脚趾。再次执行"倒角"命令，效果如图5-122所示。

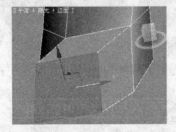

图5-122 倒角效果

（47）使用同样的方法制作出其他的脚趾，如图5-123所示。

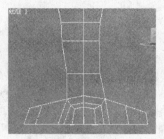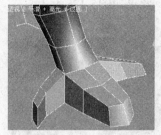

图5-123 制作的脚趾

（48）恐龙后腿制作完成，使用与制作后腿同样的方法制作出前腿，在此不再详细叙述。制作的前腿如图5-124所示。

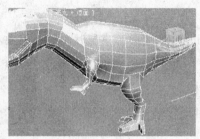

图5-124 制作的前腿

（49）选择恐龙身体，单击"修改器列表"后面的下拉按钮，打开"修改器列表"，选择"对称"修改器，并在"参数"面板中将"镜像轴"设置为"Y"轴，勾选"翻转"选项和"焊接缝"选项，如图5-125所示。

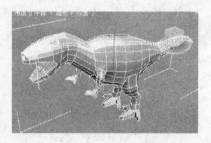

图5-125 修改器列表"参数"面板和"对称"效果

（50）选择恐龙模型，在修改面板中打开修改器列表，选择"网格平滑"修改器。在"细分方法"面板中将"细分方法"设置为"NURMS"选项，"迭代次数"的值设置为1，如图5-126所示。

（51）制作恐龙的眼睛。进入到几何体创建面板中，依次单击 → → 球体 按钮，在视图中创建两个球体作为眼睛，然后使用"选择并移动" 工具和"选择并均匀缩放" 工具调整好其位置和形状，如图5-127所示。

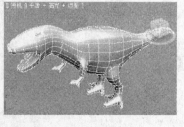

图5-126 "细分方法"面板和平滑后的效果

（52）根据需要制作出恐龙的其他部位，如舌头、牙齿和脚趾甲等。制作方法比较简单，在此不再详细叙述，效果如图5-128所示。

 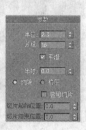 

图5-127　制作的眼睛　　　　　　　　　　图5-128　制作的其他部位

（53）至此，恐龙模型制作完成，分别为各部分赋予材质，按F9键进行渲染，效果如图5-77所示。

读者在制作比较复杂的模型时，往往需要很多的操作步骤才能制作出来。所以一定要非常细心和耐心，否则可能制作不出很好的效果。

从前面的制作过程可以看出，我们只使用几个简单的工具就能在3ds Max中制作出很复杂的模型，包括各种动物体模型、人体模型、工业产品模型等。这也是3ds Max的魅力之所在。

第6章　石墨建模工具初探

Autodesk公司近几年的大范围并购和收购，使其拥有了世界上几乎所有的动画多媒体软件工具，在机械和建筑领域也是如此。这些收购的背后意味着整合。其中，3ds Max 2010就整合了石墨建模工具，将3ds Max的建模功能向前推进了一大步。石墨建模工具实际上是一个工具集。这一章将介绍一下石墨建模工具的基本应用。

6.1　石墨建模工具简介

3ds Max 2010中新增加了一个新的建模工具——石墨建模工具，它将3ds Max的多边形建模功能提升到一个新的层面。注意，它只适用于多边形建模，还不能用于曲面建模。该工具的功能非常强大，而且使用非常方便。

石墨建模工具集也称为"Modeling Ribbon"，代表一种用于编辑网格和多边形对象的新范例。它具有基于上下文的自定义界面，该界面提供了完全特定于建模任务的所有工具。仅在需要相关参数时才提供对应的访问权限，从而最大限度地减少了屏幕上的杂乱现象。

其实，石墨建模工具已存在多年，除了已有的功能之外，在这一版本中，还为其赋予了更多的新功能，包括：

（1）在建模时，可以使用各种笔刷来进行雕塑。

（2）可以快速地重建模型的拓扑结构。

（3）可以进行颗粒式编辑。

（4）可以在模型任意表面上锁定变换。

（5）可以进行智能选择。

（6）可以自由地产生顶点。

（7）进行快速地变换。

（8）快速地塑造表面和形状。

使用该工具时，它会实时在工作界面中显示使用提示或者说明，可以使用户非常方便地找到所使用的工具，而且可以自定义工具的显示和隐藏，如图6-1所示。

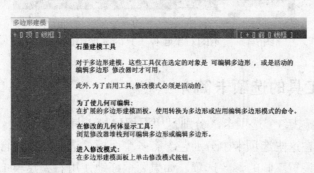

图6-1　打开的使用说明

工具提示分为两部分，第一部分包含该工具的简短描述，有时还会列出重要的选项。第二部分（如果提供）介绍如何使用该工具，某些工具还会在此列出辅助选项。

在3ds Max 2010中，石墨建模工具位于工作界面的顶部，如图6-2所示。场景中还没有创建模型之前，它以简略模式进行显示。该工具采用工具栏形式，可通过水平或垂直配置模式浮动或停靠。此工具栏包含三个选项卡：石墨建模工具、自由形式和选择。

每个选项卡都包含许多面板，这些面板显示与否将取决于上下文，如活动子对象层级等。可以使用右键单击菜单确定将显示哪些面板，还可以分离面板以使它们单独浮动在界面上。通过拖动任一端即可水平调整面板大小，当使面板变小时，面板会自动调整为合适的大小。这样，以前直接可用的相同控件将需要通过下拉菜单才能获得。下面显示的是"多边形建模"选项卡和"绘制变形"选项卡，如图6-3所示。

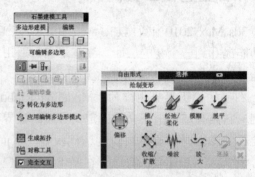

图6-2　石墨建模工具的位置　　　　图6-3　打开的两个选项卡

石墨建模工具的主选项卡是"石墨建模工具"选项卡，该选项卡的第一个面板"多边形建模"提供了"修改"面板工具的子集：子对象层级（包括顶点、边、边界、多边形、元素）、堆栈级别、用于子对象选择的预览选项等。随时都可通过右键单击菜单显示或隐藏任何可用面板。在后面的内容中，将介绍这些选项卡的作用。

如果在场景中创建了多边形，那么它将显示出该工具的其他组成部分，如图6-4所示。在场景中创建模型之后，在模型上单击鼠标右键，从打开的4元菜单中选择"转换为→转换为可编辑多边形"命令将其转换为可编辑的多边形。

图6-4　显示的石墨建模工具的其他组成部分

6.2　石墨建模工具的选项卡简介

石墨建模工具共包括3个选项卡，分别是"石墨建模工具"选项卡、"自由形式"选项卡和"选择"选项卡，在这些选项卡中分别包含有多个面板。这些面板包含有多个参数选项，用于在建模时根据需要设置不同的参数选项。如果要很好地使用石墨建模工具进行建模，那么必须掌握这些选项卡中的选项。在下面的内容中，将依次简要地介绍一下这些选项卡。

6.2.1 "石墨建模工具"选项卡

"石墨建模工具"选项卡中包含有7种类型的面板，分别是："多边形建模"面板、"修改选择"面板、"编辑"面板、"几何体"面板、"子对象"面板、"循环"面板和其他面板。

1. "多边形建模"面板

"多边形建模"面板包含用于切换子对象层级、导航修改器堆栈、将对象转化为可编辑多边形和编辑多边形等功能的工具，如图6-5所示。它可能是最常用的面板，因此建议使其处于浮动状态以便与石墨建模工具分开（通过拖动面板标签使其分离），并使其余部分最小化，从而可以最大限度地增大屏幕实际使用面积。

 将鼠标指针移动到不同的按钮上，将显示出该按钮的中文释义或者说明，不再一一赘述。

比如在场景中创建一个可编辑的长方体多边形后，可以在创建一个基本几何体后，将其转换为可编辑多边形。单击 按钮，即可进入到顶点模式下进行修改，如图6-6所示。还可以进入到边模式下或者面模式下，从而进一步编辑模型。

若要在当前层级选择多个子对象，按住Ctrl键并移动鼠标以高亮显示更多子对象，然后单击以全选高亮显示的子对象。比如，在多边形模式下，可以选择多个多边形面，效果如图6-7所示。

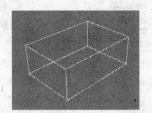

图6-5 "多边形建模"面板　　图6-6 进入到顶点模式下的长方体　　图6-7 选择的多个子对象

单击"忽略背面"按钮 将切换对背面子对象的选择。然后，选择子对象时将只选中朝向用户的那些对象。禁用（默认值）时，无论可见性或面向方向如何，都可以选择鼠标光标下的任何子对象。这一功能非常有用。

"使用软选择"按钮 用于控制选择的方式，尤其是在顶点模式下。启用该选项后，在显式选择附近选择部分子对象，以颜色渐变来表示。然后，转换会随与显式选定的子对象之间的距离而衰减，如图6-8所示。禁用该选项后，转换选定的子对象只对那些子对象产生影响。

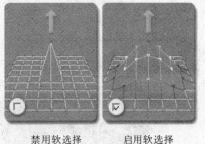

禁用软选择　　　　启用软选择

图6-8 选择的效果对比

"塌陷堆栈"按钮 用于将选定对象的整个堆栈塌陷到可编辑对象，该对象可以保留基础对象上应用修改器的累加效果。只有通过塌陷堆栈生成的对象为可编辑多边形时，才能对该对象使用"石墨建模工具"。

"转化为多边形"按钮 用于将对象转换为可编辑多边形格式并切换到"修改"模式，这种方法可以最快速地开始对对象使用"石墨建模工具"。

"应用编辑多边形模式"按钮 用于为对象应用编辑多边形修改器，并切换到修改模式。

"生成拓扑"按钮 用于打开"拓扑"对话框，如图6-9所示，其中包含用于调整对象几何结构的工具。拓扑工具将对象的网格细分重做为按过程生成的图案。可以将拓扑图案应用于整个曲面或选定部分。

"对称工具"按钮 用于打开"对称工具"对话框，如图6-10所示，其中包含用于使模型对称的控件。

2. "修改选择"面板

"修改选择"面板提供了用于增加和减少子对象（比如顶点或者边等）选择的一般工具以及用于循环和环选择的工具，如图6-11所示。还可以对其进行调整以减少所占页面的大小。如果不可见，那么通过用右键单击菜单使其在"选择"选项卡上可见。

图6-9 "拓扑"对话框

图6-10 "对称工具"对话框

图6-11 "修改选择"面板

图6-12 增长和收缩选择区域

使用"增长"按钮 和"收缩"按钮 可以朝所有可用方向外侧扩展选择区域，如图6-12所示。在该功能中，将边界看作一种边选择。

启用"循环"按钮 后，可以根据当前选择的子对象选择一个或多个循环。比如选择一个点后，将选择一圈点，选择一个面后，将选择一圈面，如图6-13所示。

在顶点模式下进行循环选择

在面模式下进行循环选择

图6-13 使用循环选择的效果

还可以沿圆柱体的顶边和底边选择顶点和边循环。沿圆柱体的顶边和/或底边选择一个边或一对相邻顶点，然后单击"在圆柱体末端循环"按钮 以选择循环。

如果要增长循环，那么选择一个或多个循环的一部分（一个边或者两个或更多个相邻顶点或多边形），然后单击"增长循环"按钮 以选择循环末端的子对象。如果要收缩循环，那么选择一个或多个非圆形循环，然后单击"收缩循环" 以取消选择循环末端的子对象。注意，还可以设置循环模式来进行选择。

还可以进行环选择，也就是根据当前子对象选择，选择一个或多个环。比如一环点、一环边或者一环面，效果如图6-14所示。选择一个顶点或者面后，单击"环"按钮 即可。

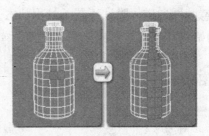

在边模式下进行环选择　　　　　　　　　在面模式下进行环选择

图6-14　使用环选择的效果

 使用环选择后，也可以增长选择或者收缩选择，还可以设置环选择模式。

使用"轮廓"按钮 以轮廓选择方式进行选择，也就是选择当前子对象选择的边界（外部成员）时，同时取消选择其余部分。在"多边形"模式下，若要选择边界，则按Shift键切换到边子对象层级。

使用"相似"按钮 启用轮廓选择，可根据选定子对象的特性和此工具的设置添加到当前选定的子对象中。所提供的选项和结果将取决于子对象层级和当前选择，比如，边计数、面数、表面积、拓扑和法线方向等。

使用"填充"选择方式选择两个选定子对象之间的所有子对象，选择时，先选择两个对象以指定要填充区域的对角，然后单击"填充"按钮 即可。在多边形模式下选择的区域，如图6-15所示。

如果使用"填充洞口"方式进行选择，那么可以选择由轮廓选择和轮廓内的独立选择指定的闭合区域中的所有子对象。通过选择为区域加轮廓，选择该区域内的一个子对象，并单击"填充孔洞"按钮即可。注意，选定部位必须独立于周围的选择，例如，孔洞中的选定多边形不得与孔洞周围的选定多边形相邻。在多边形模式下选择的区域，如图6-16所示。

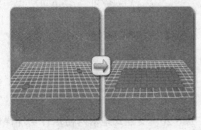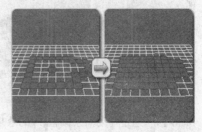

图6-15　在多边形模式下选择的效果　　　　图6-16　在多边形模式下选择的效果

使用"步循环"〓可以在同一循环的两个选定子对象之间选择循环，选择同一循环上的两个子对象，然后应用"步循环"以使用最短距离选择它们之间的所有子对象。

使用"步模式"分步选择循环，通过选择各个子对象来增加循环长度。"点间距"用于指定用"点循环"选择的循环中子对象之间或用"点环"选择的环中边之间的间距范围。

3. "编辑"面板

"编辑"面板提供了用于修改网格对象的各种工具，修改操作包括变换约束、边和循环创建以及编辑纹理坐标等，如图6-17所示。

启用"保留UV"选项❏·后，可以编辑子对象，而不影响对象的UV贴图。可选择是否保持对象的任意贴图通道。默认设置为禁用状态。如果不启用"保留UV"，对象的几何体与其UV贴图之间始终存在直接对应关系。例如，如果为一个对象贴图，然后移动了顶点，那么不管需要与否，纹理都会随着子对象移动。如果启用"保留UV"，可执行少数编辑任务而不更改贴图，如图6-18所示。

图6-17　"编辑"面板

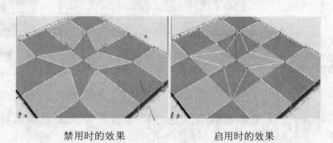

禁用时的效果　　　　　　　启用时的效果

图6-18　对比效果

启用"扭曲UV"选项❏后，通过将鼠标拖到模型的顶点以拖拉纹理顶点，可以直接在视口中调整模型上的UVW贴图。通过使用此工具扭曲UV，无需添加任何修改器即可快速地调整UVW贴图中拉伸的区域。使用微调器选择所需的贴图通道，然后启动该工具。完成扭曲后，用右键单击即可退出该工具，如图6-19所示。

"重复上一个"按钮❂用于重复最近使用的命令。例如，如果挤出某个多边形，并要对几个其他边界应用相同的挤出效果，那么单击该按钮即可。

使用"快速切片"按钮❧可以将对象快速切片，而不操纵Gizmo。进行选择，并单击"快速切片"按钮，然后在切片的起点处单击一次，再在终点处单击一次。激活命令时，可以继续对选定内容执行切片操作。停止切片操作，那么在视口中用右键单击即可，如图6-20所示。

图6-19　通过拖动点来调整UV的效果

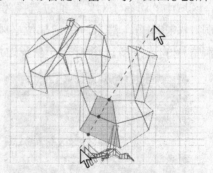

图6-20　交互式地对网格执行切片操作

启用"快速循环"后，单击任意位置以自动插入一个边循环，它将垂直于离单击位置最近的边。继续单击边或用右键单击退出。

> **提示** 按住Shift键单击可以可插入边循环并调整新循环以匹配周围曲面流。按住Ctrl键单击选择边循环并自动激活边子对象层级。按住Alt键拖动选定边循环，以在其边界循环之间滑动边循环。

通过NURMS▦应用平滑并打开"使用NURMS"面板。在编辑/可编辑多边形中实施时，NURMS是一种简单易用的过程化网格平滑方法，可以对平滑参数进行总体控制。

使用剪切✖用于创建一个多边形到另一个多边形的边，或在多边形内创建边。单击起点，并移动鼠标光标，然后再单击，再移动和单击，以便创建新的连接边。用右键单击一次退出当前切割操作，然后可以开始新的切割，或者再次用右键单击退出"切割"模式。切割时，鼠标光标图标会变为显示位于其下的子对象的类型，单击时会对该子对象执行切割操作，剪切的效果如图6-21所示。

使用"绘制连接"▦可以交互方式绘制边和顶点之间的连接线。注意，按住Shift键拖动可以在边的中点绘制边之间的连接线，按住Ctrl键拖动以选择和连接顶点，按住Alt键单击可以移除顶点。

使用约束▦▦▦▦可以使用现有的几何体约束子对象的变换。可以选择的约束类型有：无、边、面和法线等。注意，其中的正常图标是法线图标。

4."几何体"面板

"几何体"面板提供了"编辑几何体"卷展栏中的建模工具的子集，并增加了"封口多边形"工具和"四边形化"工具，"封口多边形"工具用于从顶点选择或边选择创建多边形，"四边形化"工具用于将多边形转化为四边形，如图6-22所示。

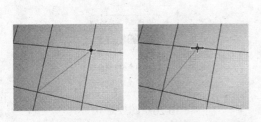

图6-21 剪切多边形的效果

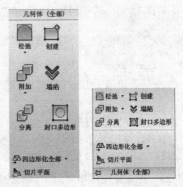

图6-22 "几何体（全部）"面板

使用"松弛"工具◗可以打开"松弛"对话框，如图6-23所示。可以将"松弛"功能应用于当前的选定内容。"松弛"可以规格化网格空间，方法是朝着邻近对象的平均位置移动每个顶点。其工作方式和松弛修改器相同。注意，松弛功能只会应用于当前选定的对象。

使用创建工具▢可以创建新的几何体，此按钮的使用方式取决于活动的级别，比如对象级别、顶点级别或者边级别等。注意一点，为了获得最佳的结果，要按照逆时针（首选）或顺时针顺序依次单击顶点。如果使用顺时针顺序，新多边形会背对着用户。

使用附加工具▱可以将场景中的其他对象附加到选定的多边形对象。激活"附加"后，单击一个对象可将其附加到选定对象。此时"附加"仍处于活动状态，因此可继续单击对象以附加它们。若要退出该功能，那么用右键单击活动视口或再次单击"附加"按钮。如果正在附加的对象尚未分配到材质，将会继承与其连接的对象的材质。

使用塌陷工具可以通过将其顶点与选择中心的顶点焊接，使连续选定子对象的组产生塌陷。下面是在选择多边形后使用的塌陷效果，如图6-24所示。注意，该工具仅限于子对象层级使用。

图6-23　"松弛"对话框

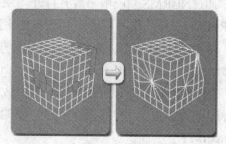

图6-24　在选择多边形后的塌陷效果

使用分离工具可以将选定的子对象和附加到子对象的多边形作为单独的对象或元素进行分离。对于"可编辑多边形"对象，当单击"分离"时软件会提示选择"分离"对话框中指定的选项。对于"编辑多边形"对象，"修改"面板上的"分离"会自动使用"分离"对话框中的设置。若要更改这些设置，则单击"分离设置"。

使用封口多边形工具可以从顶点或边选择创建一个多边形并选择该多边形。适用于除"多边形"和"元素"以外的所有子对象层级。使用该工具时，选择顶点或边，然后单击"封口多边形"按钮即可，如图6-25所示

"四边形化"是一组用于将三角形转化为四边形的工具。单击可见工具以应用它，或者从下拉列表中选择另一个工具，如图6-26所示。

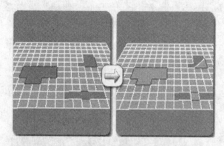

图6-25　在选择边应用封口工具后的效果

图6-26　四边形化工具

"切片平面"工具仅限子对象层级使用。用于为切片平面创建Gizmo，可以定位和旋转它来指定切片位置。

5. "子对象"面板

"子对象"面板实际上是四个独立的子对象面板，分别是"顶点"面板、"边"面板、"边界边"面板、"多边形"/"元素"面板。注意，根据当前场景中选择的子对象的不同，"子对象"面板将显示为对应的面板名称，而且面板内显示的内容也可能不同。

"顶点"面板

顶点是空间中的点，它们定义组成多边形对象的其他子对象（边和多边形）的结构。移动

或编辑顶点时，也会影响连接的几何体。顶点也可以独立存在；这些孤立顶点可以用来构建其他几何体，但在渲染时，它们是不可见的。在可编辑多边形的"顶点"子对象层级上，可以选择单个或多个顶点，并使用标准方法移动它们。"顶点"面板如图6-27所示。

使用挤出工具 可以手动挤出顶点，方法是在视图中直接操作。单击此按钮，然后垂直拖动到任何顶点上，就可以挤出此顶点。挤出效果如图6-28所示。

使用切角工具 可以创建切角效果，选择一个顶点后，单击切角工具，再在视图中拖动选中的一个顶点即可创建切角效果，如图6-29所示。

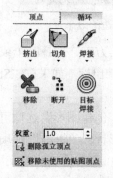

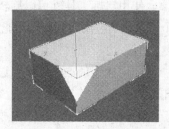

图6-27 "顶点"面板　　　　　图6-28 挤出效果　　　　　图6-29 切角效果

使用焊接工具 可以把在"焊接"对话框中指定的选中顶点进行焊接，合并为一个顶点，而且所有边都会与产生的单个顶点连接。

使用移除工具 可以删除选中的顶点，并接合起使用它们的多边形。快捷键是**Backspace**。

使用断开工具 可以在与选定顶点相连的每个多边形上，都创建一个新顶点，这可以使多边形的转角相互分开，使它们不再相连于原来的顶点上。如果顶点是孤立的或者只有一个多边形使用，则顶点将不受影响。

使用目标焊接工具 可以选择一个顶点，并将它焊接到相邻目标顶点。"目标焊接"只焊接成对的连续顶点，也就是说，顶点有一个边相连。

"权重"选项用于设置选定顶点的权重。"删除孤立顶点"工具用于将不属于任何多边形的所有顶点删除。"移除未使用的贴图顶点"工具用于把在建模过程中留下未使用的（孤立）贴图顶点删除掉，这种顶点会显示在"展开UVW"编辑器中。

"边"面板

边是连接两个顶点的直线，它可以形成多边形的边。边不能由两个以上多边形共享。另外，两个多边形的法线应相邻。如果不相邻，应卷起共享顶点的两条边。"边"面板如图6-30所示。

其中，"挤出"工具、"切角"工具、"焊接"工具、"移除"工具、"分割"工具、"目标焊接"工具、"权重"选项等和"顶点"面板中的相应工具的功能相同，只不过这里是对边进行的操作，不再赘述。下面介绍一下几个不同的工具。

使用桥工具 可以连接对象的边，桥只连接边界边，也就是只在一侧有多边形的边。创建边循环或剖面时，该工具特别有用。选择边后，单击该按钮即可，一种连接效果如图6-31所示。

图6-30　"边"面板

图6-31　连接边的效果

使用自旋工具 可以旋转多边形中的一个或多个选定边，从而更改其方向。选择一个或多个边，然后应用"自旋"功能以更改边细分网格的方式。通常，边会顺时针自旋，如果按住Shift键，那么边将逆时针自旋。

使用插入顶点选项 可以在选定边内插入顶点。使用"利用所选内容创建图形"选项可以在选择一个或多个边后单击该按钮，这样可以通过选定的边创建样条线形状。"折缝"选项用于指定对选定边执行的折缝操作量。

"边界边"面板

边界是网格的线性部分，通常可以描述为孔洞的边缘。它通常是多边形仅位于一面时的边序列。"边界边"面板如图6-32所示。长方体基本体没有边界，而对于创建的圆柱体，如果删除末端多边形，那么相邻的一行边会形成边界。

其中，"挤出"工具、"切角"工具、"桥"工具、"权重"选项和"折缝"选项等和"边"面板中相应工具的功能相同，只不过这里是对边界边进行的操作，不再赘述。下面介绍一下几个不同的工具。

使用连接工具 可以在选定边界边对之间创建新边，这些边可以通过其中点相连。注意，只能连接同一多边形上的边，而且连接不会让新的边交叉。

"多边形"/"元素"面板

多边形是通过曲面连接的三条或多条边的封闭序列，多边形提供了可渲染的可编辑多边形对象曲面。"多边形"/"元素"面板如图6-33所示。

图6-32　"边界边"面板

图6-33　"多边形"面板和"元素"面板

其中，"挤出"工具、"桥"工具和"插入顶点"选项等和前面介绍的面板中的相应工具的功能相同，只不过这里是对多边形或者元素进行的操作，不再赘述。下面介绍一下几个不同的工具。

使用倒角工具![]可以直接在视图中操纵执行创建倒角的操作。单击此按钮，然后垂直拖动任何多边形，以便将其挤出。释放鼠标按钮，然后垂直移动鼠标光标，以便设置挤出轮廓。再次单击以完成，倒角效果如图6-34所示。

使用几何多边形工具![]可以解开多边形并对顶点进行组织以形成完美的几何形状。

使用翻转工具![]可以反转选定多边形的法线方向，从而使其面向用户。

使用转枢工具![]可以通过在视口中直接操纵执行手动旋转操作。选择多边形，并单击该按钮，然后沿着垂直方向拖动任何边，以便旋转选定多边形。如果鼠标光标在某条边上，将会更改为十字形状，一种旋转效果如图6-35所示。

向外侧进行倒角　　　向内侧进行倒角

图6-34　倒角效果

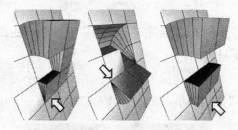

图6-35　旋转效果

使用插入工具![]可以执行没有高度的倒角操作，即在选定多边形的平面内执行该操作。单击此按钮，然后垂直拖动任何多边形，以便将其插入。下面是插入的一种效果，如图6-36所示。

使用轮廓工具![]可以增加或减小每组连续的选定多边形的外边。增加和减少的一种效果如图6-37所示。

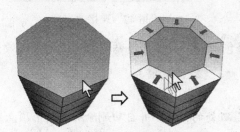

图6-36　插入效果

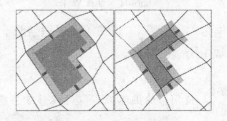

图6-37　轮廓效果

使用样条线上的挤出工具![]可以沿样条线挤出当前的选定内容。挤出的一种效果如图6-38所示。

6. "循环"面板

"循环"面板用于处理边循环，其中包括用于在多边形内及跨越一定距离创建循环，根据对象形状、随机路径自动调整新循环。"循环"面板如图6-39所示。

使用连接工具![]可以在选中的顶点对之间创建新的边，也就是连接两个顶点，效果如图6-40所示。还可以连接边。

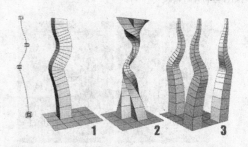

图6-38　挤出效果

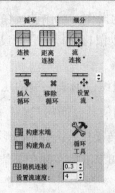

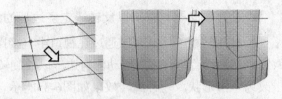

图6-39 "循环"面板　　　　　　　　　　　　　　　　　图6-40 连接效果

使用距离连接工具 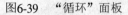 可以在跨越一定距离和其他拓扑的顶点和边之间创建边循环，效果如图6-41所示。

使用流连接工具 ▦ 可以在跨越一个或多个边连接选定边，然后调整新循环的位置以适合周围网格的图形，效果如图6-42所示。

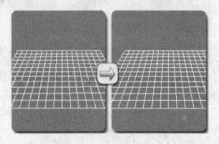

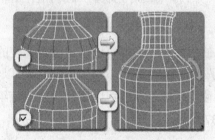

图6-41 连接效果　　　　　　　　　　　　　　　　　图6-42 连接效果

使用插入循环工具 ▾ 可以根据当前子对象选择创建一个或多个边循环并选择结果，效果如图6-43所示。

 使用移除循环工具 ▨ 可以移除当前子对象层级处的循环，并自动删除所有剩余顶点。

使用设置流工具 ❖ 可以调整选定边以适合周围网格的图形。

使用构建末端工具 ▦ 可以根据顶点或边选择，构建以两个平行循环为末端的四边形，效果如图6-44所示。

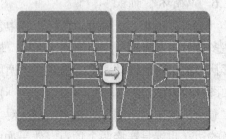

图6-43 插入效果　　　　　　　　　　　　　　　　　图6-44 构建效果

使用构建末端工具 ▦ 可以根据顶点或边选择构建四边形角点，以使边循环翻转，效果如图6-45所示。

使用构建末端工具 可以打开"循环工具"对话框，如图6-46所示。其中包含用于调整循环的选项设置。

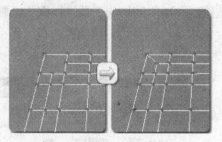

图6-45　构建效果　　　　　　　　图6-46　"循环工具"对话框

"随机连接"选项用于连接选定边，并随机定位所创建的边。"自动循环"选项用于应用"随机连接"可使循环尽可能完整。"设置流速度"选项用于设置流微调器来改变边的流速度。

7. 其他面板

其他面板则包括多个功能面板，分别是"细分"面板、"三角剖分"面板、"对齐"面板和"属性"面板。

 以下几个面板中的工具应用非常简单，可以根据其名称进行理解，不再赘述。

"细分"面板提供的工具可用于通过参数增加网格分辨率，从而实现平滑、置换和细化。它可用在对象层级及所有子对象层级。比如，使用"网格平滑"工具可对网格进行平滑处理，如图6-47所示。

"三角剖分"面板（在某些配置中也称为Tris）显示"顶点"以外的所有子对象层级，它提供的工具用于更改为进行渲染而将多边形细分为三角形的方式。"三角剖分"工具只能在"多边形"和"元素"层级使用，如图6-48所示。

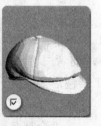

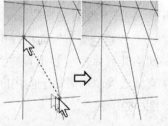

图6-47　"细分"面板和平滑效果　　　　图6-48　"三角剖分"面板和三角剖分效果

"对齐"面板提供用于使对象和子对象选择与视图或网络对齐或只展平网格的工具。它可用在对象层级及所有子对象层级，如图6-49所示。

使用"属性"面板可调整网格平滑、顶点颜色和材质 ID。它可用在对象层级及所有子对象层级，所提供的命令因层级的不同而不同，如图6-50所示。

6.2.2　"自由形式"选项卡

"自由形式"选项卡中包含有2种面板，分别是，"多边形绘制"面板和"绘制变形"面板。下面简单地介绍一下这两个面板。

1. "多边形绘制"面板

"多边形绘制"面板提供用于快速地在主栅格上绘制和编辑网格的工具，根据"绘制于"设置，网格将投影到其他对象的曲面或投影到选定对象本身。"多边形绘制"面板如图6-51所示。

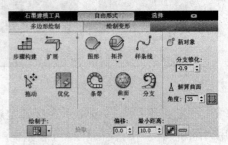

图6-49　"对齐"面板　　　　图6-50　"属性"面板　　　　图6-51　"多边形绘制"面板

在绘制时，根据所按Ctrl键、Shift键和Alt键的不同，这些工具具有不同的效果。"多边形绘制"不要求处于特定的子对象层级，但建议在"顶点"层级使用它以增强某些工具效果的视觉反馈。若要退出"多边形绘制"工具，请再次单击其按钮或用右键单击活动视图。

· 如果按住Shift键拖动，那么拖动独立顶点可以使用四边形填充间隙。这样会始终从最近的四个顶点创建多边形。

· 如果按住Ctrl键，那么单击多边形以删除它。保留顶点，以便无意间在错误的位置创建面时可以很容易地删除该面，并根据需要在距离顶点很近的位置再次绘制。

· 如果按住Alt键，那么单击顶点以将其移除。

· 如果按住Ctrl+Alt键，那么单击边时可以将其移除。

· 如果按住Ctrl+Shift键，那么单击时可以放置并选择顶点，或选择现有的顶点。每次放置和/或选择四个顶点时，"步骤构建"会自动创建一个多边形。在新选择中包含以前创建的多边形中的最后两个顶点，因此仅需单击两次即可创建下一个多边形。

2. "绘制变形"面板

"绘制变形"面板提供的工具可用于通过在对象曲面上拖动鼠标，以交互方式直观地变形网格几何体。主要工具有"偏移"和"推/拉"，前者用于沿鼠标拖动的方向移动顶点，并带衰减效果，后者用于向内向外移动顶点。其他工具包括"模糊"、"展平"和"噪波"等。如图6-52所示。

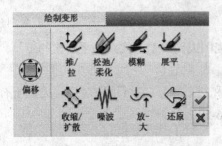

图6-52　"绘制变形"面板

"绘制变形"面板在对象层级和所有子对象层级的工作方式均相同，并独立于任何子对象选择。若要退出"绘制变形"工具，则再次单击其按钮或用右键单击活动视图。

该面板中的工具操作也非常简单，使用"偏移"工具和"展平"工具绘制的变形效果如图6-53所示。

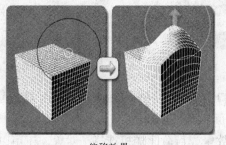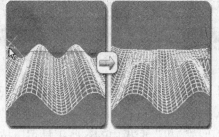

偏移效果　　　　　　　　　　　　　　展平效果

图6-53　绘制变形的效果

6.2.3　"选择"选项卡

"选择"选项卡中包含有两种面板，分别是"常规选择"面板和"选择方式"面板两种类型，每种类型中又包含多种面板。

1."常规选择"面板

"常规选择"面板包括"选择"面板（用于根据某些拓扑选择子对象）、"存储的选择"面板（用于存储、还原和合并子对象选择）和"选择集"面板（用于复制并粘贴命名的子对象选择集），如图6-54所示。

　　"选择"面板　　　　　"存储的选择"面板　　　"选择集"面板

图6-54　"常规选择"面板

"选择"面板包括"顶部"、"打开"、"图案"（用于所有层级的子对象选择）、"硬"工具（用于在平滑组的边界选择边）和其他选择工具（用于多边形）。

"存储的选择"面板提供用于方便快捷地存储和检索选择以及在存储的选择之间执行某些基本操作的工具。也可以使用这些工具将选择从一个模型转移到另一个模型。在处理变形目标时，如果需要更改多个模型上的同一区域，此功能尤为有用。

"选择集"面板提供可对子对象选择集的复制和粘贴进行控制的控件。当石墨建模工具最大化或该面板处于浮动状态时，该面板标签会缩短为"集"。

2."选择方式"面板

"选择方式"面板提供了用于从不同方式出发进行子对象选择的多种方法。例如，可以使用"按曲面"选择模型的凹面或凸面区域，也可以使用"按透视"选择模型的外部区域。它包含有8种类型的面板，如图6-55所示。

使用"按曲面"面板可以按凹凸度选择子对象。选择"凹面"或"凸面"，然后使用值微调器指定选择，"按曲面"面板如图6-56所示。

使用"按法线"面板根据子对象在世界坐标轴上的法线方向来选择子对象选择一个轴，启用"反转"（可选），然后设置"角度"值，"按法线"面板如图6-57所示。

图6-55　选择方式的面板　　　　　　　　　　　　图6-56　"按曲面"面板

使用"按透视"面板根据子对象在活动视口中朝向用户的范围来选择子对象。可以将其视为将选择从当前视图投影到模型。"按透视"面板如图6-58所示。

使用"按随机"面板中的这些工具可以按数量或百分比随机选择子对象，还可以随机增长或收缩当前选择。"按随机"面板如图6-59所示。

图6-57　"按法线"面板　　　　图6-58　"按透视"面板　　　　图6-59　"按随机"面板

使用"按一半"面板中的这些工具可以在指定轴上选择半个网格。选择基于区域，而不是子对象数。选择要在其上选择半个网格的轴，然后单击"反转轴"或"选择"。"按一半"面板如图6-60所示。

使用"按轴距离"面板中的这些工具可以根据与对象轴的距离来选择子对象。"按轴距离"面板如图6-61所示。

使用"按视图"面板可以根据当前视图及该视图内部的情况，选择和扩大子对象。先选择距模型最近的部分；值越大选择的范围则会扩大至视图中的更远处。"按视图"面板如图6-62所示。

图6-60　"按一半"面板　　　　图6-61　"按轴距离"面板　　　　图6-62　"按视图"面板

使用"按对称"面板可以在对称模型的指定局部轴上镜像当前子对象选择。对象中心由对象的轴位置确定。"按对称"面板如图6-63所示。

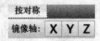

图6-63　"按对称"面板

3ds Max中新增加了石墨建模工具之后，它的建模功能就更强大了，虽然在初次使用时需要花些时间研究和学习。一旦掌握了它，在制作模型时，就可以提高工作效率了。

第7章　创建建筑模型

3ds Max 2010中文版中也引入了Autodesk VIZ的建模功能，因此可以在3ds Max 2010中直接创建一些建筑方面的模型。本章就介绍这些模型的创建及一些相应工具的使用。这些工具主要应用于游戏场景创建和建筑效果图的创建。

7.1　创建AEC扩展体

3ds Max 2010中文版具备了Autodesk VIZ的建模功能之后，为用户带来了很大的便利性，因为有些特定的模型，比如植物、门和窗户，可以使用相应的创建工具快速地创建出它们，尤其在制作建筑效果图时，更是方便之极。比如，在创建门窗时，以前需要操作多步才能创建出这些模型，而现在只需要一步就可以。

依次单击 ■→■按钮，再单击"标准基本体"旁边的小三角按钮 ■，从打开的列表中选择"AEC扩展"项，进入到"AEC扩展"创建面板中，如图7-1所示。

从"AEC扩展"创建面板中可以看到3个按钮，分别是"植物"、"栏杆"和"墙"，分别用于创建植物、栏杆和墙。还可以使用"创建"菜单命令中的"AEC扩展对象"子菜单命令来创建AEC扩展体，如图7-2所示。

7.1.1　创建植物

使用3ds Max 2010中文版内置的植物工具可以创建多种植物模型，并可以调节植物的高度、大小、密度、树冠及很多的外部细节特征。创建的两种树的效果如图7-3所示。

图7-1　"AEC扩展"　　　图7-2　AEC扩展体创　　　图7-3　创建的树木效果
　　　 创建面板　　　　　　　　　 建命令

首先让来看一下创建植物的操作步骤：

1. 操作步骤

（1）进入到"AEC扩展"创建面板中，并单击"植物"按钮，此时在工作界面的右侧显示出一列植物的图标，如图7-4所示。

（2）使用鼠标左键单击一种图标，比如"大丝蓝"图标，然后在顶视图中单击，即可创建出如图7-5所示的效果。

图7-4　植物列表　　　　　　　　　　　图7-5　创建的植物

 创建完植物时，有的体积比较大，不能从视图中完全显示出来，需要使用工作界面
左下角的"缩放"工具缩小视图的显示，才能完全显示出所创建的植物。

 只有当植物处于选中状态时，才能从透视图中看到树木的特征。

另外，使用3ds Max 2010中文版内置的植物系统，还可以创建出下列植物，一共内置了12种树，如图7-6所示。这些植物完全可以用于用户创建的场景中。

 有兴趣的读者可以去网上下载一个有关树木的第三方插件来丰富可建树木的数量。
但是，这些植物模型的点面数太多，因此，在场景中要尽量少用或者不用。

这些植物的高度、密度等都可以在它们的"参数"面板中进行修改，下面介绍一下创建植物的"参数"面板。

2. 参数面板

确定创建的树木在视图中处于选定状态，然后单击 按钮，即可打开它的"参数"面板，如图7-7所示。

· 高度：用于设置植物的高度。

· 密度：用于设置植物上的树叶及花朵的数量，如图7-8所示。

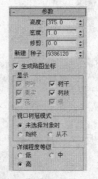

图7-6　可创建的植物　　　　图7-7　"参数"面板　　　　图7-8　具有不同密度枝叶的树木

· 修剪：当值为0时，没有修剪。当值为0.5时，从下向上修剪一半的树冠。当值为1时，把树冠修剪为无。

· 新建：单击该按钮后，植物将改变成另外一种状态。

· 种子：通过设置不同的数值，可以使植物显示为不同的形态。

显示面板

该面板中的选项用于设置是否显示植物的构成部分，默认设置树干和数枝处于选中状态。一般情况下，只需要显示植物的这两部分，如果勾选其他选项，将会显示出相应的部分，不过，这样增加植物体的点面数，从而使系统的运行降低。

视口树冠显示模式面板

· 未选择对象时：勾选该项时，视图中的植物除当前处于选中状态的植物外，其他都以冠状模式显示。

· 始终：勾选该项时，视图中的植物总是以冠状模式显示。

· 从不：勾选该项时，视图中的植物都不以冠状模式显示。

详细程度等级面板

· 低：勾选该项后，视图中的植物以冠状模式进行渲染。

· 中：勾选该项后，渲染植物的一部分面。

· 高：勾选该项后，渲染植物的所有面。

可以练习搭配使用这些选项，从而可以创建出很多的植物效果。一般在室外建筑效果图中、游戏场景和动画场景中需要植物，如图7-9所示。

图7-9　植物在建筑效果图中的应用

7.1.2　创建栏杆

3ds Max中内置的栏杆工具可以创建多种栏杆模型，并可以调节栏杆的高度、大小、密度等特征，可以用于创建户外的围栏、楼梯扶手等，如图7-10所示。

1. 创建栏杆的操作

（1）进入到"AEC扩展"创建面板中，并单击"栏杆"按钮。

图7-10　栏杆效果

（2）在顶视图中使用鼠标左键单击并拖动，这样可以定义出栏杆的长度；然后垂直拖动并单击，这样就可以定义出栏杆的高度，如图7-11所示。

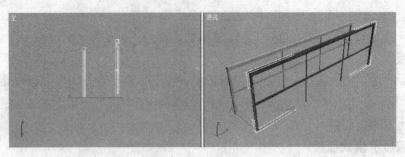

图7-11 创建栏杆

（3）可以通过该工具的参数设置来改变栏杆的外形。

2. 参数面板

确定创建的栏杆模型在视图中处于选定状态，然后单击▣按钮，即可打开它的"参数"面板，如图7-12所示。

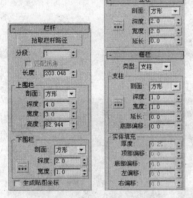

图7-12 "参数"面板

· "拾取栏杆路径"按钮：在创建栏杆时，可以先在视图中绘制一条曲线作为创建路径，然后单击该按钮，再到视图中选择曲线来创建栏杆，这样可以自动地在路径上生成栏杆。

· 分段：如果栏杆是弯曲的，那么增加分段的值会使栏杆更加平滑。

· 匹配拐角：勾选该项，栏杆的拐角与路径拐角将会匹配。

· 长度：用于设置栏杆的长度。

上围栏

· 剖面：通过单击旁边的小按钮设置栏杆的剖面形状，有两种，一种是矩形的，另外一种是圆形的。

· 深度/宽度/高度：分别用于设置栏杆的深度、宽度和高度。

下围栏、立柱面板和栅栏面板中的选项与上围栏中的选项基本相同，不再介绍。

可以练习搭配使用这些选项，从而可以创建出各种形状的栏杆效果。

7.1.3 创建墙模型

使用3ds Max 2010中文版内置的墙工具可以创建多种墙模型，并可以调节墙的高度和厚度等特征。可以用于创建室外的墙壁，也可以用于创建室内的墙壁等。首先来看一下创建墙模型的操作步骤。

1. 操作步骤

（1）进入到"AEC扩展"创建面板中，单击"墙"按钮。

（2）在顶视图中使用鼠标左键单击并拖动，这样可以定义出墙的长度，然后再次单击，这样可以创建出一面墙。如果继续拖动并单击，可以创建出第2面墙，如图7-13所示。如果继续拖动并单击，那么可以创建多面连接在一起的墙。

（3）可以通过该工具的参数来设置墙的外形。

 在创建墙时，会使用系统默认设置的高度。

 在3ds Max中，对于垂直物体的创建，最好都要在顶视图中进行创建。

2. 参数面板

确定创建的墙模型在视图中处于选定状态，然后单击 按钮，即可打开它的"参数"面板，如图7-14所示。

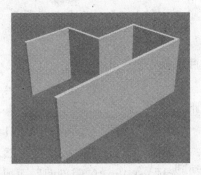

图7-13　创建墙

图7-14　"参数"面板

· "附加"按钮：可以把在视图中选择的另一面墙附加在一起。

· "附加多个"按钮：可以把在视图中选择的多面墙附加在一起。

"对齐"中的几个选项用于设置墙的对齐方式，也就是说设置它左对齐、右对齐或居中。

另外，还可以通过其他几个面板来修改制作的墙体，它们分别是"编辑顶点"面板、"编辑分段"面板和"编辑剖面"面板。首先看一下它的顶点编辑面板。在"修改"面板中，单击Wall旁边的"+"，就会展开的它的次级选项，如图7-15（左）所示。然后单击"顶点"选项，打开"编辑顶点"面板，如图7-15（右）所示。

· "连接"按钮：用于连接两个顶点，在顶点之间创建一条新的线段。

· "断开"按钮：用于断开共享两个顶点的线段。

· "优化"按钮：用于添加新的顶点。

· "插入"按钮：用于插入一个或多个顶点来创建新的部分。

· "删除"按钮：用于删除选择的顶点。

在"修改"面板中，单击Wall旁边的"+"，就会展开的它的次级选项，然后单击"分段"选项，打开"编辑分段"面板，如图7-16所示。

图7-15　次级选项（左）和"编辑顶点"面板（右）　　　　图7-16　"编辑分段"面板

- "断开"按钮：将选择的段分成两部分。
- "分离"按钮：将选择的一段墙分离成独立的部分。有3种分离方式：

相同图形：勾选后，将选择的一段墙分离开。

重新定位：勾选后，将选择的一段墙分离出去，并形成独立的墙体。

复制：勾选后，复制分离的墙段，而不会移动它。

- "拆分"按钮：用于设置墙的段数。
- "插入"按钮：用于插入新的顶点。
- "删除"按钮：用于删除选择的墙体。
- "优化"按钮：用于添加新的顶点，把墙体分成两部分。
- 宽度/高度：用于改变选择墙体的宽度/高度。
- 底偏移：用于升高或者降低墙体与地面的垂直距离。

图7-17　"编辑剖面"面板

在"修改"面板中，单击Wall旁边的"+"，就会展开的它的次级选项，然后单击"剖面"选项，打开"编辑剖面"面板，如图7-17所示。

- "插入"按钮：用于插入顶点来调整墙体的轮廓。
- "删除"按钮：用于删除在墙体上选择的顶点。

- "创建山墙"按钮：通过选择并移动轮廓面顶部的点来创建山墙。
- 高度：用于设置山墙的高度。

栅格属性

- 宽度：用于设置栅格的宽度。
- 长度：用于设置栅格的长度。
- 间距：用于设置栅格的间距。

7.2　创建楼梯

以前创建一个完整的楼梯是非常麻烦的，而在3ds Max 2010中文版中，可以非常简单地创建出很多种类型的楼梯，这是因为它提供了简捷的创建工具。有了这些工具，可以快速地创建出L型、U型、直角型和螺旋型的楼梯。

7.2.1　创建L型楼梯

首先来看一下L型楼梯的效果，如图7-18所示。然后看一下它的创建过程。

（1）在"标准基本体"创建面板中，单击"标准基本体"旁边的小三角按钮 ，在打开的列表中选择"楼梯"项，进入到"楼梯"创建面板中，如图7-19所示。

图7-18　L型楼梯

图7-19　楼梯创建面板

（2）单击"L型楼梯"按钮，在顶视图中使用鼠标左键单击并拖动，这样可以定义出L型楼梯的长度，然后再次单击并拖动，这样可以创建出L型楼梯，如图7-20所示。

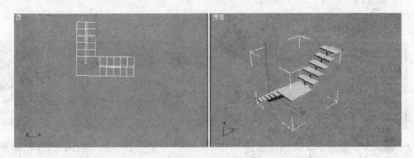

图7-20　创建L型楼梯

（3）可以通过该工具的参数来设置L型楼梯的外形。

　　在创建L型楼梯时，扶手可通过"参数"面板中的选项来设置，栏杆需要使用前面介绍的"栏杆"创建工具单独制作。

7.2.2　参数面板

确定创建的L型楼梯模型在视图中处于选定状态，然后单击 按钮，即可打开它的"参数"面板，如图7-21所示。

类型

• 开放式：勾选后，生成开放式的楼梯，可参阅前面的图示。

• 封闭式：勾选后，生成封闭式的楼梯。

• 落地式：勾选后，生成落地式的楼梯。

生成几何体

• 侧弦：勾选后，会生成楼梯的侧弦。

• 支撑梁：勾选后，会生成楼梯的支撑梁。

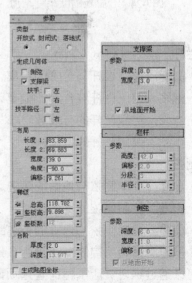

图7-21　"参数"面板

• 扶手：勾选后，会生成楼梯的左右扶手，也可以只选择生成一侧的扶手。

• 扶手路径：勾选后，会生成楼梯的左右扶手路径，也可以只选择生成一侧的扶手路径。

布局

• 长度1：设置第一段楼梯的长度，包括台阶和楼梯平台。

• 长度2：设置第二段楼梯的长度，包括台阶和楼梯平台。

• 宽度：设置楼梯的宽度

• 角度：设置第一段楼梯与第二段楼梯之间的角度。

• 偏移：设置第二段楼梯与楼梯平台的距离。

梯级

• 高度：设置楼梯的高度。

• 竖板高：设置每级台阶的高度。

• 竖板数：设置楼梯台阶的总数量，如图7-22所示。

台阶

• 厚度：设置每级台阶的厚度，如图7-23所示。

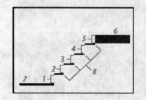

图7-22　具有5个梯级竖板的线性楼梯

图7-23　台阶板的厚度增加

图7-24　台阶板的纵深度增加

• 深度：设置每级台阶的纵深度，如图7-24所示。

支撑梁

• 深度：控制支撑梁与地面的距离。

• 宽度：控制支撑梁的宽度。

• 从地面开始：控制支撑梁是否从地面开始生成。

栏杆

• 高度：控制栏杆与台阶的距离。

• 偏移：控制栏杆与台阶的偏离距离。

• 分段：控制栏杆的分段数。

• 半径：控制栏杆的粗度。

侧弦

• 深度：控制侧弦与地面的距离。

• 宽度：控制侧弦的宽度。

• 偏移：控制侧弦与台阶的偏离距离。

• 从地面开始：控制侧弦是否从地面开始生成。

可以通过练习灵活掌握这些选项设置，以便创建出自己需要的楼梯效果。

7.2.3 创建直角型楼梯

直角型楼梯的几种类型如图7-25所示。这种楼梯的创建与L型楼梯的创建基本相同，且其参数面板中的选项也基本相同，在此不再赘述。

7.2.4 创建U型楼梯

U型楼梯的几种类型如图7-26所示。这种楼梯的创建与前面两种类型楼梯的创建基本相同，且其参数面板中的选项也基本相同，在此不再赘述。

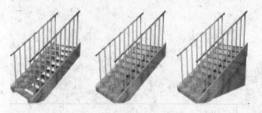   

图7-25 直角型楼梯 图7-26 U型楼梯

7.2.5 创建螺旋型楼梯

螺旋型楼梯的几种类型如图7-27所示。这种楼梯的创建与前面几种类型楼梯的创建基本相同，且其参数面板中的选项也基本相同，在此不再赘述。

图7-27 螺旋型楼梯

7.3 创建门

3ds Max 2010提供了专门创建门的工具，尤其在制作效果图的过程中，这些工具是非常便利的，可以节省很多的时间，门的效果如图7-28所示。

3ds Max 2010提供了3种创建门的工具，分别是枢轴门、推拉门和折叠门，如图7-29所示。另外，使用其参数面板中的选项可以修改成多种类型的门。首先来看一下推拉门的制作步骤。

图7-28 门的效果 图7-29 门的创建面板

7.3.1 创建推拉门

首先来看一下推拉门的效果,如图7-30所示。然后看一下创建推拉门的创建过程。

(1)在"标准基本体"创建面板中,单击"标准基本体"旁边的下拉按钮,在打开列表中选择"门"项,进入到"门"创建面板中,单击"推拉门"按钮。

(2)在顶视图中使用鼠标左键单击并拖动,这样可以定义出推拉门的长度。然后再次单击并拖动创建出门的厚度,再次拖动并单击才可以创建出推拉门,如图7-31所示。

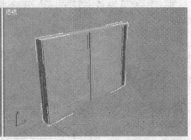

图7-30 推拉门效果   图7-31 创建推拉门

(3)可以通过该工具的参数来设置推拉门的外形。创建好后,还可以为它们指定材质。

 提示 门上的玻璃和花纹等物品可以通过设置其参数面板中的选项来生成。

7.3.2 参数面板

确定创建的推拉门模型在视图中处于选定状态,然后单击 按钮,即可打开它的"参数"面板,如图7-32所示。

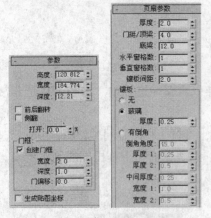

图7-32 "参数"面板

参数

- 高度:用于设置门板的高度(不包括门框)。
- 宽度:用于设置门板的宽度(不包括门框)。
- 深度:用于设置门板的深度(不包括门框)。
- 前后翻转:改变门前面的部分。
- 侧翻:把当前的推拉门改变为固定门。

门框

- 创建门框:勾选后,生成门框。
- 宽度:用于设置门框的宽度(不包括门板)。
- 深度:用于设置门框的深度(不包括门板)。
- 门偏移:用于设置门框与门板的偏离距离。

页扇参数

- 厚度:用于设置门板的厚度。
- 门挺/顶梁:用于设置门板装饰条与门顶部之间的距离。
- 底梁:用于设置门板装饰条与门底部之间的距离。

- 水平窗格数：用于设置水平方向上的横格数量。
- 垂直窗格数：用于设置垂直方向上的横格数量。
- 镶板间距：用于设置门板上用于固定玻璃的木条和金属条的距离。

镶板

- 无：勾选后，不会在门上生成镶板。
- 有玻璃：勾选后，会在门上生成玻璃。
- 厚度：设置玻璃的厚度。
- 有倒角：勾选后，在镶板上会生成倒角。
- 倒角角度：设置倒角的角度。
- 厚度1：设置倒角外框格板的厚度，如图7-33所示。
- 厚度2：设置倒角内框格板的厚度。
- 中间厚度：设置倒角中间框格板的厚度。
- 宽度1：设置倒角外框部分的宽度。
- 宽度2：设置倒角内框的宽度。

可以通过练习灵活掌握这些选项设置，以便创建出自己需要的门效果。

7.3.3 创建枢轴门

枢轴门如图7-34所示。这种门的创建与推拉门的创建基本相同，且其参数面板中的选项也基本相同，在此不再赘述。

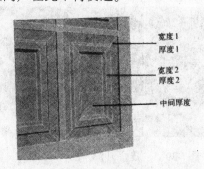

图7-33 图解

图7-34 枢轴门

7.3.4 创建折叠门

折叠门如图7-35所示。这种门的创建与推拉门的创建基本相同，且其参数面板中的选项也基本相同，在此不再赘述。

7.4 创建窗户

3ds Max 2010中文版还提供了专门用于创建窗的工具，尤其在制作效果图的过程中，这些工具是非常有用，可以节省很多的时间，窗的效果如图7-36所示。

图7-35 折叠门

　　3ds Max 2010提供了6种创建窗的工具，分别是遮蓬式窗、平开窗、固定窗、旋开窗、伸出式窗和推拉窗，如图7-37所示。另外使用其参数面板中的选项可以修改成多种类型的窗。首先来看一下平开窗的制作步骤。

图7-36　窗的效果

图7-37　窗的创建按钮

7.4.1　创建平开窗

　　首先来看一下平开窗的效果，如图7-38所示，然后介绍它的创建过程。

　　（1）在"标准基本体"创建面板中，单击"标准基本体"旁边的小三角按钮，在打开列表中选择"窗"项，进入到"窗"创建面板中，并单击"平开窗"按钮。

　　（2）在顶视图中使用鼠标左键单击并拖动，这样可以定义出平开窗的长度。然后再次单击并拖动，这样可以定义出窗的宽度，再单击并拖动，这样就创建出了平开窗，如图7-39所示。

图7-38　平开窗

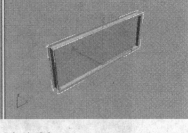

图7-39　创建平开窗

　　（3）可以通过该工具的参数来设置平开窗的外形。

 窗上的玻璃和花纹等物品可以通过设置其参数面板中的选项来生成。

图7-40　"参数"面板

7.4.2　参数面板

　　确定创建的平开窗模型在视图中处于选定状态，然后单击 按钮，即可打开它的参数面板，如图7-40所示。

参数

- 高度：用于设置窗的高度（不包括窗框）。
- 宽度：用于设置窗的宽度（不包括窗框）
- 深度：用于设置窗的深度（不包括窗框）

窗框

· 水平宽度：用于设置窗框的水平宽度，如图7-41所示。

· 垂直宽度：用于设置窗框的垂直宽度。

· 厚度：用于设置窗框的厚度。

玻璃

厚度：用于设置玻璃的厚度。

窗扉

· 隔板宽度：用于设置窗格中隔板的大小。

· 一/二：用于设置窗扇的数量，一为一扇，二为两扇。

打开窗

· 打开：用于设置窗扇打开的百分比。

· 翻转转动方向：勾选后，窗扇将会朝相反方向打开。

可以通过练习灵活掌握这些选项设置，以便创建出自己需要的窗户效果。

7.4.3 创建遮蓬式窗

遮蓬式窗如图7-42所示。这种窗的创建与平开窗的创建基本相同，且其参数面板中的选项也基本相同，在此不再赘述。

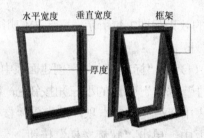

图7-41 窗框的参数

图7-42 遮蓬式窗

7.4.4 固定窗

固定窗如图7-43所示。这种窗的创建与平开窗的创建基本相同，且其参数面板中的选项也基本相同，在此不再赘述。

7.4.5 旋开窗

旋开窗如图7-44所示。这种窗的创建与平开窗的创建基本相同，且其参数面板中的选项也基本相同，在此不再赘述。

图7-43 固定窗

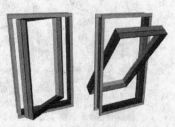

图7-44 旋开窗

7.4.6 伸出式窗

伸出式窗如图7-45所示。这种窗的创建与平开窗的创建基本相同，且其参数面板中的选项也基本相同，在此不再赘述。

7.4.7 推拉窗

推拉窗如图7-46所示。这种窗的创建与平开窗的创建基本相同，且其参数面板中的选项也基本相同，在此不再赘述。

图7-45 伸出式窗

图7-46 推拉窗

7.5 实例：L型楼梯

这个实例将练习前面介绍的一些建模知识。创建的效果如图7-47所示。需要先使用楼梯创建工具创建出楼梯，再使用栏杆工具创建出楼梯的栏杆。

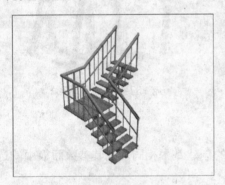

图7-47 楼梯效果

（1）在"标准基本体"创建面板中，单击"标准基本体"旁边的小三角按钮，在打开的列表中选择"楼梯"项，进入到"楼梯"创建面板中，单击"螺旋楼梯"按钮。

（2）在顶视图中使用鼠标左键单击并拖动，创建出一段螺旋楼梯，如图7-48所示。

（3）单击按钮进入到修改面板中，并设置参数如图7-49所示。

（4）单击"栏杆"面板左边的"+"号，并设置参数如图7-50所示。把"高度"的值设置为25。把"偏移"的值设置为2以调整左右路径曲线之间的距离。

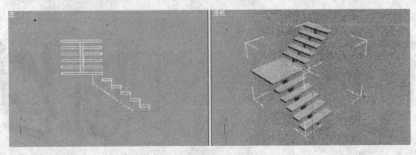

图7-48 创建的楼梯

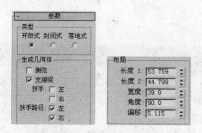
图7-49 设置楼梯的参数

图7-50 修改栏杆的路径

（5）进入到"AEC扩展"创建面板中，单击"栏杆"按钮。然后单击下面的"拾取栏杆路径"按钮，在顶视图中使用鼠标左键单击一条扶手路径，这样就会创建出一个栏杆，如图7-51所示。

图7-51 创建的栏杆

 在默认设置下，栏杆和扶手还不成型，需要进行设置。

（6）在"修改"面板中设置参数如图7-52所示。

（7）在"修改"面板下面的"下围栏"面板中，单击 按钮，从打开的"下围栏间距"对话框中设置立柱的数量，如图7-53所示。

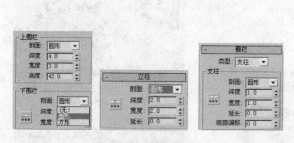
图7-52 设置的参数

图7-53 "下围栏间距"对话框

（8）在"修改"面板下面的"立柱"面板中，单击 按钮，从打开的"立柱间距"对话框中设置支柱的数量，如图7-54所示。也可以设置栅栏、下围栏的数量。

（9）此时视图中的栏杆和扶手变成如图7-55所示的形状。

（10）单击"栏杆"按钮。然后单击下面的"拾取栏杆路径"按钮，在顶视图中使用鼠标左键单击一条扶手路径，这样就会创建出另外一个栏杆，如图7-56所示。

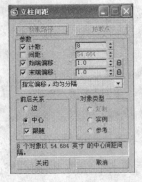

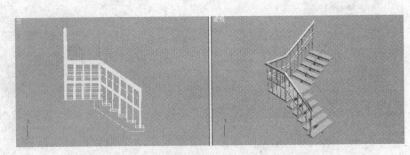

图7-54 "立柱间距"对话框   图7-55 栏杆

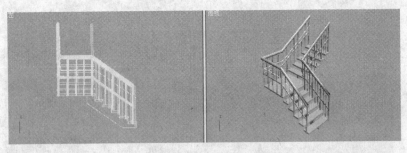

图7-56 创建的栏杆

（11）注意，需要在"修改"面板下面的"支柱"面板中，单击■按钮，从打开的"立柱间距"对话框中设置立柱的"计数"值为4，这样才能保证两侧的立柱数量相同，如图7-57所示。

（12）为了使楼梯看起来更好看一些，为楼梯和栏杆简单地赋予材质，按M键，打开材质编辑器，单击漫反射旁边的小按钮■，从打开的贴图/材质浏览器对话框中为楼梯赋予一幅木纹的贴图，如图7-58所示。

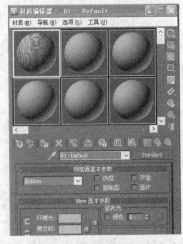

图7-57 "立柱间距"对话框和修改后的效果   图7-58 设置材质

（13）执行"渲染→环境"命令，打开环境和效果编辑器对话框，单击环境下面的颜色框，把它设置为白色，这样是为了把背景设置为白色。

（14）按F9键渲染透视图，效果如图7-59所示。

 →

图7-59 木纹贴图和L型楼梯效果

还可以制作其他型号的楼梯，读者可以根据这里介绍的方法自己进行尝试制作。

第8章 曲面建模

曲面建模比几何体建模具有更多的自由发挥空间，有人甚至认为使用曲面可以制作任何可以想象的模型，比基本几何体的建模功能更强大。曲面建模一般包括面片栅格、可编辑的面片曲面、可编辑的网格曲面、可编辑的多边形曲面、细分曲面和NURBS曲面。对于曲面，可以对其进行细分，从而可以添加更多的细节。其中，NURBS曲面建模功能最为强大，这一章将介绍曲面建模的技术。

8.1 NURBS简介

NURBS是Non-Uniform Rationsal B-Spline（可翻译为"非统一有理数样条曲线"）首写字母的缩写词，是曲线和曲面的一种数学描述，可以对这样的曲线进行重定参。幸运的是，用户不需要了解基本数学就可以使用NURBS进行建模。

近几年，NURBS建模在设计与动画行业中普遍使用。实际上它是一种行业标准。使用NURBS的最大优势是：对于相对较难入手的项目，NURBS比其他建模方式更方便，而且更易于使用。如图8-1所示是使用曲面创建的飞机模型和海豚模型，看起来非常逼真。

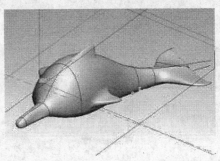

图8-1　使用NURBS创建的飞机模型和海豚模型

重要的是理解NURBS曲线是NURBS曲面的构成基础。精确理解曲线才能成为NURBS曲面造型高手。在建模时，曲线有一个本质的用途：帮助创建并修改表面。用户不能渲染曲线，但是曲线的调整总是处于曲面构造的中间环节。

制图软件商具有多种建模方法，而且以不同的曲线类型为基础。NURBS曲线提供了多种曲线类型的特征。使用NURBS曲线可以在表面曲线定位的地方设置准确的定位点，并可通过移动曲线上或曲线附近的几个控制点来改造曲线或表面。不管在Max中使用何种工具创建NURBS曲线，这都可以保证它的多功能性和易控制性。

创建基本几何体后，就可以根据需要进行整理，按比例衡量，或以别的方式巧妙地处理成一个更复杂的形状。尽管多数几何体是表面而不是曲线，它们仍能从同一曲线类型获得它们的形状并作为其他的NURBS对象。

另外，还可以使用NURBS建模方法创建各种各样的表面。例如，创建NURBS酒杯剖面曲线，然后把曲线进行车削，就可以完成玻璃杯模型的创建，如图8-2所示。

另外，还可以使用这种方法创建比较规则的水果模型，比如苹果、梨、橘子、西瓜和葫芦等，如图8-3所示。

NURBS 轮廓线 ——

图8-2　酒杯的制作过程　　　　　　　　图8-3　制作的苹果模型

当对模型感到满意时，就可以使用3ds Max 2010的材质和渲染工具为模型赋予一定的特征属性，例如，颜色、纹理、光亮，使表面形成一种现实的或假想的外观效果。

8.2　使用NURBS建模的优点

使用NURBS建模可以创建各种各样的模型，比如有组织的平滑表面，动物、人体和水果；工业模型表面，汽车、时钟和杯子。而且可以使用校少的控制点来平滑地控制较大的面。

如果不能确信是否能使用NURBS、多边形或细分表面来创建一个对象，最好应考虑首先使用NURBS。

另外，如果设计一个带有锐利边缘的对象，例如，崎岖的山脉或有凹痕的行星，则用多边形可以比较简易地建模。如果设计一个详细的对象，例如，人脸或手指，则使用细分表面可以比较容易地建模。在两种情形之间的对象模型，最好使用NURBS进行创建，因为使用这种方法可以更快地进行修改和渲染。

8.3　曲线

在3ds Max 2010中，要创建一个表面，一般都从创建曲线开始，因此理解曲线是最基础的，曲线的基本元素如图8-4所示。

NURBS曲线是图形对象，在制作样条线时可以使用这些曲线。使用"挤出"或"车削"修改器来生成基于NURBS曲线的3D曲面。可以将NURBS曲线用作放样的路径或图形。可以使用NURBS曲线作为"路径约束"和"路径变形"路径或运动轨迹。也可以将厚度指定给NURBS曲线，以便将其渲染为圆柱形的对象，如图8-5所示。

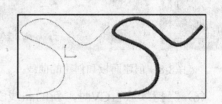

图8-4　NURBS曲线　　　　　　　　图8-5　加厚的NURBS曲线（右）

在3ds Max中，存在两种NURBS曲线对象。分别是点曲线和CV曲线，如图8-6所示。在点曲线上，这些点被约束在曲面上，点曲线可以是整个NURBS模型的基础。

CV（Control Vertex的简写）曲线是由控制顶点控制的NURBS曲线。CV不位于曲线上。它定义一个包含曲线的控制晶格。每一CV具有一个权重，可通过调整它来更改曲线。在创建CV曲线时可在同一位置（或附近位置）创建多个CV，这将增加CV在此曲线区域内的影响。创建两个重叠CV来锐化曲率。创建三个重叠CV在曲线上创建一个转角。此技术可以帮助整形曲线，如果此后单独移动了CV，会失去此效果，如图8-7所示。

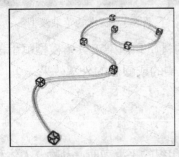
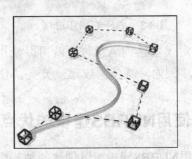

图8-6 点曲线　　　　　　　　　　　　　　图8-7 CV曲线

可以使用"创建"面板中的"点曲线"工具和"CV曲线"工具来创建点曲线和CV曲线，如图8-8所示。如果要结束创建，单击鼠标右键即可。

8.3.1 创建曲线

下面以CV曲线的创建过程为例，简单地介绍一下创建曲线的操作步骤。点曲线的创建过程与CV曲线的创建过程基本相同。

（1）选择"创建→NURBS→CV曲线"命令，或者单击创建面板中的 CV 曲线 按钮。

（2）把鼠标指针定位于指定的某视图中。

（3）单击一次来放置这条曲线的起点。起点是一个中空的小方框。按住鼠标左键，可以在视图中任意拖动CV。直到释放鼠标，才可以定位此CV点。

（4）在第二个位置单击以放置第二个CV点。

（5）在第三个位置单击以放置第三个CV点，然后以同样的方式创建第四个CV点。当放置第四个CV时，控制点所表达的曲线段就创建出来了，如图8-9所示。

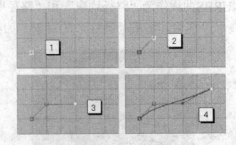

图8-8 创建面板和创建的曲线　　　　　　　图8-9 创建CV曲线

（6）当持续放置CV时，新的曲线段不断产生，如图8-10所示。

改变CV曲线形状

无论曲线已经创建完成，或者正在创建的过程中，都可以使用移动工具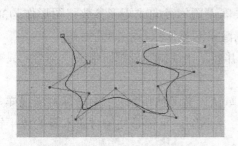移动CV来改变曲线的形状。

（1）创建一条曲线后，选择要移动的控制点，如图8-11所示。

图8-10 继续创建的曲线

图8-11 曲线

（2）需要进入到修改器面板中，通过选择来显示出CV点，如图8-12所示。

（3）选择移动工具，然后拖动一个CV点即可移动它，同时改变曲线的形状，如图8-13所示。

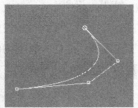

图8-12 显示控制点

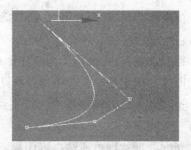

图8-13 移动效果

8.3.2 CV曲线的选项

有时，为了获得需要的曲线形状，在创建曲线之前，需要根据特定的要求来设置相关的选项。CV曲线选项位于修改面板的几个面板中，一个是"渲染"面板，另外一个是"CV曲线"面板，如图8-14所示。注意，在"创建曲线"面板中单击"CV曲线"按钮后才能打开"CV线"面板。

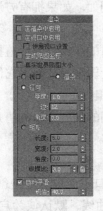

图8-14 选项面板

下面简单地介绍一下这两个个面板中的选项。

1．"渲染"面板中的选项

• 在渲染器中启用：启用该选项后，使用为渲染器设置的径向或矩形参数将图形渲染为3D网格。在该程序的以前版本中，可渲染开关执行相同的操作。

• 在视口中启用：启用该选项后，使用为渲染器设置的径向或矩形参数将图形作为3D网格显示在视口中。在该程序的以前版本中，"显示渲染网格"执行相同的操作。

• 使用视口设置：用于设置不同的渲染参数，并显示"视口"设置所生成的网格。只有启用"在视口中启用"时，此选项才可用。

• 生成贴图坐标：启用此项可应用贴图坐标。默认设置为禁用状态。U坐标将围绕样条线的厚度包裹一次，V坐标将沿着样条线的长度进行一次贴图。平铺是使用材质本身的"平铺"参数所获得的。

• 真实世界贴图大小：控制应用于该对象的纹理贴图材质所使用的缩放方法。缩放值由位于应用材质的"坐标"面板中的"使用真实世界比例"设置控制。默认设置为启用。

• 视口：启用该选项为该图形指定径向或矩形参数，当启用"在视口中启用"时，它将显示在视口中。

• 渲染：启用该选项为该图形指定径向或矩形参数，当启用"在视口中启用"时，渲染或查看后它将显示在视口中。

• 径向：将3D网格显示为圆柱形对象。

• 厚度：指定视口或渲染样条线网格的直径。默认设置为1.0。范围为0.0至100 000 000.0。

• 边：在视口或渲染器中为样条线网格设置边数（或面数）。例如，值为4表示一个方形横截面。

• 角度：调整视口或渲染器中横截面的旋转位置。例如，如果样条线具有方形横截面，则可以使用"角度"将"平面"定位为面朝下。

• 矩形：将样条线网格图形显示为矩形。

• 纵横比：设置矩形横截面的纵横比。"锁定"复选框可以锁定纵横比。启用"锁定"之后，将宽度锁定为宽度与深度之比为恒定比率的深度。

• 长度：指定沿着局部Y轴的横截面大小。

• 宽度：指定沿着局部X轴的横截面大小。

• 角度：调整视口或渲染器中横截面的旋转位置。例如，如果拥有方形横截面，则可以使用"角度"将"平面"定位为面朝下。

• 自动平滑：如果启用"自动平滑"，则使用其下方的"阈值"设置指定的阈值，自动平滑该样条线。"自动平滑"基于样条线分段之间的角度设置平滑。如果它们之间的角度小于阈值角度，则可以将任何两个相接的分段放到相同的平滑组中。

• 阈值：以度数为单位指定阈值角度。如果它们之间的角度小于阈值角度，则可以将任何两个相接的样条线分段放到相同的平滑组中。

2．"CV曲线"面板

• 在所有视口中绘制：可以在绘制曲线时在任何视口中使用。这是创建3D曲线的一种方法。禁用此选项后，在开始绘制曲线的视口中完成绘制曲线。默认值为启用。当"在所有视口中绘制"处于启用状态时，也可以使用任何视口中的捕捉。

- 无：不会自动重新参数化。
- 弦长：选择要重新参数化的弦长算法。

弦长重新参数化可以根据每个曲线分段长度的平方根设置结（位于参数空间）的空间。弦长重新参数化通常是最理想的选择。

- 一致：均匀隔开各个结。

均匀结向量的优点在于，曲线或曲面只有在编辑时才能进行局部更改。如果使用另外两种形式的参数化，移动任何**CV**可以更改整个子对象。

 点曲线的选项与CV曲线的选项基本相同，不再赘述。

8.3.3 编辑曲线

通过编辑曲线及可以实现生成不同的曲面的目的，而且还可以通过编辑曲线来获得改变曲线形状的目的。下面将介绍一下有关于编辑曲线的相关内容。

1. 移动、旋转和缩放曲线

在3ds Max 2010中，曲线可以作为一个实体，能够进行移动、旋转和缩放，从而可以获得具有不同位置、角度和大小的曲线。如图8-15所示。

2. 复制曲线

还可以像复制实体一样复制曲线。既可以使用复制命令，也可以按住Shift键拖动来复制，如图8-16所示。

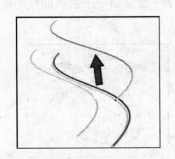

图8-15 移动曲线

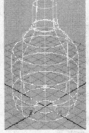

图8-16 复制曲线

3. 混合曲线

混合曲线将一条曲线的一端与其他曲线的一端连接起来，从而混合父曲线的曲率，以在曲线之间创建平滑的曲线。可以将相同类型的曲线，点曲线与CV曲线相混合（反之亦然），将从属曲线与独立曲线混合起来，如图8-17所示。下面介绍如何连接曲线。

（1）在包含两个曲线的NURBS对象中，单击NURBS工具箱中的"创建混合曲线"按钮，如图8-18所示。

（2）单击要连接的端点附近的一条曲线，高亮显示将要连接一端。不要松开鼠标按钮，拖动到要连接的其他曲线的一端。也可高亮显示另一端。当高亮显示要连接的一端时，松开鼠标按钮。

（3）在"混合曲线"面板中适当调整混合参数即可，如图8-19所示。

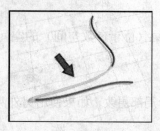

图8-17　连接曲线

图8-18　NURBS面板

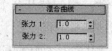

图8-19　"混合曲线"面板

"张力"影响父曲线和混合曲线之间的切线。张力值越大，切线与父曲线越接近平行，且变换越平滑。张力值越小，切线角度越大，且父曲线与混合曲线之间的变换越清晰。

4. 偏移曲线

偏移曲线是从原始曲线、父曲线偏移，如图8-20所示。可以偏移平面和3D曲线。下面介绍一下偏移曲线的操作过程。

（1）单击NURBS工具箱中的"创建偏移曲线"按钮。

（2）单击要偏移的曲线，然后拖动可以设置初始距离。

（3）在"偏移曲线"面板中适当调整偏移参数即可，如图8-21所示。

5. 镜像曲线

镜像曲线是获得原始曲线的镜像图像，其效果如图8-22所示。下面介绍一下镜像曲线的操作过程。

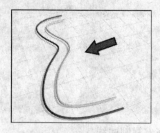

图8-20　偏移曲线

图8-21　"偏移曲线"面板

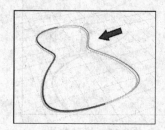

图8-22　镜像曲线

（1）单击NURBS工具箱中的"创建镜像曲线"按钮。

（2）在"镜像曲线"面板上，选择用于镜像的轴或平面，如图8-23所示。

"偏移"选项用于控制镜像与原始曲线之间的距离。

（3）单击要镜像的曲线，然后拖动可以设置初始距离。

（4）适当调整偏移参数即可。

6. 切角曲线

切角曲线是在两条曲线之间创建出直倒角曲线，其效果如图8-24所示。下面介绍一下切角曲线的操作过程。

（1）单击NURBS工具箱中的"创建切角曲线"按钮。

（2）单击要连接的端点附近的一条曲线。高亮显示将要连接一端。不要松开鼠标，拖动到要连接的其他曲线的一端。当高亮显示将要连接的一端时，松开鼠标。

（3）适当调整切角参数即可。

> 在开始创建切角之前，确保曲线相交。

在制作切角曲线时，有时需要在"切角曲线"面板中设置切角曲线的选项，如图8-25所示。下面介绍一下切角曲线的相关选项。

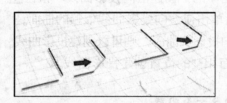

图8-23　"镜像曲线"面板　　　　图8-24　切角曲线　　　　图8-25　"切角曲线"面板

・长度1：所单击的第一条曲线的沿线距离。

・长度2：所单击的第二条曲线的沿线距离。

・修剪曲线：启用此选项后（默认设置），将针对圆角曲线修剪父曲线。禁用此选项后，不能修剪父曲线。

・翻转修剪：启用此选项后，将以相反的方向进行修剪。

・种子1和种子2：更改第一和第二曲线上种子值的U位置。如果可以选择方向，则种子点所指的方向将用于创建切角的方向。

7．圆角曲线

圆角曲线是在两条曲线之间创建出直倒角曲线，其效果如图8-26所示。下面介绍一下圆角曲线的操作过程。

（1）单击NURBS工具箱中的"创建圆角曲线"按钮。

（2）单击要连接的端点附近的一条曲线，高亮显示将要连接一端。不要松开鼠标，拖动到要连接的其他曲线的一端。当高亮显示要连接的一端时，松开鼠标。

（3）适当调整圆角参数即可。

在制作圆角曲线时，有时需要在"圆角曲线"面板中设置圆角曲线的选项，如图8-27所示。下面介绍一下圆角曲线的相关选项。

・半径：以当前3ds Max单位表示圆角弧形的半径。默认设置为10.0。

・修剪曲线：启用此选项后（默认设置），将针对圆角曲线修剪父曲线。禁用此选项后，不能修剪父曲线。

・翻转修剪：启用此选项后，将以相反的方向进行修剪。

・种子1和种子2：更改第一和第二曲线上种子值的U位置。如果可以选择方向，则种子点所指的方向将用于创建圆角的方向。

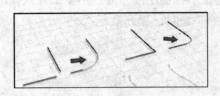

图8-26　圆角曲线　　　　　　　　　　　　　　图8-27　"圆角曲线"面板

8. 法向投影曲线

法向投影曲线依赖于曲面。该曲线基于原始曲线，以曲面法线的方向投影到曲面。可以将法向投影曲线用于修剪曲面，其效果如图8-28所示。下面介绍一下法向投影曲线的操作过程。

（1）单击NURBS工具箱中的"创建法向投影曲线"按钮 。

（2）单击该曲线，然后单击使法向投影曲线依赖的曲面。

如果曲线以曲面法线方向投影到曲面，则可以创建投影曲线。原始父曲线可以离开"曲面的边"。只可以在投影和曲面相交的位置创建投影曲线。

> **提示**　至少要包含一个曲面及一条曲线。

在创建法向投影曲线时，需要在"法向投影曲线"面板中设置一定的选项，如图8-29所示。下面简单地介绍一下"法向投影曲线"面板中的选项。

图8-28　使用法向投影曲线修剪曲面　　　　　图8-29　"法向投影曲线"面板

• 修剪：启用此选项后，将针对曲线修剪曲面。禁用此选项后，不能修剪曲面。

如果不可以使用该曲线进行修剪，则曲面将以错误的颜色显示（默认设置下为橙色）。例如，如果该曲线既不能与曲面的边交叉也不能形成闭合的环，则曲线将无法用于修剪。

• 翻转修剪：启用此选项后，将以相反的方向修剪曲面。

• U向种子和V向种子：更改曲面上种子值的UV向位置。如果可以选择投影，则离种子点最近的投影是用于创建曲线的投影。

> **注意**　另外，3ds Max 2010还提供矢量投影曲线。该曲线也依赖于曲面。除了从原始曲线到曲面的投影位于可控制的矢量方向外，该曲线几乎与"法向投影曲线"完全相同。因此不再赘述。

9. 使用曲面上的CV曲线修剪曲面

曲面上的CV曲线类似于普通CV曲线，只不过其位于曲面上。该曲线的创建方式是绘制，而不是从不同的曲线投射。可以将此曲线类型用于修剪其所属的曲面，效果如图8-30所示。下面介绍一下修剪曲面的操作过程。

（1）单击NURBS工具箱中的"在曲面上创建CV曲线"按钮 ■ 。

（2）执行下列操作之一：

· 在视口中使用鼠标在曲面上绘制曲线。

· 启用"2D视图"。将显示"编辑曲面上的曲线"对话框，用于在曲面的二维（UV）显示中创建曲线。

（3）用右键单击则可结束曲线创建。

在使用CV曲线修剪曲面时，需要在"曲面上的CV曲线"面板中设置一定的选项，如图8-31所示。下面简单介绍一下"曲面上的CV曲线"面板中的选项。

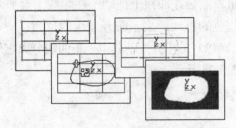
图8-30　使用CV曲线修剪曲面

图8-31　"曲面上的CV曲线"面板

· 修剪：启用此选项后，将针对曲线修剪曲面。禁用此选项后，不能修剪曲面。

如果不可以使用该曲线进行修剪，则曲面将以错误的颜色显示（默认设置下为橙色）。例如，如果曲线未形成闭合的环，则曲线不能用于修剪。

· 翻转修剪：启用此选项后，将以相反的方向修剪曲面。

· 无：不重新参数化。

· 弦长：选择要重新参数化的弦长算法。

弦长重新参数化可以根据每个曲线分段长度的平方根设置结的空间。弦长重新参数化通常是最理想的选择。

· 一致：均匀隔开各个结。

在3ds Max 2010中，也可以使用"曲面上的点曲线"来修剪曲面，其操作与"曲面上的CV曲线"基本相同，不在赘述。

10. 断开编辑曲线

还可以通过进入到曲线的子对象级别中对曲面执行一些编辑，比如断开曲线等，从而可以获得一些需要的曲线。可以这样进入到曲线的子对象编辑模式下，创建一条曲线后，进入到修改面板中，然后展开NURBS曲线，并单击"曲线"，同时打开"曲线公用"面板，其效果如图8-32所示。

下面介绍一下断开曲线的操作。

（1）创建好用于断开曲线的一条曲线，如图8-33所示。

图8-32　修改面板和"曲线公用"面板

图8-33　创建的曲线

图8-34　分离断开的曲线

（2）在"曲线公用"面板中单击"断开"按钮，然后在曲线上拖动。在曲线上会显示一条蓝色的框线，表示断开发生的位置。

（3）单击并拖动其中一条曲线分离它们，如图8-34所示。

注意

使用"曲线公用"面板中的"删除"按钮可以删除曲线，使用"分离"按钮可以分离曲线，使用"连接"按钮可以连接曲线。在此不再一一介绍。

8.4 曲面

曲面对象是NURBS模型的基础。使用"创建"面板创建的初始曲面是带有点或CV的平面段。只意味着它是用于创建NURBS面板的"粗糙材质"。如果已创建初始的曲面，可以通过移动CV或NURBS点，附加其他对象来创建需要的曲面模型。

在3ds Max 2010中，曲面分为两种类型，一种是点曲面，另外一种是CV曲面。可以使用这两种类型的曲面来制作曲面模型。

在点曲面中，这些CV点被约束在曲面上，而CV点不位于曲面上。这些CV点定义一个控制晶格，并包住整个曲面。每个CV均有相应的权重，可以调整权重从而更改曲面形状，如图8-35所示。

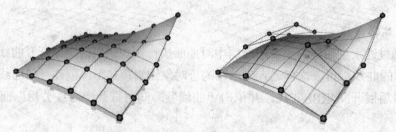

图8-35　点曲面（左）和CV曲面（右）

这些曲面的创建操作很简单，下面以点曲面为例来介绍一下它的创建过程。

（1）进入到NURBS曲面创建面板中，如图8-36所示。

（2）单击 点曲面 按钮，然后在视图中单击确定一个点，然后拖动鼠标到另外一个位置并单击即可创建出点曲面，如图8-37所示。

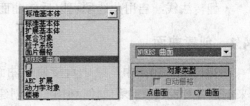

图8-36　NURBS曲面创建面板

 提示 CV曲面的创建过程与点曲面的创建过程基本相同，在此不再赘述。

在创建曲面之后，可以通过一些选项来设置它的多种属性，比如点数。这些选项位于"键盘输入"面板和"创建参数"面板中，如图8-38所示。

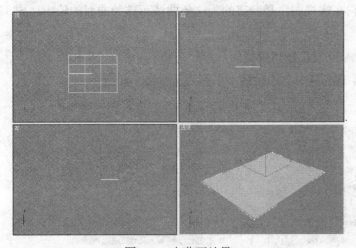

图8-37　点曲面效果

图8-38　"键盘输入"面板和"创建参数"面板

下面简单地介绍一下这些选项，以便读者更好地理解它们。

"键盘输入"面板中的选项

·X、Y和Z：输入曲面中心点坐标。

·长度和宽度：输入以当前3ds Max 单位表示的曲面尺寸。

·长度点数：输入曲面长度沿线的点数（这是初始点数列）。

·宽度点数：输入曲面宽度沿线的点数（这是初始点数行）。

·创建：创建曲面对象。

"创建参数"面板中的选项

·长度：以当前3ds Max单位表示曲面的长度。

·宽度：以当前3ds Max单位表示曲面的宽度。

·长度点数：曲面长度沿线的点数。也就是曲面中点列数的初始数。范围为2至50。默认设置为4。

·宽度点数：曲面宽度沿线的点数。也就是曲面中点行数的初始数。范围为2至50。默认设置为4。

·生成贴图坐标：生成贴图坐标，以便可以将设置贴图的材质应用于曲面。"生成贴图坐标"控件出现在"修改"面板上。它也位于"曲面"子对象层级上。

· 翻转法线: 启用此选项可以反转曲面法线的方向。

8.4.1 创建曲面

在3ds Max 2010中, 除了直接使用曲面工具创建曲面之外, 还可以使用点曲线和CV曲线来创建各种曲面。介绍如何利用曲线创建各种曲面模型的方法, 比如车削曲面、放样曲面等。

1. 车削曲面

车削曲面将通过曲线来生成的。这与使用"车削"修改器创建的曲面类似。但是其优势在于车削子对象是NURBS模型的一部分, 因此可以使用它来构造曲线和曲面子对象。

下面介绍旋转曲线创建表面的操作步骤。

(1) 在前视图画一条曲线, 使它在透视图中是竖直的。这条曲线可作为曲面的轮廓, 成为轮廓曲线, 如图8-39所示。

(2) 当曲线处于激活状态时, 单击"NURBS创建工具箱"按钮 , 打开NURBS创建工具箱, 然后单击"车削"按钮 , 再单击视图中的曲线, 车削效果如图8-40所示。

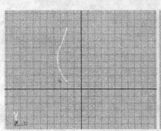

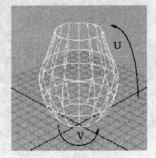

图8-39　轮廓线　　　　　　　　　　　　　　　　　图8-40　车削效果

> 可以使用这种方法来创建各种规则的圆形对象, 比如酒杯、酒瓶、罐子、坛子、水缸等。注意, 在默认设置下, 所有选择的曲线围绕Y轴旋转360度。

在车削曲面时, 可以设置车削的度数和车削轴来获得需要的一些模型效果。这些选项都位于"车削曲面"面板中, 如图8-41所示。下面简单地介绍一下这些选项。

· 度数: 设置旋转的角度。在360度(默认设置)时, 曲面将完全围绕轴。如果值较小, 则曲面将部分旋转, 如图8-42所示。

· X、Y和Z: 选择旋转的轴。默认设置为Y。选择不同的轴, 就会获得不同的效果, 如图8-43所示。

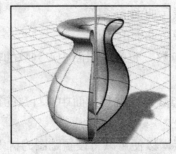
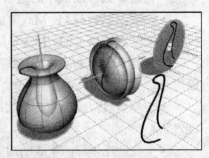

图8-41　"车削曲面"面板　　　图8-42　180度的车削效果　　　图8-43　选择不同轴的车削效果

·对齐：最小，（默认设置）在曲线局部**X**轴边界负方向上定位车削轴。居中，在曲线中心定位车削轴。最大，在曲线局部**X**轴边界正方向上定位车削轴。选择不同的对齐方式，就会获得不同的效果，如图8-44所示。

·起始点：调整曲线起点的位置。这可以帮助消除曲面上不希望的扭曲或"弯曲"。

·翻转法线：用于在创建时间内翻转曲面法线。

·封口：启用该选项之后，将生成两个曲面，以闭合车削的末端。当封口曲面出现时，将保持它们，以便与车削曲面的维度相匹配。车削必须是360度车削。

2. U向放样曲线

在3ds Max 2010中，U放样曲面可以穿过多个曲线子对象插入一个曲面。此时，曲线成为曲面的U轴轮廓，效果如图8-45所示。

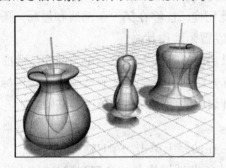

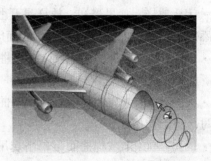

图8-44 选择不同的对齐方式获得不同的车削效果　　　图8-45 放样效果

下面介绍一下U向放样曲线的操作。

（1）创建放样的第一条曲线，然后按住Shift键拖动复制出两条曲线，如图8-46所示。

（2）打开"NURBS创建工具箱"，并单击"创建U向放样曲面"按钮 ⬛。

（3）单击第一曲线，然后顺次单击附加的曲线，如图8-47所示。

（4）单击鼠标右键，结束U向放样的创建。

在放样曲面时，可以设置放样曲面的选项来获得需要的一些模型效果。这些选项都位于"U向放样曲面"面板中，如图8-48所示。下面简单介绍一下这些选项。

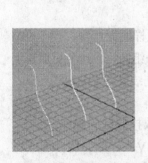

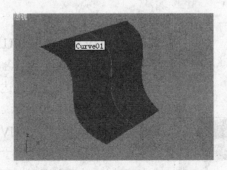

图8-46 曲线效果　　　　　图8-47 放样效果　　　　　图8-48 "U向放样曲面"面板

·U曲线：列表显示所单击的曲线名称，按单击顺序排列。在列表中单击需要选定的曲线的名称，将其选定。视口以蓝色显示选中的曲线。最初，第一条曲线被选中。

· 箭头按钮：使用此按钮改变用于创建U放样的曲线的顺序。在列表中选中一条曲线，使用箭头来将选中对象上下移动。

· 反转：在设置时，反转选中曲线的方向。

· 起始点：调整曲线起点的位置。

· 张力：调整放样的张力，此放样与曲线相交。

· 使用COS切线：如果曲线是曲面上的曲线，启用此切换能够使U放样使用曲面的切线。这会生成平滑的曲面效果。默认设置为禁用状态。

· 翻转切线：翻转曲线的切线方向。

· 自动对齐曲线起始点：启用此状态后，对齐U放样中的所有曲线的起点。该软件会选择起点的位置。使用自动对齐将减小放样曲面的扭曲量。默认设置为禁用状态。

· 闭合放样：如果最初，放样是开曲面，启用此切换，能够在第一条曲线和最后一条曲线之间添加一段新的曲面段，并使原曲面闭合。默认设置为禁用状态。

· 插入：在U放样曲面中插入一条曲线。单击以启用"插入"，然后单击曲线。此曲线插入于所选中曲线的前面。要在末尾插入一条曲线，首先在列表中高亮显示"----End----"标记。

· 移除：从U放样曲面中移除一条曲线。选中列表中的曲线，然后单击"移除"。在创建放样时，可以使用此按钮。

· 优化：优化U放样曲面。单击启用细化，然后在曲面上单击一个U轴等参曲线。（拖动鼠标到曲面上方，此时高亮显示可用的曲线。）单击的曲线转换为一个CV曲线并插入至放样和U曲线列表。在细化一个点曲线时，对U放样的细化可以轻微地改变曲面的曲率。通过添加U曲线来细化曲面后，可以使用"编辑曲线"来改变曲线。

· 替换：用其他曲线替代U曲线。选定一条U曲线，单击启用"替换"，然后在视口中单击新的曲线。拖动鼠标时高亮显示可用的曲线。

· 显示等参曲线：此项设置为启用时，会显示U放样的等参曲线与U轴曲线（此曲线用来构建放样）。此轴曲线仅用于显示。不可以将它们用于曲面构建。

· 编辑曲线：允许编辑当前选中的曲线而不会切换到另一子对象等级。单击启用"编辑曲线"，会显示点或CV曲线，如果曲线是一个CV曲线还会显示控制晶格。现在可以进行变换，或者在点或曲线CV子对象等级将点或CV改为想要的结果。要完成编辑此曲线，单击禁用"编辑曲线"。

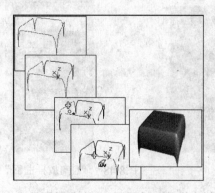

图8-49　UV放样效果

3. UV放样曲线

UV放样曲面与U放样曲面相似，但是在V维和U维方向上各包含一组曲线。这会更加易于控制放样图形，并且达到结果需要的曲线更少，其效果如图8-49所示。

下面介绍一下UV放样曲线的操作。

（1）创建好用于UV放样的曲线。形成用于创建曲面的轮廓（可参见图8-49）。

（2）打开"NURBS创建工具箱"，并单击"创建UV放样曲面"按钮 。

（3）在U维中单击每个曲线，然后用右键单击它们。在V维中单击每个曲线，然后再次用右键单击它们结束创建。在单击曲线时，它们的名称会出现在"UV放样曲面"创建面板的列表中。对曲线单击可以影响UV放样曲面的图案。在任意维中，可以多次单击相同的曲线。此操作会创建一个闭合的UV放样。

在放样曲面时，可以设置放样曲面的选项来获得需要的一些模型效果。这些选项都位于"UV放样曲面"面板中，如图8-50所示。

 关于"UV放样曲面"面板中的选项，读者可以参阅前面"U向放样曲面"面板中的选项介绍。

4. 挤出曲面

挤出曲面将从曲面子对象中挤出。这与使用"挤出"修改器创建的曲面类似。但是其优势在于挤出子对象是NURBS模型的一部分，因此可以使用它来构造曲线和曲面子对象，效果如图8-51所示。

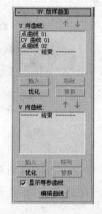

图8-50 "UV放样曲面"面板

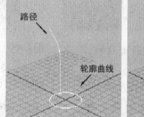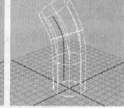

图8-51 挤出效果

下面介绍一下挤出曲面的操作。

（1）创建好用于挤出曲面的曲线，如图8-52所示。

（2）打开"NURBS创建工具箱"，并单击"创建UV放样曲面"按钮 。

（3）在曲线上移动光标即可挤出，如图8-53所示。

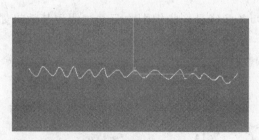

图8-52 曲线效果

图8-53 挤出效果

 使用这种方法可以制作窗帘、桌布等模型效果，然后为其指定需要的材质。如图8-54所示是制作的窗帘效果。

（4）根据需要在"挤出曲面"面板中设置参数。

在挤出曲面时，可以设置挤出曲面的选项来获得需要的一些模型效果。这些选项都位于"挤出曲面"面板中，如图8-55所示。下面简单介绍一下这些选项。

· 数量：曲面从父曲线挤出的距离，采用当前3ds Max单位。

· X、Y和Z：选择挤出的轴。默认设置为Z轴。

· 起始点：调整曲线起点的位置。这可以帮助消除曲面上不希望的扭曲或"弯曲"。如果曲线不是闭合曲线，该控件无效。

· 翻转法线：用于在创建时间内翻转曲面法线。（创建之后，可以使用"曲面公用"面板上的控件翻转法线。）

· 封口：启用该选项之后，将生成两个曲面，以闭合挤出的末端，如图8-56所示。当封口曲面出现时，将保持它们，以便与挤出曲面的维度相匹配。父曲线必须是闭合曲线。

图8-54　制作的窗帘效果

图8-55　"挤出曲面"面板

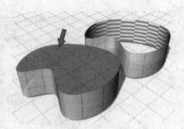
图8-56　封口效果

提示

3ds Max 2010中专门有一个制作封口曲面的工具（或者命令）——"创建封口曲面"工具 ▣。使用该工具可以创建出如图8-56所示的模型，注意曲线必须是封闭的。其操作与挤出曲面的操作基本相同，在此不在赘述。

5. 镜像曲面

镜像曲面是创建原始曲面的镜像图像。对于创建规则而又复杂的模型而言是一种比较好的选择，其效果如图8-57所示。

镜像曲面的操作与镜像实体的操作相同，而且非常简单，在此不再赘述。

6. 创建规则曲面

规则曲面是通过两条曲线子对象生成的。两条曲线是形成规则曲面的边线，其效果如图8-58所示。

图8-57　镜像效果

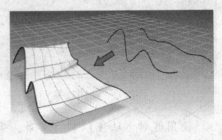
图8-58　规则曲面效果

下面介绍一下创建规则曲面的操作。

（1）创建好用于创建规则曲面的曲线。

（2）打开"NURBS创建工具箱"，并单击"创建规则曲面"按钮 。

（3）从一条曲线拖动到其他曲线即可。也可以首先单击一条曲线，然后单击其他曲线。

（4）根据需要在"挤出曲面"面板中设置参数。

在创建规则曲面时，可以通过设置创建规则曲面的选项来获得需要的一些模型效果。这些选项都位于"规则曲面"面板中，如图8-59所示。下面简单介绍一下这些选项。

• 翻转始端和翻转末端：翻转用于构建规则曲面其中一条曲线的方向。使用父曲线的方向可以创建规则曲面。如果两条父曲线具有相反的方向，则规则曲面像蝴蝶结领结一样被制作。要改善这种情况，通过使用与父曲线方向相对的方向来使用"翻转始端"或"翻转末端"构建规则曲面。这些控件消除需要反转的曲线。

• 起点1和起点2：调整指定规则曲面的两条曲线上的起点位置。调整起点有助于消除曲面中不需要的扭曲或"带扣"。如果边或曲线未闭合，则禁用这些微调器。调整起始点时，在两者间会显示一条蓝色的虚线，该虚线表示两者的对齐。曲面不会显示，因此这不会降低调整速度。当松开鼠标按钮时，该曲面将重新出现。

• 替换第一曲线和替换第二曲线：用于替换父曲线。单击按钮，然后单击曲线可以替换原始第一曲线或第二曲线。

7. 单轨扫描曲面

扫描曲面由曲线构建。一个单轨扫描曲面至少使用两条曲线。一条是"轨道"曲线，它定义了曲面的边。另一条曲线是"截面"曲线，它定义曲面的横截面，其效果如图8-60所示。

下面介绍一下创建单轨扫描曲面的操作。

（1）创建好用于创建单轨扫描曲面的曲线。

（2）打开"NURBS创建工具箱"，并单击"创建单轨扫描"按钮 。

（3）首先单击轨道曲线，然后单击横截面曲线。用右键单击结束创建过程。

在创建单轨扫描曲面时，通过可以设置创建单轨扫描曲面的选项来获得需要的一些模型效果。这些选项都位于"单轨扫描曲面"面板中，如图8-61所示。下面简单介绍一下这些选项。

• 轨道曲线：显示选择作为轨道的曲线名称。

图8-59 "规则曲面"面板　　　图8-60 单轨扫描效果　　　图8-61 "单轨扫描曲面"面板

- 替换轨道：用于替换轨道曲线。单击该按钮，然后在视口中单击曲线以作为新轨道使用。
- 截面曲线：该列表显示横截面曲线的名称，按照单击它们的顺序排列。通过单击列表中的名称可以选择曲线。视口以蓝色显示选中的曲线。
- 箭头按钮：使用这些按钮来更改列表中截面曲线的顺序。在列表中选中一条曲线，使用箭头将选中对象上下移动。
- 反转：在设置时，反转选中曲线的方向。
- 起始点：调整曲线起点的位置。这可以帮助消除曲面上不希望的扭曲或"弯曲"。

调整起始点时，在两者间会显示一条蓝色的虚线，该虚线表示两者的对齐。曲面不会显示，因此不会降低调整速度。当松开鼠标时，该曲面将重新出现。

- 插入：向截面列表中添加曲线。单击以启用"插入"，然后单击曲线。此曲线插入于所选中曲线的前面。要在末尾插入一条曲线，首先在列表中高亮显示"----End----"标记。
- 移除：移除列表中的曲线。选中列表中的曲线，然后单击"移除"。
- 优化：优化双轨扫描曲面。单击以启用"细化"，然后在曲面上单击一条等参曲线。（在曲面上拖动鼠标时，可用截面曲线会高亮显示。）单击的曲线会转化为CV曲线并插入到扫描和截面列表中。细化点曲线时，细化扫描会稍微更改曲面的曲率。一旦通过添加横截面曲线细化了曲面后，就可以使用"编辑曲线"来更改曲线。
- 替换：用于替换选中曲线。在列表中选择一条曲线，单击该按钮，然后选择新曲线。
- 平行扫描：启用该选项后，确保扫描曲面的法线与轨道平行。
- 捕捉横截面：启用该选项后，平移横截面曲线，以便它们会与轨道相交。第一个横截面平移到轨道的起始端，而最后一个横截面平移到轨道的末端。中部的横截面平移到离横截面曲线末端最近的点与轨道相接触。
- 路状：启用该选项后，扫描使用恒定的向上矢量，这样横截面均匀扭曲，就仿佛它们沿着轨道运动一样。换句话说，横截面就像沿着路运动的车一样倾斜，或者像沿着路径约束运动的摄影机一样倾斜。默认设置为禁用状态。
- 显示等参曲线：设置该选项后，单轨扫描的V轴等参曲线与用于构建放样的U轴曲线一起显示。此V轴曲线仅用于显示。不能使用它们进行曲面构造。
- 编辑曲线：不用切换到其他子对象层级就可以编辑当前选中曲线。单击启用"编辑曲线"，会显示点或CV曲线，如果曲线是一个CV曲线还会显示控制晶格。现在可以进行变换，或者在点或曲线CV子对象等级将点或CV改为想要的结果。要结束对曲线的编辑，单击以禁用"编辑曲线"。

8. 双轨扫描曲面

扫描曲面由曲线构建。一个双轨扫描曲面至少使用三条曲线。两条"轨道"曲线，定义了曲面的两边。另一条曲线定义了曲面的横截面。双轨扫描曲面类似于单轨扫描。额外的轨道可以更多地控制曲面的形状。双轨扫描曲面效果如图8-62所示。使用这种方法也可以制作窗帘和桌布等模型。

下面介绍一下创建双轨扫描曲面的操作。

（1）创建好用于创建单轨扫描曲面的曲线，至少三条曲线。

（2）打开"NURBS创建工具箱"，单击"创建双轨扫描"按钮。

（3）首先单击两条轨道曲线，然后单击横截面曲线。用右键单击结束创建过程。

在创建单轨扫描曲面时，通过可以设置创建单轨扫描曲面的选项来获得需要的一些模型效果。这些选项都位于"双轨扫描曲面"面板中，如图8-63所示。"双轨扫描曲面"面板中的选项与"单轨扫描曲面"面板中的选项基本相同，在这里不再介绍。

9. 多边混合曲面

多边混合曲面"填充"了由三个或四个其他曲线或曲面子对象定义的边。与规则、双面混合曲面不同，曲线或曲面的边必须形成闭合的环，即这些边必须完全围绕多边混合将覆盖的开口。如果不能创建多边混合曲面，则在曲面会合的角上熔合点或CV。有时，由于舍入错误的缘故，捕捉角无法执行。多边混合曲面的效果如图8-64所示。

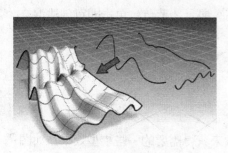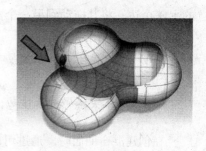

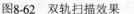

图8-62 双轨扫描效果　　　　图8-63 "双轨扫描曲面"面板　　　图8-64 多边混合曲面效果

下面介绍一下创建多边混合曲面的操作。

（1）创建好用于创建多边混合曲面的曲面。

（2）打开"NURBS创建工具箱"，单击"创建多边混合曲面"按钮 。

（3）依次单击围绕开口的三个或多个曲面边或曲线。用右键单击结束创建过程。

在创建多边混合曲面时，通过可以设置创建多边混合曲面的选项来获得需要的一些模型效果。一共有一个选项——翻转法线，它位于"多边混合曲面"面板中，如图8-65所示。勾选该项后，创建法线时可以在多边混合上将其翻转。

8.4.2 编辑曲面

下面内容主要介绍各种编辑曲面的工具。在创建出曲面之后，还要对其进行一定的编辑才能达到要求，创建出所需要的模型来，因此要想掌握NURBS建模方法的话，必须要认真阅读这部分内容。

1. 混合曲面

混合曲面将一个曲面与另一个曲面相连接，混合父曲面的曲率以在两个曲面创建平滑曲面。实际上就是将两个曲面连接成一个曲面。也可以将一个曲面与一条曲线混合，或者将一条曲线与另一条曲线混合。混合曲面效果如图8-66所示。

下面介绍一下混合曲面的操作。

（1）创建好用于混合曲面的两个曲面，如图8-67所示。

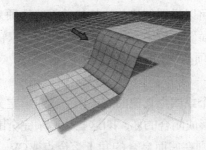

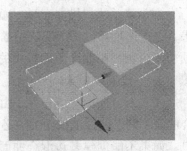

图8-65 "多边混合曲面"面板   图8-66 混合曲面效果   图8-67 曲面效果

（2）打开"NURBS创建工具箱"，单击"创建混合曲面"按钮 。

（3）单击一个曲面上要连接的边，将被连接的边高亮显示为蓝色。拖动以选择想要连接的另一个边，将其拖动到另一个曲面上的连接边上，也将高亮显示为蓝色。单击即可创建混合曲面，如图8-68所示。

（4）在"混合曲面"面板中调整混合参数。

 可以像实体那样来移动、旋转和缩放曲面。

在创建混合曲面时，通过可以设置创建混合曲面的选项来获得需要的一些模型效果，如图8-69所示。下面简单地介绍一下这些选项。

· 张力1：控制单击的第一个曲面边上的张力。如果边是曲线，那么该值不起作用。

· 张力2：控制单击的第二个曲面边上的张力。如果边是曲线，那么该值不起作用。设置不同张力的效果如图8-70所示。

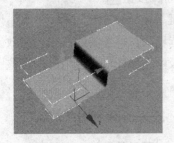

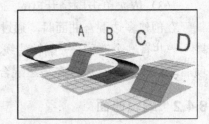

图8-68 连接曲面效果   图8-69 "混合曲面"面板   图8-70 设置不同张力的结果

· "翻转末端1"与"翻转末端2"：翻转用于构建混合曲面的两条法线之一。混合曲面是使用父曲面的法线创建的。如果两个父曲面法线相对，或者一条曲线方向相反，那么混合曲面会形成蝴蝶结的形状。要修正这一情况，可以使用"翻转末端1"或"翻转末端2"，通过使用与相应父曲面法线相对的法线来构建混合曲面，翻转效果如图8-71所示。

· "翻转切线1"与"翻转切线2"：在第一个或第二个曲线或曲面的边上翻转切线。翻转切线会翻转混合曲面的方向。翻转切线的结果如图8-72所示。

· "起始点1"与"起始点2"：调整混合曲面两边的起始点位置。调整起点有助于消除曲面中不需要的扭曲或"带扣"。

· 翻转法线：用于翻转法线。

2. 圆角曲面

圆角曲面是连接其他两个曲面的弧形转角，其效果如图8-73所示。通常，使用圆角曲面的两边来修剪父曲面，并在圆角和父曲面之间创建一个过渡。

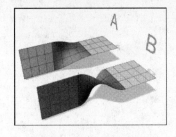
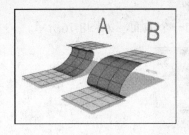

图8-71 翻转末端的结果　　　　图8-72 翻转切线的结果　　　　图8-73 圆角曲面效果

下面介绍一下圆角曲面的操作。

（1）创建好用于圆角曲面的两个曲面。

（2）打开"NURBS创建工具箱"，单击"创建混合曲面"按钮 。

（3）单击以选择第一父曲面，然后单击以选择第二父曲面即可。当在视口中移动鼠标时，潜在父曲面高亮显示为蓝色。

（4）读者可以根据需要在"圆角曲面"面板中调整圆角参数。

在创建圆角曲面时，通过可以设置创建圆角曲面的选项来获得需要的一些模型效果，如图8-74所示。下面简单地介绍一下这些选项。

图8-74 "圆角曲面"面板

· 起始半径和结束半径：在所选择的第一曲面和第二曲面上，分别设置用于定义圆角的半径。此半径控制圆角曲面的大小。默认设置为10.0。

· 锁定：锁定"起始"和"结束"半径的值，使它们相同。启用该选项后，"结束半径"设置是不可用的。默认设置为启用。

· 线性：选中此选项后（默认），半径始终为线性。

· 立方体：选定此选项后，将半径看作是立方体功能，允许其在父曲面几何体基础上进行更改。

· 曲面1 X：在所选择的第一曲面上设置种子的局部X坐标。

· 曲面1 Y：在所选择的第一曲面上设置种子的局部Y坐标。

· 曲面2 X：在所选择的第二曲面上设置种子的局部X坐标。

· 曲面2 Y：在所选择的第二曲面上设置种子的局部Y坐标。

· 修剪曲面：修剪圆角边的父曲面。

· 翻转修剪：反转修剪的方向。

· 替换第一曲面和替换第二曲面：用于替换父曲面。单击按钮，然后单击该曲面可以替换原始第一曲面或第二曲面。

3. 断开曲面

还可以通过进入到曲面的子对象级别中对曲面执行一些编辑，比如断开曲面等，从而可以获得一些需要的曲面模型。可以这样进入到曲面的子对象编辑模式下，创建一个曲面后，进入到修改面板中，然后展开NURBS曲面，并单击"曲面"，同时打开"曲面公用"面板，如图8-75所示。

下面介绍一下断开曲面的操作。

（1）创建好用于断开曲面的一个曲面，如图8-76所示。

图8-75　修改面板和"曲面公用"面板　　　　　　图8-76　创建的曲面

（2）在"曲面公用"面板中单击"断开行"、"断开列"或者"断开行或列"按钮，然后在曲面上拖动。曲面上会显示一条或两条蓝色的曲线，表示断开发生的位置。

（3）单击并拖动其中一个曲面分离它们，如图8-77所示。

4. 延伸曲面

还可以延伸曲面，其效果如图8-78所示。其操作与断开曲面的操作基本相同，只是需要在"曲面公用"面板中单击"延伸"按钮，在此不再赘述。

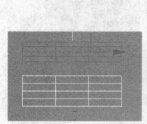

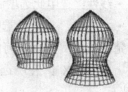

图8-77　分离断开的曲面　　　　　　　　图8-78　延伸曲面

使用"曲面公用"面板中的"删除"按钮可以删除曲面，使用"创建放样"按钮可以放样曲面，使用"连接"按钮可以连接曲面。

8.5　实例：使用NURBS制作一艘汽艇

在本实例中，主要介绍使用NURBS建模的方法来制作一艘汽艇，也就是说可以使用3ds Max进行工业设计。首先对一个NURBS平面进行剪切，创建出艇身的曲面，然后将两个大小不同的艇身曲面通过"创建混合曲面"工具制作出艇身，再将艇身曲面与艇内舱曲面通过"创建U

向放样曲面"工具制作出汽艇内舱。最终汽艇模型如图8-79所示。

（1）选择菜单栏中的"视图→视口配置"命令，打开"视口配置"对话框，勾选"强制双面"选项，如图8-80所示。

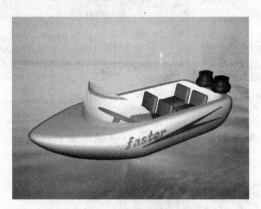

图8-79 汽艇模型

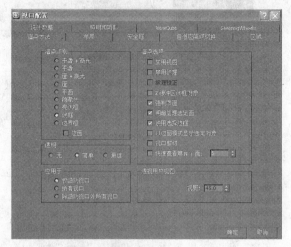

图8-80 "视口配置"对话框

（2）单击"视口配置"对话框下部的 确定 按钮，关闭对话框。

 因为下面的步骤中要剪切曲面，勾选"视口配置"对话框中的"强制双面"选项，这是为了使曲面的正面和背面都能显示出来，容易对其进行操作，否则在剪切曲面时容易出现问题。

（3）依次单击创建命令面板中 ⊙→⊙ 按钮，打开几何体创建面板。单击"标准基本体"右侧的下拉按钮，选择"NURBS曲面"一项，进入到"NURBS曲面"创建面板中，如图8-81所示。

（4）在"NURBS曲面"创建面板中单击 点曲面 按钮，进入到修改面板中的"键盘输入"面板中，将"长度"和"宽度"的值分别设置为100和260，将"长度点数"和"宽度点数"的值都设置为10，然后单击下部的 创建 按钮，此时视图中会创建一个NURBS曲面，如图8-82所示。

图8-81 下拉菜单与"NURBS
曲面"创建面板

图8-82 "键盘输入"面板的参数设置与创建的曲面

（5）确定曲面处于选择状态，单击 ☑ 按钮，进入到修改命令面板中，单击"常规"面板中的"NURBS创建工具箱" 按钮，打开"NURBS创建工具箱"，如图8-83所示。

（6）在"NURBS创建工具箱"中单击"创建曲面上的CV曲线" 按钮，然后在顶视图中根据曲面创建曲线，当回到起始点时，单击左键打开一个"曲面上的曲线"对话框，单击按钮，确定创建的是一条封闭的曲线，如图8-84所示。

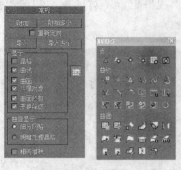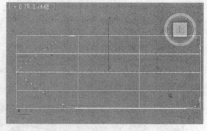

图8-83　"常规"面板和NURBS创建工具箱　　　　图8-84　"曲面上的曲线"对话框和曲面上的曲线

> **提示** 创建曲面上的曲线时，在曲线转弯处一定要多创建几个控制点，以确保曲线过渡自然平滑，如图8-85所示。

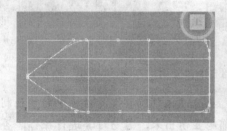

图8-85　曲面上曲线的控制点

（7）选择曲面，单击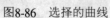按钮进入到修改命令面板中。单击"NURBS曲面"左侧的小"+"图标，展开它的次级对象后单击"曲线"选项，选择在曲面上创建的曲线，此时视图中的曲线为红色，如图8-86所示。

（8）进入到"曲面上的CV曲线"面板中，勾选"修剪"和"翻转修剪"复选框，此时视图中的曲面被剪切成如图8-87所示的形状。

图8-86　选择的曲线　　　　　　　　　图8-87　剪切的曲面

（9）进入到曲面子对象层级下，选择剪切后的曲面，按住Shift键，并使用"选择并移动"工具在前视图中将其沿Y轴向下移动一定距离。释放Shift键，此时会打开"子对象克隆选项"对话框。选择"相关复制"选项，然后单击对话框下部的确定按钮，复制出一个曲面，如图8-88所示。

（10）确定复制的曲面处于选择状态下，激活"选择并均匀缩放"工具，将其缩小大约70%。然后激活"选择并移动"工具，将其沿X轴向后移动一定距离，如图8-89所示。

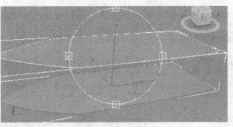

图8-88　复制出的曲面

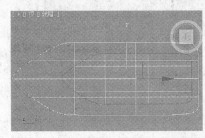

图8-89　调整曲面的大小和位置

（11）选择曲面，单击 按钮进入到修改命令面板中，单击"常规"面板中的"NURBS创建工具箱" 按钮，打开"NURBS创建工具箱"，如图8-90所示。

（12）在"NURBS创建工具箱"中单击"创建混合曲面" 按钮，然后在视图中依次单击两个曲面的边缘，效果如图8-91所示。此时曲面还不是艇身的形状，需要调整曲面的参数。

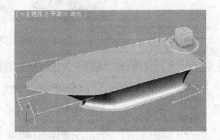

图8-90　"常规"面板和NURBS创建工具箱　　　　图8-91　混合曲面效果

（13）进入到"混合曲面"参数面板中，勾选"翻转切线1"和"翻转切线2"复选框，此时视图中的曲面变为过渡自然的曲面，如图8-92所示。

（14）旋转透视图，会发现汽艇底部的曲面还没有封口，单击"创建封口曲面" 按钮，然后在视图中单击底端的曲线，将其进行封口，如图8-93所示。

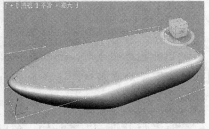
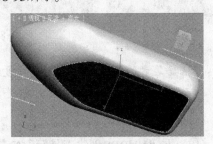

图8-92　曲面效果　　　　　　　　图8-93　封口前后的效果

如果封口后看不到曲面的颜色，进入到"封口曲面"面板中，勾选"翻转法线"选框，如图8-94所示。

　　（15）选择曲面，在"NURBS创建工具箱"中单击"创建曲面上的CV曲线"按钮，在顶视图中绘制出内舱的轮廓曲线，如图8-95所示。

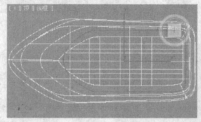　　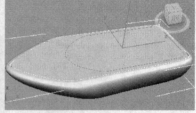

图8-94　"封口曲面"面板　　　　　　　图8-95　绘制的内舱轮廓曲线

　　（16）确定曲面处于"曲线"子对象层级，选择内舱轮廓曲线，进入到"曲面上的CV曲线"面板中，勾选"修剪"和"翻转修剪"复选框，此时视图中的曲面被剪切成如图8-96所示的形状。

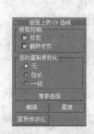　　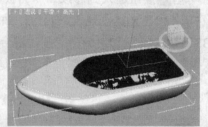

图8-96　剪切曲面效果

　　（17）选择内舱轮廓曲线，按住Shift键，并使用"选择并移动"工具在左视图中将其沿Y轴向下移动一定距离。释放Shift键，此时会打开"子对象克隆选项"对话框。选中"独立复制"选项，并取消勾选"包含相关父对象"选项。然后单击该对话框下部的　确定　按钮，复制出下部的内舱轮廓曲线。如图8-97所示。

　　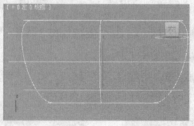　　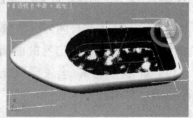

图8-97　复制的曲线

　　根据笔者的实用经验，用户在复制下部的内舱轮廓曲线时，有可能会出现多余的曲面，如图8-98所示。此时可以进入到"曲面"子对象层级，选择多余的曲面，并按Delete键将其删除即可。

　　（18）在"NURBS创建工具箱"中单击"创建U向放样曲面"按钮，然后依次从内到外选择各条曲线，放样生成内舱的侧面，如图8-99所示。

（19）单击"创建封口曲面"  按钮，在视图中选择下部的内舱曲线，将其进行封口，生成内舱的底面，如图8-100所示。

（20）在"NURBS曲面"创建面板中单击 点曲面 按钮，在左视图中创建一个NURBS曲面，并在参数面板中将"长度"和"宽度"的值分别设置为60和110，将"长度点数"和"宽度点数"的值都设置为4，如图8-101所示。

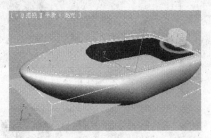

图8-98 多余的曲面

图8-99 U向放样生成的内舱侧面

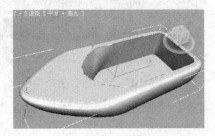

图8-100 封口后的内舱底面

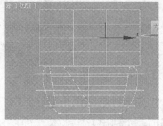

图8-101 创建的曲面与参数面板

（21）选择曲面，单击 按钮进入到修改命令面板中，在"NURBS创建工具箱"中单击"创建曲面上的CV曲线" 按钮，然后在顶视图中根据曲面创建曲线，当回到起始点时，单击左键打开一个"曲面上的曲线"对话框，单击 是(Y) 按钮，创建出挡风玻璃的轮廓曲线，如图8-102所示。

（22）进入到"曲线"子对象层级，选择挡风玻璃曲线。进入到"曲面上的CV曲线"面板中，勾选"修剪"选项，此时视图中的曲面被剪切成如图8-103所示的形状。

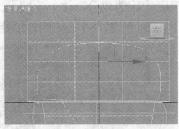

图8-102 "曲面上的曲线"对话框和创建的曲线

图8-103 剪切的曲面

（23）进入到"点"子对象层级，在左视图中选择曲面左右两侧的点，将其沿X轴向后移动，制作出挡风玻璃的弧度，如图8-104所示。

（24）进入到图形创建命令面板中，依次单击 → → 点曲线 按钮，在顶视图中绘制出发动机的轮廓曲线，如图8-105所示。

（25）按住Shift键将其复制出5个副本，并使用"选择并移动" 工具和"选择并均匀缩放" 工具调整其位置与大小。如图8-106所示。

（26）选择上面一条曲线，在"NURBS创建工具箱"中单击"创建U向放样曲面" 按钮，然后依次从上到下选择各条曲线，放样生成发动机的曲面，如图8-107所示。

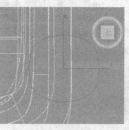
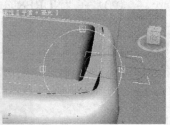

图8-104 调整的挡风玻璃　　　　　　　图8-105 绘制的发动机轮廓曲线

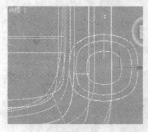
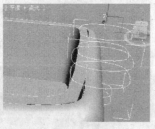
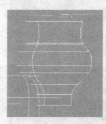

图8-106 复制曲线并调整位置和大小　　　　图8-107 U向放样生成的曲面

（27）单击"创建封口曲面" 按钮，在视图中选择上、下两端的两条曲线，将其进行封口。然后按住Shift键复制出1个副本。如图8-108所示。

图8-108 封口后的曲面及复制的发动机模型

（28）使用标准基本体和扩展基本体制作出汽艇的其他部分，比如座椅、文字和图案等，制作过程比较简单，因为本书篇幅有限，在此不再详细介绍，效果如图8-109所示。

图8-109 制作的其他细节部分

（29）至此，汽艇的模型已创建完成。为它赋予材质后进行渲染，效果如前图8-79所示。

在制作模型时，一定要仔细了解所要制作的模型的结构，多注意观察对象结构、颜色及材质，只有这样才能制作出比较真实的模型。

第3篇 材质与灯光

前面的内容中曾多次提到"材质"这个词，什么是材质呢？它有什么作用呢？怎样才能制作和应用材质呢？这部分内容就详细介绍有关于材质的知识。

本篇包括下列内容：

☐ 第9章 材质与贴图初识
☐ 第10章 灯光

第9章　材质与贴图初识

材质和贴图是建模之后需要做的工作，也是非常重要的一步。如果没有材质和贴图，那么制作的模型就没有生命。

9.1　材质的概念及作用

前面的内容中经常提到"材质"这个概念，到底什么是材质呢？所谓材质就是物体的构成元素，比如桌子是用木头制作的，衣服是用织物制作的，杂志是用纸制作的。它们都有一定的颜色、光泽、纹理和透明度等物理特性，比如玻璃是透明的。在三维场景中，通过制作物体的这些外部特征来模拟自然世界中物体的外部特征。

在前面建模的过程中，可能已经注意到了，创建的模型只带有系统默认设置的颜色，根本不是自然界中物体的真实颜色。看一下下面的两幅图片，如图9-1所示。

图9-1　玻璃瓶和地板在赋予材质前后的对比效果

从图中可以看到，那些赋予了材质的图片有色彩、光泽、质地等，看上去才比较真实。这就是材质的作用。只有为创建的物体赋予了材质之后，它们看上去才与在自然界中看到的物体一样。3ds Max 2010中文版中有专门制作材质的工具，这就是下面内容中介绍的材质编辑器。

9.2　材质编辑器

需要使用材质编辑器来制作材质，然后把制作好的材质指定给创建的物体。这个工具是一个包含有多个选项设置的对话框，因此需要先了解一下它的界面。

在工具栏中直接选择 ▓（材质编辑器）按钮，可以直接打开材质编辑器。还有两种打开材质编辑器的方法，第一：执行"渲染→材质编辑器"菜单命令；第二：按M键，都可以打开材质编辑器。材质编辑器如图9-2所示。

下面分别对这4部分进行介绍。

（1）菜单栏：提供了多种编辑材质的命令，这些命令在工具栏中都能找到与之功能相对应的按钮。

（2）材质样本球窗口：位于材质编辑器的最上方。默认显示为6个样本球，也有人叫样本球，显示为灰色，用户可以通过拖曳右侧或者左侧的滑块显示更多的样本球窗口。这些样本球窗口用于显示当前场景中模型的材质状态。如果它们处于选择状态，那么在它们周围将会显示出一个白色的框。这时，就可以在参数设置区域设置它们的参数。

（3）工具栏：在材质编辑器中，工具栏分为竖栏和横栏。横栏中的按钮主要用于打开、存储和把制作好的材质赋予场景中的物体等。而竖栏中的按钮主要用于调节样本球窗口中的材质显示状态。

（4）基本参数区和参数面板：参数设置区位于材质编辑器的下方。这些设置区会根据不同的材质类型而显示为不同的样子。在参数区中主要由基本参数、扩展参数、超级采样、贴图、动力学属性和metal ray连接几部分组成。

由于主要会使用到工具栏和参数设置区，因此下面将详细介绍一下工具栏中的按钮和参数设置区中的选项。

工具栏中的按钮

工具栏按方向分为竖栏和横栏。首先介绍竖栏中的按钮。

采样类型按钮

该按钮为3ds Max的默认按钮。当在该按钮上单击并按住鼠标左键不放时（右上角），将会显示出其他几种类型的示例类型。如果移动鼠标指针到一个示例类型上，并松开鼠标左键，那么样本球窗口中的示例类型将发生改变，如图9-3所示。

背光按钮

当激活该按钮时，样本球窗口中的样本球上将会显示出背景光照效果。关闭该按钮，则背景光照效果消失。这一选项对于场景中的物体没有什么关系。

背景按钮

当激活该按钮时，样本球窗口中的样本球的背景将会显示出彩色的方格。关闭该按钮，则彩色方格消失。这一选项在观察透明度时比较有用，如图9-4所示。

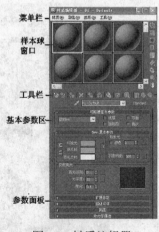

图9-2 材质编辑器

图9-3 对比效果

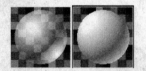

图9-4 背景

采样UV平铺按钮

该按钮为Max的默认按钮。当在该按钮上单击并按住鼠标左键不放时，将会显示出其他几种类型的示例类型，。如果移动鼠标指针到一个示例类型上，并松开鼠标左键，那么样本球窗口中的示例类型将发生改变，如图9-5所示。

■视频颜色检查按钮

用于检查样品上的材质颜色是否超出NTSC或者PAL制式的颜色范围。

◆生成预览按钮

单击该按钮会打开"创建材质预览"对话框，在该对话框中可以设置预览范围、帧速率和图像的大小，创建动画材质的AVI文件。当在该按钮上单击并按住鼠标左键不放时，将会显示出其他几种类型的示例类型，◆◆◆。

◎选项按钮

当激活该按钮时，将会打开"材质编辑器选项"对话框，如图9-6所示。这个对话框中的选项用于材质和贴图在示例窗中的显示方式。

◎按材质选择按钮

该按钮的功能与主工具栏中的按名称选择按钮的功能相似。也就是说通过应用到场景中物体上的材质来选择物体。单击该按钮，将会打开"选择物体"对话框，在这里可以通过所应用的材质来选择物体。

◎材质/贴图导航器按钮

使用该按钮可以把材质的结构清晰地显示出来。单击该按钮将会打开"材质/贴图导航器"对话框，在这个对话框中列出了所用材质的所有层级关系。

下面介绍横栏中的各个按钮。

◎获取材质按钮

如果要为创建的物体赋予材质，那么必须要使用该按钮。单击该按钮将会打开"材质/贴图浏览器"对话框来查看和调用所需要的材质和贴图。如图9-7所示。

图9-5　对比效果　　　　　图9-6　"材质编辑器选项"对话框　　　图9-7　"材质/贴图导航器"对话框

◎将材质放入场景按钮

使用该按钮可以把同一个场景中的物体上使用的材质应用到另外一个物体上。

将材质指定给选定对象按钮

单击该按钮即可把当前样本球窗口中设定的材质应用到场景中选中的物体上，而且可以把同一样本球上的材质应用到场景中的其他物体上。

重置贴图/材质为默认设置按钮

该按钮用于重新设置材质，也就是删除当前使用的材质。单击该按钮时，将会打开一个信息对话框，如图9-8所示。

这个信息对话框询问是否要重新设置材质。单击"是（Y）"按钮则重新设置材质，单击"否（N）"按钮则不会重新设置材质。

生成材质副本按钮

使用该按钮可以把同步材质改变成非同步材质。只有在当前材质为同步材质时该按钮才可用。

使唯一按钮

在物体的次级对象中指定其他材质时使用该按钮。它可以使不同物体的多级材质相互独立，不再具有实例复制的特性。

放入库按钮

把在示例窗中制作的材质进行保存。单击该按钮时，将会打开一个信息对话框，如图9-9所示。

图9-8　打开的"材质编辑器"信息对话框　　　图9-9　打开的"入库"对话框

这个信息对话框询问是否要保存整个材质/贴图树。单击"确定"按钮则保存材质，单击"取消"按钮则取消该操作。

材质ID通道按钮

该按钮在制作动画时使用，用于为示例窗中的材质与video post视频合成器一起制作一些特效，例如一些发光的效果。另外还可以为效果分配编号。

在视口中显示标准贴图按钮

该按钮用于在视图中显示出所选择的材质贴图，包括各个视图。

显示最终结果按钮

如果需要进行多次贴图，就需要一边操作一边进行观察，使用该按钮可以显示出所使用材质的最终结果。单击该按钮后在示例对话框中显示出效果。

转到父对象按钮

单击该按钮可以返回到上一材质层级。只有在编辑次级材质或者贴图时，该按钮才有效。

转到下一个同级项按钮

如果当前的材质层级处于次级层级，那么单击该按钮可以进入到另外一个同级材质中。该按钮只有在材质有两个层级时才有效。

基本参数区

在材质编辑器的下半部分是材质的基本参数设置区，也叫参数控制区，如图9-10所示。

这些参数设置控制着材质的最终效果，所以学习这些设置是非常重要的，下面就详细地从上到下顺序介绍这一区域。

· ▓ 从对象拾取材质按钮

这个按钮非常有用，如果想为一个新的样本球从场景中获得一种材质，只要激活该按钮并在场景中需要的材质上单击，即可把所需的材质赋予样本球。

· "材质名称"设置框

在材质吸管工具的右侧是"材质名称"设置框。在这里可以设置材质的名称。在以后的制作中，一定要养成为材质命名的习惯，以便在必要时进行查找和编辑材质。

· Standard（材质类型）按钮

在"材质名称"设置框的右侧是Standard按钮，单击该按钮将会打开下列对话框，在这个对话框中可以选择需要的材质类型。在这个对话框中共有16种类型的材质，如图9-11所示。

这些材质类型将在后面的内容中进行介绍。在介绍每种材质之前，先介绍一下这些材质类型所共有的一些选项，共有6个参数/选项设置区。

"明暗器基本参数"面板

以系统默认的Blinn类型为基础简单地介绍一下该面板。

单击该面板中（B）Blinn右侧的小三角按钮 ▾ 会打开一个下拉列表，如图9-12所示。在这个列表中可以选择需要的材质类型，共有8种明暗器类型，以前也有人把明暗器称为光影。实质上，就是通过这些明暗器来设置不同的材质。

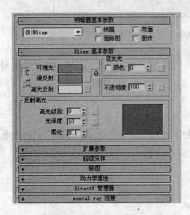

图9-10 参数设置区

图9-11 "材质/贴图浏览器"对话框

图9-12 材质类型

下面就简要介绍一下这几个明暗器的应用范围。

· 各相异性明暗器：适合表现椭圆型物体表面的反光效果，能够弥补其他明暗模式下反光区的高光效果，如玻璃、汽车和绒面等物体的表面。

· Blinn明暗器：适合于圆形物体的表面，这种类型的高光要比Phong类型更为柔和。

· 金属明暗器：适合于金属物体表面的光泽效果。

· 多层明暗器：与各相异性明暗器近似，但是使用这种类型能够添加叠加反射的效果，适合于制作更为复杂的高光和反射效果。

· Oren-Nayar-Blinn明暗器：适合于一些粗糙的表面效果，如布料、墙壁等。

· Phong明暗器：适合于强度很大的圆形高光表面。

· Strauss明暗器：适合于金属和非金属表面。

· 半透明明暗器：与Blinn明暗器近似，但是可以设置半透明的效果。使用该明暗器可以使光线透过材质并在物体内部使光线散射。比如可以用来表现腐蚀玻璃的效果。如图9-13所示是几种明暗器的对比效果。

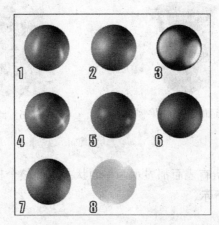

1. 各相异性明暗器；2. Blinn明暗器；3. 金属明暗器；4. 多层明暗器；
5. Oren-Nayar-Blinn明暗器；6. Phong明暗器；7. Strauss明暗器；8. 半透明明暗器。

图9-13 明暗器对比效果

下面介绍该面板中的几个单选框。

1. 线框选项

选中该项将会以线框模式显示场景中的物体，如图9-14所示。对于物体线框的粗细，可以使用扩展参数卷展览中的大小项来设置。而在渲染时，只能渲染出物体的线架结构。

 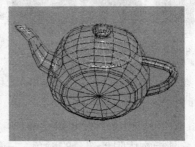

场景中的物体　　　　　　　　　　渲染效果

图9-14 线框渲染效果

2. 双面选项

在渲染时，选中该项将会对模型的另外一面也进行渲染。一般在不需要的情况下不选中该项，因为在渲染时会耗费很多的系统资源。只有在必要的时才选中该项，如在表现玻璃材质时，选中和不选中该项的区别如图9-15所示。

3．面贴图选项

选中该项将会把材质赋予模型的所有表面。该选项一般不是很常用。一般在使用粒子制作烟雾等效果时才可能使用该项。选择这个选项可以将材质指定到物体的所有面。如果是贴图材质，贴图将会均匀分布到每一个面上。如图9-16所示，左边的立方体所使用的材质没有选择"面贴图"选项，右边的立方体所使用的材质选择了"面贴图"选项。

图9-15　右侧为选中该项时的渲染结果　　　　图9-16　比较"面贴图"选项的效果

4．面状选项

选中该项将会把模型的所有表面都显示为平面状态，而整个材质也将会显示出每一个小面拼凑而成的状态，如图9-17所示。

"Blinn基本参数"面板

因为世界万物都是通过其对光线的反射和折射来表现出它们的材质属性。一般它们都是通过三种颜色特性来表现的，包括环境光、漫反射、高光反射和不透明度等属性。如图9-18所示是Blinn的参数设置区。

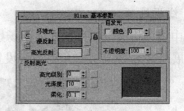

图9-17　面状效果（右图）　　　　　　　图9-18　基本参数

在这个区域中有一个 （锁定）按钮，它的作用是锁定同时调整环境光和漫反射的颜色，一般要选择同时调整。

·环境光：指的是物体本身的基本颜色，一般它直接受场景中灯光的影响。

·漫反射：是指物体阴暗部分的颜色。一般它不直接受场景中灯光的影响，而是受周围环境光的影响。

·高光反射：在物体上接受光线区域的最亮的部分。

下面介绍的是反射高光部分。因为构成物体的材料不同，那么对光的反射也会有所不同。使用下面三个选项即可进行设置反光效果。

·高光级别：高光级别指的是物体的反光强度，一般它的数值越大，反光度也就越大。高光级别的数值为100、150和200时（从左到右）的效果如图9-19所示。

·光泽度：指的是反光的范围，一般数值越小，反光的范围也就越大。光泽度的数值为60、40和10时（从左到右）的效果如图9-20所示。

图9-19 高光级别的数值为100、150和
200时（从左到右）的效果

图9-20 不同光泽度对比效果

· 柔化：在Phong和Blinn光影模式下，当光泽度的值小而高光级别的值大时，那么在物体表面的高光区和非高光区之间的边界看起来比较硬，在这个时候，可以通过调整柔化的数值来柔化这一边界。

下面介绍右侧区域的两个选项，自发光和不透明度。

· 自发光：也有人把自发光称为自体发光，也就是说它不依靠外部的光源，只依靠自身或者自体进行发光。使用自发光有两个用途，一个是改变物体发光的状态，用以改善光影效果；另外一个是模拟自发光物体，比如太阳、灯泡等。如图9-21所示中的灯泡和灯罩等。

因为自发光物体不受外部光线的影响，也就是说它不会产生阴影，所以可以用来表现没有阴影的效果，比如表现背景中的天空或者一些光波或电子波之类的效果。

· 不透明度：该项用以设置场景中物体的透明度水平，当数值为100时，物体完全不透明，而当数值越小时，物体则越透明，如图9-22所示。

图9-21 使用自发光模拟的灯效果

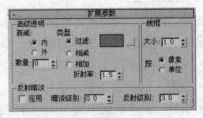
图9-22 玻璃窗的透明效果

"扩展参数"面板

扩展参数面板中的内容会随着所选择的光影类型的不同而不同，这些参数主要用来设置当前材质效果的强弱程度。Blinn光影类型下的扩展参数面板如图9-23所示。

这一区域主要用来设置透明度和反射状态的一些效果，它对于玻璃材质尤为重要。它可以细分为3个小的区域，一个是高级透明设置区、反射暗淡设置区和线框设置区3个区域。下面分别予以介绍。

图9-23 面板

1. 高级透明设置区

高级透明设置区域中的选项用来设置透明材质的各种参数，从各个选项的字面意思就可以知道它们的功能。

· 衰减：这一区域的选项用于控制透明的衰减程度。

内：由透明物体的外部向内部增加透明的程度，比如玻璃制品。

外：由内部向外部增加透明的程度，比如烟、雾。

数量：用于设置衰减程度的大小。

· 类型：这一小区域的选项用于设置创建透明效果的方式。

过滤：使用过滤色设置透明的色彩，它的原理来自于人们平时带的有颜色的太阳镜，比如，带红色的眼镜观察事物时，外界事物将会显示出一定的红色。

相减：根据背景色做递减色彩的处理，使整体色彩变得暗淡，但是与之相反的图像将变得更加明显。

相加：根据背景色做增加色彩的处理，使整体色彩变得明亮，但是与之相反的图像将变得更加暗淡。

可以根据需要选择需要的选项进行设置。也可以合并使用它们来创建所需要的效果。

 类型这一部分的选项只能应用在透明物体上。

折射率：一般用于设置折射物体的折射率，比如玻璃和空气。在建筑效果图中可能会使用到折射率的物体，一般都是玻璃。

2. 反射暗淡设置区

在现实世界中，当一个物体表面上有其他物体的投影时，这个区域一般都会显得暗一些。而在3ds Max 2010中文版中，如果不进行设置，则不会出现这样的情况。为了获得更加现实的效果，需要进行设置。

· 应用：当选中该项时，则会应用反射明暗功能。

· 暗淡级别：用于设置物体表面上投影区域的阴影强度，一般数值越小，阴影效果则越强烈。

· 反射级别：用于设置物体表面上投影区域的反射强度，一般数值越大，反射效果则越强烈。

3. 线框设置区

在使用线框为物体进行贴图时使用，选中材质编辑器上半部分的线框选项后，就可以通过调整它的大小数值调整线框的粗细。如图9-24所示，分别是数值为1和4时的效果。

· 大小：用于设置线框的粗细。

· 像素：以像素为单位进行显示，但是不能表现场景中物体的距离感。

· 单位：能够表现出场景中物体的距离感，比如前面的线框显示的比较粗，而后面的线框显示的比较细一些。

"超级采样" 面板

这一参数设置区域相对简单一些，如图9-25所示。

图9-24 线框效果

图9-25 参数设置

这一区域的选项主要用于为一些高级的渲染提供设置，比如一些更为精细的效果，在这些高精度的渲染中或者有复杂纹理或灯光时，一般会出现毛边或者锯齿，这时就可以设置该面板中的选项。

- 使用全局设置：一般情况下，都要使用该项。
- 使用局部超级采样器：当进行高级渲染取样时使用该项。
- 高级采样贴图：在需要获得精度比较大的渲染效果时使用该项。

一般情况不要使用"高级采样贴图"项，因为这样会耗费大量的渲染时间，尤其是当场景中有反射和折射的材质时，在没有必要的情况下，最好不要使用高级采样设置。

"贴图"面板

这一区域的参数主要用于对材质中引用的贴图进行设置。它的内容会根据光影类型的不同而不同。因为每种光影类型都有其自身的特性，所以它们的参数也是不同的。基本上有12种贴图类型，如图9-26所示。

该区域中的"数量"项用于控制贴图的程度。例如，在把环境光颜色的数值设置为100时，贴图将完全覆盖物体表面，而数值为50时，则将以50%的透明度覆盖物体的表面。

图9-26 贴图类型

该区域中的None按钮与基本参数区域的None按钮功能相同。下面简要介绍一下这12种贴图类型。

这些选项的最大值一般都是100，只有凹凸的最大值可以设置为999。

- 环境光颜色：一般用于表现物体的表面纹理特征，最大值为100。
- 漫反射颜色：为物体的阴影区进行贴图。一般它与环境光联合使用。如果要单独使用，那么需要通过在基本参数区关闭漫反射颜色右侧的锁按钮。
- 高光颜色：只能对物体的高亮部分进行贴图。在使用了Diffuse了之后，一般很少使用高光颜色。
- 高光级别：利用贴图图片的明亮度，在明亮的部分显示颜色，在阴暗的部分不显示颜色。
- 光泽度：与高光级别基本相似，但是它主要使用黑色图像来调整物体表面的受光区域。
- 自发光：把图片以一种自发光的形式贴到物体表面上，贴图图片中的黑色部分对材质没有影响，一般颜色越淡，发光效果越强烈。

• 不透明度：使用图片的明暗度在物体的表面产生透明效果，图片中的黑色部分完全透明，白色部分完全不透明。这类贴图类型非常重要，比如使用它为玻璃杯添加花纹效果，还可以与环境光一起使用来创建镂空的纹理效果等。

• 过滤色：当材质具有透明效果时使用，可以使图片的纹理生成透视的影子。当玻璃具有颜色或者是图案时就可以使用该项。

• 凹凸：使用图片的明暗强度来影响材质表面的光滑程度来创建物体表面凹凸的效果。在白色部分产生突起，在黑色部分产生凹陷，中间色则是凹凸的过渡部分。这种贴图方式对于建筑效果图中的砖墙、路面非常有效。

• 反射：这种贴图方式非常重要，尤其制作那些光洁亮丽的物体质感时，比如光滑的玻璃、镜面和经过打腊的地板。一般数值越大，反射越强烈。如果与其他贴图方式合并使用，则会创建出更好的效果。

• 折射：这种贴图用于模拟水、玻璃等的折射效果，并在物体表面产生对周围物体的折射影像。

• 置换：一般应用在NURBS或者多边形物体上来创建凹凸不平的效果，它与凹凸相似，但又不同，置换具有真正的使物体表面产生凹凸不同的效果。

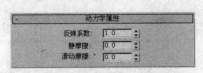

图9-27　参数

"动力学属性"面板

动力学属性主要用来模拟在动画中为物体赋予的材质效果。只有当物体进入到动力学系统中时该属性才会有效。其各项参数设置如图9-27所示。

在这个参数设置区中共有3个参数，它们是反弹系数、静摩擦系数和滑动摩擦系数。下面简要介绍一下这3种系数的作用。

• 反弹系数：当一个物体与另外一个物体发生碰撞时，该项用于设置该物体发生碰撞后的反弹程度。一般数值越高，反弹的程度也就越大。

• 静摩擦：该项用于设置一个物体在另外一个物体表面上进行运动时所受到的静态阻力，也就是静态摩擦力。一般数值越高，静态摩擦力也就越大。

• 滑动摩擦：该项用于设置一个物体在另外一个物体表面上进行运动时所受到的阻力。一般数值越高，所受到的摩擦力也就越大。

"mental ray连接"面板

使用该面板可以为材质添加mental ray着色。这些选项只有在使用mental ray渲染器时才能使用到，该面板的选项如图9-28所示。在默认设置下，3ds Max使用扫描线渲染器，由于本书篇幅有限，在此不再赘述。

当材质类型为其他种类时，参数面板中

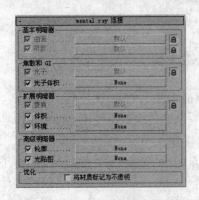

图9-28　"mental ray连接"面板

的内容也会有所不同。这些不同的情况，将在后面的内容中结合不同的材质进行介绍。

9.3 材质/贴图浏览器

"材质/贴图浏览器"也是对话框设置材质时的一个非常重要的对话框，一般要和材质编辑器搭配使用，单击 和 Standard 按钮后，都会打开"材质/贴图浏览器"对话框，如图9-29所示。

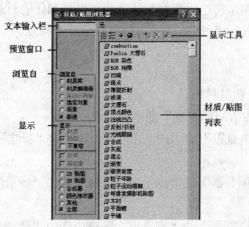

图9-29 "材质/贴图浏览器"对话框

· 文本输入栏：在该栏中可以输入或者编辑材质和贴图的名称，中、英文都可以。

· 预览窗口：编辑材质时，在这里可以实时地看到编辑的效果。

· 显示工具：这些工具用于设置材质和贴图的显示模式。分为左右两部分，左侧按钮用于设置查看材质和贴图列表的模式。右侧按钮用于控制材质库，只有在查看材质库时，这部分按钮才有效。

· 材质/贴图列表：在这里显示的是材质和贴图的名称及类型。

· 浏览自：用于选择材质和贴图列表中的材质和贴图的来源。勾选某一项，就会浏览该类型中的材质或者贴图。

· 显示：用于设置在材质和贴图列表中显示的内容，可以通过勾选的方式来设置只显示材质，只显示贴图，或者其他类型的贴图及材质。

9.4 材质坐标

材质坐标指的是贴图坐标。指定2D贴图材质（或包含2D贴图的材质）的对象必须具有贴图坐标。这些坐标指定如何将贴图投射到材质，以及是将其投射为"图案"，还是平铺或镜像。贴图坐标也称为UV或UVW坐标。这些字母是指对象自己空间中的坐标，相对于将场景作为整体描述的XYZ坐标，如图9-30所示。

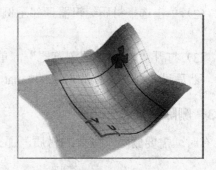

图9-30 贴图坐标

某些对象（如可编辑的网格）没有自动贴图坐标。对于此对象类型，使用UVW贴图修改器为其指定一个坐标。如果材质显示用户希望使用默认贴图显现的方式，则不需要调整贴图。如果需要调整，则使用贴图的"坐标"面板。有两组典型的坐标参数：一组用于2D贴图，如位图，另一组用于3D贴图，如噪波。

9.5 关于材质的基本操作

在3ds Max中，可以制作自己需要的材质，也可以把制作的材质赋予场景中的对象，还可以把制作的材质保存起来以备后用。这一部分将介绍设置材质的一些基本操作。

9.5.1 获取材质

可以使用下列方法来获得材质。

方法一：使用"材质/贴图浏览器"获取材质。

（1）在"材质/贴图浏览器"的"浏览自"区域中选中"新建"项，再从材质/贴图列表中选择一种材质即可。

（2）在"材质/贴图浏览器"的"浏览自"区域中选中"场景"项，再从显示的场景材质中选择一种材质即可。

（3）在"材质/贴图浏览器"的"浏览自"区域中选中"选定对象"项，再从显示的材质中选择一种材质即可。

（4）在"材质/贴图浏览器"的"浏览自"区域中选中"材质编辑器"项，再从显示的材质中选择一种材质即可。

（5）在"材质/贴图浏览器"的"浏览自"区域中选中"材质库"项，再从显示的材质库中选择一种材质即可。

方法二：从视图中的某个物体上拾取材质。

在"材质编辑器"对话框中单击█按钮，然后移动到视图中的某个物体上单击即可获取该物体上的材质。

9.5.2 保存材质

可以在材质编辑器中把材质保存到"材质/贴图浏览器"的一个库文件中以备后用。保存材质的方法有下列几种：

（1）选定一种材质，然后单击█按钮，把该材质保存到材质库中。

（2）单击选择材质编辑器顶部示例窗中的一个，然后拖曳到"材质/贴图浏览器"中松开鼠标。

（3）打开"材质/贴图浏览器"，单击该对话框中的 █另存为... █按钮，打开一个保存文件对话框，然后设置保存文件的格式为*.mat，即可将右侧的全部材质保存为一个材质库。

9.5.3 删除材质

有时，需要删除不需要的材质，那么只需要选中需要的材质示例窗，然后单击█按钮即可。

9.5.4　赋予材质

在编辑好或者选择好需要的材质后，就需要把材质赋予物体，按下列步骤进行操作：

（1）在视图中选定需要赋予材质的物体。

（2）按M键，或者使用菜单命令打开材质编辑器。

（3）编辑或者选择一种材质。

（4）单击材质编辑器工具栏中的 按钮或者直接把样本球拖曳到视图中的物体上。

 有人把赋予材质称为指定材质。

9.5.5　使材质分级

有时需要为同一个物体赋予两种材质，比如木制的螺丝刀把柄，这时就需要将材质进行分级，如图9-31所示。下面介绍一下分级材质的操作步骤。

（1）在视图中创建一把螺丝刀把柄的模型。先使用曲线绘制出把柄的形状，然后使用"布尔"操作切出把柄上的沟槽，如图9-32所示。

图9-31　螺丝刀把柄的分级材质

图9-32　模型

（2）按M键打开材质编辑器，单击 按钮打开"材质/贴图浏览器"，在该浏览器中双击"多维/子对象"。此时一个示例窗转换成"多维/子对象"材质，如图9-33所示。

（3）在多维/子对象面板中分别设置ID1的颜色为蓝色，设置ID2的颜色为红色，如图9-34所示。

图9-33　材质/贴图浏览器

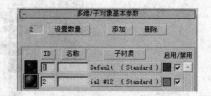

图9-34　多维/子对象参数设置

（4）确定把柄处于选定状态，然后单击 按钮进入到修改面板中，打开修改列表，从中选择"编辑网格"修改器。单击激活"面"按钮，如图9-35（左）所示。

（5）在视图中选择把柄的一部分，如图9-34（右）所示。

（6）在下面的"曲面属性"面板中，把"设置ID"项的数值设置为1，如图9-36（左）所示。然后再选择其他部分，并把"设置ID"项的数值设置为2。设置完成后的效果如图9-36（右）所示。

图9-35　激活"面"按钮（左）和选择部分（右）　　　　图9-36　设置ID号（左）和效果（右）

（7）单击取消激活"面"按钮。再单击材质编辑器工具栏中的██按钮，把设置好的材质赋予把柄，效果如图9-31所示。

 提示　常见的木柄螺丝刀的材质也是使用多维子材质设置的，效果如图9-37所示。

9.5.6　使用材质库

材质库是已经编辑好的材质的集合。很多有经验的设计人员都会把自己经常使用的一些材质保存在一个库中，以便在以后的工作中随时使用。很多材质的设置过程是比较烦琐的，因此创建这样的材质库是非常有用的。另外，3ds Max 2010中也内置了很多的材质，可以随时调用。下面介绍一下它的使用过程。

（1）按M键打开材质编辑器，单击██按钮打开"材质/贴图浏览器"。

（2）在"材质/贴图浏览器"中点选"材质库"项，然后在单击██按钮，此时浏览器中的内容将发生改变，如图9-38所示。

（3）在视图中创建一个物体，比如一个茶壶体。然后双击一个图标，比如，拉手，这是一种不锈钢的材质。按F9键进行渲染，如图9-39所示。

（4）如果换一种木纹的材质。按F9键进行渲染，就是木纹的茶壶。

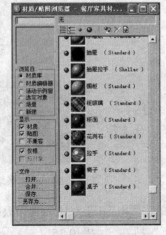

图9-37　木柄螺丝刀　　　　图9-38　材质/贴图浏览器　　　　图9-39　不锈钢茶壶效果

9.6　材质的类型

在3ds　Max　2010中文版中，"材质/贴图浏览器"对话框中列出了16种材质类型，如图9-40所示。它们分别是：标准材质、光线跟踪材质、无光/投影材质、壳材质、高级照明覆盖材质、DirectX　Shader、Ink'n　Paint材质、混合材质、合成材质、双面材质、变形器材质、多维/子对象材质、虫漆材质、顶/底材质、建筑材质和多部参照材质，其中，外部参照材质是新增加的。下面将分别介绍一下。

9.6.1　标准材质

标准材质是3ds　Max中最基本的材质类型，在默认状态下，材质编辑器中的材质类型就是标准类型。它的参数设置区共分为4部分：基本参数设置区、扩展参数设置区、贴图参数设置区和动力学属性参数设置区。前面的内容中已经介绍过这一部分，这里不再赘述。

9.6.2　光线跟踪材质

光线跟踪材质是一种比标准材质更为高级的材质类型，除了具有标准材质的属性之外，使用它还可以创建出品质良好的反射/折射、雾性、透明和荧光等效果，如图9-41所示。

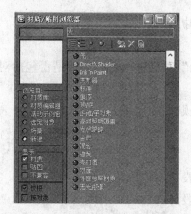

图9-40　"材质/贴图浏览器"对话框

图9-41　相互反射的光线跟踪材质

从本质上讲，在3D软件中，物体的材质或颜色都是根据光来进行计算的，而一般的颜色和图片贴图都不能计算玻璃质感的反射值。所以为了创建出具有反射效果的材质，必须使用灯光，也就是说需要计算光线跟踪，这一种方法就叫做Raytrace，也就是光线跟踪，有人也叫光线追踪，从这一点上看，它要比使用反射/折射贴图所产生的效果更为精确，不过渲染速度也会降低。所以在以后的制作过程中需要注意这一点。

光线跟踪材质的参数设置区是由下列6部分组成的，它们是光线跟踪基本参数、扩展参数、光线跟踪器控制、高级采样、贴图、动力学属性。其参数设置部分与前面介绍的基本相同，只是光线跟踪器控制面板不同，如图9-42所示。下面就介绍一下该面板中的选项。

局部选项设置区

· 启用光线跟踪：只有选中该项才能够表现光线跟踪的质感。否则只在背景上反射指定的颜色或贴图。

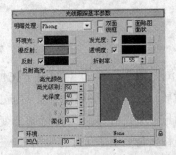 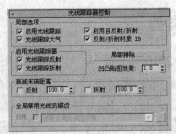

图9-42 光线跟踪器控制面板

· 启用自反射/折射：只有选中该项才能够在使用了材质的物体上反射其自身。否则只反射周围的物体。

· 光线跟踪大气：只有选中该项才能够反射火效、体积光等。否则不会反射与大气有关的物体。

· 反射/折射材质ID：只有选中该项才能够反射有关于反射和折射的效果等。否则不会反射这些效果。

启用光线跟踪器设置区

· 光线跟踪反射：只有选中该项才能够计算材质的反射率。否则不会计算反射率。如果要获得反射效果，那么必须选中该项。

· 光线跟踪折射：只有选中该项才能够计算材质的折射率。否则不会计算折射率。如果要获得折射效果，那么必须选中该项。

· 局部排除按钮：单击该按钮将会打开"局部排除"对话框，用于设置是否包括对当前光线的计算处理。

· 凹凸贴图效果：使用反射和折射的部分影响凹凸贴图的表现效果。数值越大，表现的效果也越柔和。

衰减末端距离设置区

· 反射：用于设置光线跟踪材质的反射深度，一般与物体的距离越近则越明显。

· 折射：用于设置光线跟踪材质的折射深度，一般与物体的距离越远则越阴暗。

全局禁用光线抗锯齿设置区

这一区域用于设置是否使用光线跟踪抗锯齿全局设置，选中"启用"则启用。

 在现实世界中，折射率与透明介质的密度有着密切的联系，一般密度越大，折射率越高。另外，可以使用贴图来控制不同的折射率。也就是通过贴图的明暗度来影响折射率，以数值1为界限。比如，使用Noise贴图作为折射率贴图，当把折射率设置为3时，那么Noise贴图将把折射率表现在1~3之间。白色部分大，黑色部分小。反之亦然。

9.6.3 高级照明覆盖材质

在3ds Max 2010中，可以使用这种材质直接控制辐射状光线的所有特性，以获得更好的效果图品质。它对一般的渲染没有效果，只对放射状解决方案和光线跟踪有作用，它主要有两种用途。

（1）在放射状解决方案和光线跟踪中调节材质的属性。

（2）创建能够发射能量的、具有自发光物体的特效。

使用这种材质创建的效果如图9-43所示。

高级照明覆盖材质的参数设置区非常简单，如图9-44所示。下面介绍一下它的参数设置选项。

图9-43　照明特效

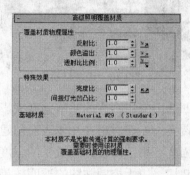

图9-44　"高级照明覆盖材质"设置面板

覆盖材质物理属性设置区

·反射比：用以增加或者减小材质对光的反射强度，它的数值越大，该物体对周围其他物体产生的光照影响也就越大，如图9-45所示。

·颜色溢出：用以增加或者减小材质对光的反射颜色的饱和度大小，数值越大，则效果越明显。

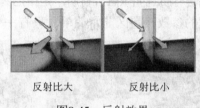

反射比大　　　　　反射比小

图9-45　反射效果

·投射比比例：用以设置光线透过物体的强度，如果一个物体的后面有其他物体，就可以调整这一选项来表现光线透过的效果。

特殊效果设置区

·亮度比：在制作霓虹效果时使用，用以设置霓虹效果的强度。

·间接光照凹凸比：用以设置物体通过灯光生成的凹凸效果。

基础材质设置区

单击该按钮可以返回到基本材质类型，并调整它的选项。也可以使用不同的材质类型来替换基本材质。

9.6.4　建筑材质

建筑材质是为建筑师专门设计的，简化了材质的创建过程。这一版3ds Max中内置了多种建筑材质类型，比如，金属、纸类和木材材质等，这些材质界面都是以直观的方式显示必要的基于物理属性的组件，而且这些都能够使用户充分地应用3ds Max 2010中文版的渲染功能，如图9-46所示。

它共有5个参数设置区，它们是模板、物理属性、特殊效果、高级照明覆盖和高级采样参数设置区。在此只介绍它的"特殊效果"面板，如图9-47所示。

图9-46　建筑材质

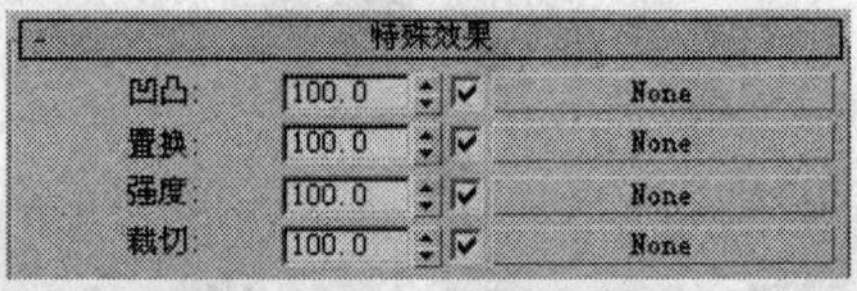

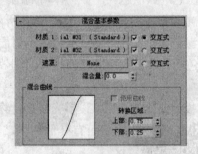

图9-47　"特殊效果"面板

- 凹凸：使用图片的明暗强度来影响材质表面的光滑程度来创建物体表面凹凸的效果。
- 置换：一般应用在物体表面创建凹凸不同的效果。
- 强度：用于设置凹凸效果的强度。
- 裁切：用于控制贴图的透明效果。

9.6.5　混合材质

混合材质也叫做融合材质，是指把两种不同的材质混合在一起使用的材质。如图9-48所示。它的参数设置区非常简单，只有一个设置区，如图9-49所示。

图9-48　瓷砖效果

图9-49　混合材质的基本参数

从图上看，它可以细分为两个小区，一个是基本参数区，另外一个是混合曲线区，下面介绍一下这些选项设置。

基本参数区

- 材质1：用于选择合成材质中的第一个材质。
- 材质2：用于选择合成材质中的第二个可用的材质。
- 遮罩：用于选择或者创建一个贴图作为遮罩，并使用这个遮罩来决定两个材质的混合状况。
- 交互式：用于设置哪一个材质在视图中作为表面显示出来。
- 混合量：只有在不使用遮罩贴图时才能够被激活。通过调节这个数量来混合两种材质。

混合曲线区

只有选中"使用曲线"项，才能够使用曲线进行调整。

- 转换区域：利用上部和下部的数值来调整材质的混合。
- 上部：调整上层材质的合成部分。

·下部：调整下层材质的合成部分。

9.6.6　合成材质

合成材质能够合成10以上的材质类型来创建比较复杂的材质效果，而且它是按从上到下的顺序分层的，它的参数面板如图9-50所示。在合成时，需要使用相加不透明度、相减不透明度和数量等选项。

合成材质的参数设置区的组成非常简单，下面介绍一下这些选项的作用。

·基础材质按钮：用于打开材质/贴图浏览器，在这里可以赋予基本材质。默认设置下，基本材质是标准材质类型。

·材质1到材质9：它们都含有进行合成的材质的控制。默认设置下没有材质被赋予。

9.6.7　双面材质

双面材质实质上是一种合成材质，使用这种材质类型，可以为一个物体的前后面或者内外分别赋予两种不同的材质。

这种材质类型相对说比较常用，所以一定要认真地学习和使用它。它的参数设置区的组成非常简单，如图9-51所示。

图9-50　合成材质的基本参数

图9-51　双面材质的基本参数

·半透明：该项用于设置双面材质的透明度。参数值范围是0～100。

·正面材质：单击打开"材质/贴图浏览器"，在这里选择一种可以在正面使用的材质。

·背面材质：单击打开"材质/贴图浏览器"，在这里选择一种可以在背面使用的材质。

9.6.8　多维/子对象材质

为了更好地理解多维/子对象材质，先来看一幅图，如图9-52所示。

从图上可以看出，对于由多个面组成的复杂物体，可以在不同的表面应用不同的材质以创建出丰富多彩的效果。这样就需要使用到多维/子对象材质。多维/子对象材质的参数设置区比较简单，如图9-53所示。

·设置数量按钮：设置子级材质的数目，注意一点，如果减少这里的数目，那么有可能会把已经设置好的一些材质删除掉。

图9-52　多维/子材质效果

图9-53　参数设置区

· 添加按钮：用于添加新的材质。

· 删除按钮：用于删除选定好的材质。在删除材质时一定要确认物体的ID号。

· ID：代表材质的ID编号，要配合分配给物体的ID号来进行操作。

· 名称：用于给每个材质指定名称。建议养成为物体和材质指定名称的习惯，这样易于在复杂的场景中选择它们。

· 子材质：可以给相应的ID指定材质。也可以在任何的材质类型中使用ID。

9.6.9　变形器材质

这种材质尽管是一种材质类型，但是它本身却不能产生任何的效果。只有与变形修改器一起使用才能够产生效果。这种材质类型一般用于制作在角色动画时的面部表情变化的效果，比如角色的嘴角部分，或者在眼眉抬升时的皱纹。

变形材质有100个通道，并且能够直接映射到变形修改器的100个通道中。当把变形材质应用到一个物体并与变形修改器绑定后，就可以使用变形修改器中的微调器对材质和几何体实施变形操作。变形修改器中的空通道没有几何体变形数据，所以只能用于对材质实施变形。

变形器材质的参数设置区如图9-54所示。

从图上看，可以细分为3个小的区域，它们是修改器连接设置区、基础材质设置区和通道材质设置区。下面对它们分别介绍一下。

图9-54　变形器材质的基本参数

修改器连接设置区

· 选择变形物体：单击这个按钮，然后在视图中选择已经应用了变形修改器的物体。在视图中单击物体打开选择变形物体对话框，在该对话框中选择一个修改器，然后单击"绑定"按钮即可把对应的物体和材质绑定在一起。

· 刷新：更新通道数据。

基础材质设置区

用于在给变形器材质添加动画时选择最基本的材质。

通道材质设置区

如果在变形器连接中绑定了在变形器中的通道个数，就会在这里得以体现。也就是说，如果单击None按钮指定了需要的材质，那么就会把应用了修改器的物体和材质的修改器连接在一起，总共有100个通道。

9.6.10 虫漆材质

虫漆材质是一种通过把一种材质叠加另外一种材质上产生的材质效果，在叠加材质中的颜色被添加到基本材质的颜色中，如图9-55所示。

虫漆材质的参数面板如图9-56所示。

图9-55 虫漆效果　　　　　　　　　　图9-56 虫漆材质的基本参数

· 基础材质：用于设置最基本的材质。基本材质是标准材质，但是也可以使用其他的材质类型。

· 虫漆材质：用于设置在基本材质上的材质。

· 虫漆颜色混合：用于设置混合颜色的数量。当数值为0时，虫漆材质没有效果。默认值为0。

9.6.11 顶/底材质

顶/底材质类型可以让用户为一个物体的顶部和底部分别赋予两种不同类型的材质。并可以把这两种材质混合为一种材质，如图9-57所示。一般情况下，一个物体的顶面法线朝上，底面法线朝下。可以参照场景的全局坐标系和局部坐标系确定法线的方向。

顶/底材质的参数设置如图9-58所示。

图9-57 顶/底材质　　　　　　　　　　图9-58 顶/底材质的基本参数

· 顶材质：用于设置物体上部的材质。

· 底材质：用于设置物体下部的材质。

· 交换按钮：用于交换物体的顶材质和底材质。

· 世界：以物体的全局坐标轴为标准混合顶底两个材质。

· 局部：以物体的局部坐标轴为标准混合顶底两个材质。

混合：用于设置顶底两个材质边界区域的混合程度，一般数值越大，混合效果越好。

位置：用于设置顶底两个材质边界区域的位置，一般数值越大，边界越靠近顶部。

9.6.12 无光/投影材质

使用无光/投影材质可使整个物体成为一种只显示当前环境贴图的不可见物体。这种效果在当前视图中不可见，只在渲染时可见，如图9-59所示。

大家可能知道，电影中是利用蓝屏或者绿屏进行合成的，也就是在拍摄时，把人物的背景设置为蓝色或者绿色的幕，在拍摄完成后进行编辑时删除背景，并使用计算机进行合成。在这里，不可见物体就是起这样的作用。

另外，它还可以接受场景中非可见物体的投影。也就是说通过创建不可见代理物体并把它们放置在背景中合适的位置，这样就可以把阴影投射到背景上。下面是无光/投影材质的参数面板，如图9-60所示。

图9-59　隐藏对象将隐藏照片的一部分，用于显　　　　图9-60　无光/投影材质的参数面板
　　　　示背景使照片好像位于高脚杯的后面

从图上看，它可以细分为4个小的区域，它们是无光、大气、阴影和反射。下面分别予以介绍。

无光区

如果选中不透明Alpha项，那么运用无光/投影材质的物体才会形成Alpha通道。渲染完成后，单击渲染图片对话框中的确认按钮就可以看到是否有Alpha通道。

大气区

·应用大气：如果场景中有烟雾效果，那么选中该项时，也会在应用了不可见/阴影材质的物体上应用烟雾效果。

·以背景深度：这是一种二维模式。选中该项后，将会对背景图片和应用了不可见/阴影材质的物体上都应用烟雾效果，但是对阴影部分不应用烟雾效果。

·以对象深度：这是一种三维模式。选中该项后，将会以物体的深度为标准进行大气效果的处理。

阴影区

·接受阴影：选中该项后，将会在物体表面上生成阴影。

·阴影亮度：用于调节阴影的亮度，最大值为1，数值越小，阴影也就越模糊。

·影响Alpha：选中该项后，将会把不可见物体接受的阴影渲染到Alpha通道中，以便进行其他的合成需要，一般情况下不要选中该项。

・颜色：用于设置所产生的阴影颜色。

反射区

・数量：用于设置反射效果的程度。最大值是100。

・贴图按钮：单击这一按钮将会打开"材质/贴图浏览器"对话框，在这个对话框中可以选择用做反射效果的贴图。

9.6.13　Ink'n Paint材质

Ink'n Paint材质类似于平面设计中的Illustrator的功能。它有多方面的应用，比如使用这种材质可以创建出卡通的效果，如图9-61所示。

Ink'n Paint材质的参数面板是由基本材质扩展、绘制控制、墨水控制和超级采样/抗锯齿参数面板4部分构成的，如图9-62所示。下面就介绍一下这些参数设置区的控制选项。

图9-61　卡通效果

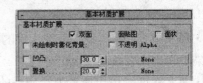

图9-62　基本参数面板

基本材质扩展

・未绘制时使用雾化背景：当关闭绘制时，绘制区域的材质颜色与背景色相同。当选中该项时，绘制区的背景受摄影机和物体之间烟雾的影响。默认是关闭。

 其他几个选项与前面内容中介绍的基本相同，在此不再赘述。

绘制控制面板

绘制控制面板如图9-63所示。这一部分选项用于设置物体整体颜色的亮区和受光的高亮区，可用于表现自然的场景。

・亮区：用于设置物体被照亮的一侧的填充色，默认是淡蓝色，也可以使用其他图片来获得其他的效果。如果关闭该项，那么物体将不可见，但是除了线条之外。一般数值越大，明亮区的实色数也越大。

・绘制级别：用于被渲染的实色的数目，按从亮到暗的顺序。一般数值越小，物体看起来越单调。

・暗区：如果选中该项，则可以调整阴暗部分颜色，如果不选中该项，那么就可以在这一区域使用其他的颜色或者贴图。

・高光：用于设置镜面高光的颜色，默认是白色。如果不选择该项，那么就没有镜面高光，默认是关闭。

・光泽度：用于设置镜面高光的大小。数值越大，镜面高光就越小。

墨水控制面板

在这一类型的材质中，Ink指的是轮廓或者线条。"墨水控制"面板的参数设置区如图9-64所示。

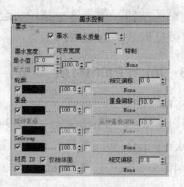

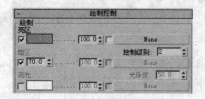

图9-63　绘制控制面板　　　　　　　　　　　　　图9-64　控制面板

这一区域和它的字面意思一样，用于设置物体外轮廓线的厚度和颜色。下面介绍一下它的参数选项。

· 墨水：当选中该项时，渲染出的结果中带有外轮廓线，否则将不会出现外轮廓线。默认为选中，如图9-65所示。

· 墨水质量：用于设置外轮廓线的品质，一般数值越大，外轮廓线也就越精确，但是需要的渲染时间也比较长。

· 墨水宽度：用于设置外轮廓线的粗细，单位是像素，如图9-66所示。

· 可变宽度：当选中该项时，外轮廓线的宽度将是不规则的。默认是关闭。

· 钳制：当选中可变宽度时，有时候场景中的灯光会使一些轮廓线显示的太细，几近消失。如果出现这样的情况，那么就可以选中该项。默认是关闭。

轮廓在背景或者其他物体的前面显示该物体的外轮廓，默认设置是打开，如图9-67所示。

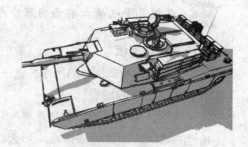

图9-65　左图为有外轮廓线，右图没有　　　图9-66　效果　　　图9-67　只显示物体的轮廓

· 相交偏移：当两个物体相互交叉时，使用该项调节出现的一些不恰当的问题。实际上是把外轮廓线物体移动到靠近渲染视点的位置，或者使外轮廓线物体远离视点。正值是远离，负值是靠近。

· 重叠：用于处理一个物体与其自身叠加部分的问题。默认设置是打开。

· 重叠偏移：用于处理在叠加中出现的问题。正值把外轮廓线物体移动到靠近渲染视点的位置，负值使外轮廓线物体远离视点。

· 延伸重叠：作用类似于重叠，但是它把轮廓线应用到比较远的表面上，而不是比较近的表面上。默认是关闭。

· 延伸重叠偏移：用于处理在显露中出现的问题。正值把外轮廓线物体移动到靠近渲染视点的位置，负值使外轮廓线物体靠近视点。默认数值是0。

· SmGroup：用于处理是否平滑外轮廓线的边缘。

材质ID可以在一个物体的小面中设置不同的ID，并为之使用不同的颜色或者贴图，如图9-68所示。

· 仅相邻面：选中该项时，只处理一个物体上临近面之间的材质ID边。取消选中该项时，处理两个物体之间或者非临近面之间的材质ID边。默认是选中。

 超级采样和抗锯齿面板中的选项用于设置采样数量，用于防止在渲染图片中出现锯齿现象，一般保持默认设置即可。

9.6.14 壳材质

壳材质是3ds Max中新增加的材质类型。该材质在烘焙纹理时使用，也就是在渲染至纹理时用于烘焙纹理。它包括两种材质：在渲染中使用的原材质和烘焙材质。烘焙材质是一种位图，它被烘焙或者连接到场景中的一个物体上。贝壳材质是一个含有其他材质的容器，就像多维/子对象材质一样。这样就可以控制在渲染中所使用的材质。壳材质的参数面板如图9-69所示。

· 原始材质：显示原材质的名称。单击该按钮可以查看和调整该材质的设置。

· 烘焙材质：显示烘焙材质的名称。单击该按钮可以查看和调整该材质的设置。烘焙材质可以含有由灯光产生的阴影和其他信息，而且烘焙材质具有固定的分辨率。

· 视口：该项用于决定哪些材质可以显示在实色视图中：（上）原材质，（下）烘焙材质。

· 渲染：该项用于决定哪些材质在渲染中显示：（上）原材质，（下）烘焙材质。

9.6.15 外部参照材质

外部参照材质能够使用户在另一个场景文件中从外部参照某个应用于对象的材质。对于外部参照对象，材质驻留在单独的源文件中。可以仅在源文件中设置材质属性。在源文件中改变材质属性后保存时，在包含外部参照的主文件中，材质的外观可能会发生变化。仅当在源文件中启用相同的按钮时，"在视口中显示贴图"按钮才适用于外部参照材质。否则，它被禁用。外部参照材质的参数面板如图9-70所示。

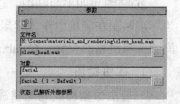

图9-68 子级材质之间的边缘　　图9-69 壳材质的基本参数　　图9-70 外部参照材质的基本参数

这就是材质的基本介绍，在下面的内容中，将介绍与材质息息相关的贴图。

另外，3ds Max 2010中还新增加了DirectX Shader材质，这种材质可以允许用户在视图中使用DirectX 2010（DX 2010）来使物体具有一定的明暗度。这样就可以在视图中更加精确地确定材质在其他应用程序中显示的外观效果，或在其他硬件上的显示情况，比如在游戏引擎中的显示效果。不过这种材质只有在安装了Direct 3D显示驱动程序时才有效。由于本书篇幅有限，在此不在赘述。

9.7　贴图

在3ds Max的实际工作中，仅仅依靠材质是不够的，如果想表现更加真实的效果，就要使用到贴图。下面就介绍有关贴图的一些基本知识。

9.7.1　贴图的概念

对于材质而言，贴图是其中的重要构成部分，很多材质效果直接使用贴图就可以实现。为了对贴图有一个更直观的了解，首先来看一幅图，如图9-71所示。

从两幅效果图看，贴图对创建效果图是非常重要的，它直接决定着效果图的外观效果。从这里可以为贴图下一个定义，贴图是用于创建某种效果的有一定特征的图片。也可以把贴图理解为材质的第2概念。

3ds Max 2010中文版中有30多种贴图类型。按着它们的性质可以分为2D贴图、3D贴图、合成贴图、颜色修改器贴图和其他类型的贴图。可以再细分成多种贴图。由于这些贴图类型都可能在制作中使用到，因此在下面的内容中，将分类介绍这些贴图。

9.7.2　贴图类型

在"材质/贴图浏览器"中可以看到左下方共列出了5种贴图类型，如图9-72所示。这5种贴图类型是：2D贴图、3D贴图、合成器贴图、颜色修改器贴图、其他类型的贴图。

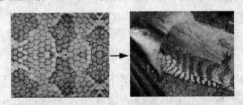

图9-71　使用木纹贴图创建木地板效果　　　　　　　　图9-72　贴图的类型

9.7.3　2D贴图

2D贴图也叫平面贴图，这种贴图是运用在所建物体表面上的贴图类型，也可以把它们作为环境贴图在场景中作为背景。一般常用的2D贴图是位图。共有7种平面贴图，它们分别是：位图、棋盘格、平铺、Combustion、渐变、渐变坡度和旋涡。

1．位图贴图

一般由像素构成的图像都属于位图，也可以按格式划分，一般tif、bmp、psd、gif、jpg和.tga格式的图像都是位图。而3ds Max也支持很多种位图格式，这也是最常用的贴图类型。使用位图制作而成的一堵墙壁如图9-73所示。

2．棋盘格贴图

它是一种将双色图案应用到材质的贴图，在建筑效果图中，可以把它作为一种地板或者桌布的图案，如图9-74所示。

图9-73 墙壁效果

图9-74 棋盘格效果

3. Combustion贴图

如果需要使用这种贴图，那么在计算机上安装上Discreet公司的Combustion软件后该种类型的贴图才可用，如图9-75所示。

小知识：Combustion是Discreet公司开发的一种影像合成软件，与3ds Max有很好的交互功能，它集成了Premiere和After Effects的功能。

4. 渐变贴图

渐变贴图是从一种色彩过渡到另一种色彩的效果贴图，一般需要使用两到三种颜色设置渐变。使用渐变贴图制作的效果如图9-76所示。

图9-75 Combustion贴图类似于位移贴图效果

图9-76 渐变贴图

5. 渐变坡度贴图

渐变坡度贴图是一种类似于渐变贴图的2D贴图。在这种贴图中，可以为渐变色设置颜色和贴图的数量。它的控制选项相对也多一些，这样就可以自定制各种可能的渐变色。而且它的参数都可以被设置成动画。使用这种类型的贴图可以创建出非常丰富的效果，如图9-77所示。

6. 旋涡贴图

旋涡贴图是一种2D程序贴图，使用它可以创建出类似于旋涡的双色图案，如图9-78所示。和其他双色贴图一样，它的颜色也可以使用其他贴图替换。

7. 平铺贴图

这种贴图类似于前面的位图类型，但是可以通过设置参数来设置贴图的平铺数量，从而获得所需要的效果，比如墙壁上的砖效果或屋顶的瓦效果。

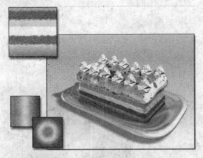

图9-77　渐变坡度效果

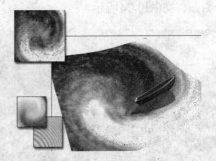

图9-78　旋涡效果

9.7.4　3D贴图

3D贴图也叫三维贴图，是在三维空间中生成的一种程序图案。比如大理石贴图可以在几何体表面上生成颗粒状的效果。它们都有自己的*XYZ*轴坐标，所以一般不用另外给它们指定UVW贴图。

3ds Max 2010中有15种类型的三维贴图。它们分别是细胞贴图、凹痕贴图、衰减贴图、大理石贴图、噪波贴图、粒子年龄贴图、粒子运动模糊贴图、**Perlin**大理石贴图、行星贴图、烟雾贴图、斑点贴图、泼溅贴图、泥灰贴图、波浪贴图、木材贴图。下面分别介绍这些类型的贴图。

1. 细胞贴图

细胞贴图是一种程序贴图，使用它创建的图案可以用于各种视觉效果，如地板砖、石头，甚至海洋表面，如图9-79所示。

2. 凹痕贴图

凹痕贴图是一种3D程序贴图，在扫描渲染时，它根据碎片噪波创建一种随机图案，它还根据贴图的类型而产生不同的图案。凹痕贴图的效果如图9-80所示。

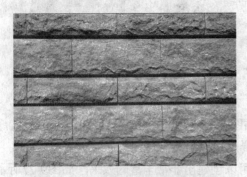

图9-79　使用细胞贴图创建的效果

图9-80　凹痕贴图效果

3. 衰减贴图

衰减贴图是一种根据几何体表面的面法线的角度衰减生成的黑色值和白色值。在默认设置下，在当前视图中，贴图在法线指向外侧的面上生成白色，平行于当前视图的面上生成黑色。使用这种贴图类型可以创建透明的效果。

4. 大理石贴图

大理石贴图用于创建带有色彩的大理石表面，而且还会自动生成第三种颜色。下面是一幅使用大理石创建的效果，如图9-81所示。

5. 噪波贴图

这种贴图可以根据两种颜色或者材质创建一种随机的表面混乱效果。在建筑效果图中，可以用它来表现地面、路面和墙壁等，如图9-82所示。

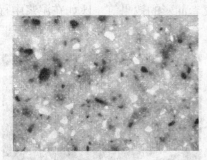

图9-81 大理石效果

图9-82 噪波效果

6. 粒子年龄贴图

这种贴图是用于粒子系统的贴图，也就是说是应用于粒子的贴图。根据粒子的生命周期指定三种不同的颜色或者贴图，使粒子在开始、中间和消失时具有不同的颜色。

7. 粒子运动模糊贴图

这种贴图是用于粒子系统的一种贴图，贴图可以根据粒子的运动速度改变踪迹前后的透明度，比如可以使用这种贴图制作流水的效果，如图9-83所示。

8. Perlin大理石贴图

基本上与大理石贴图相同，也是一种3D材质。可以在背景颜色上创建颜色纹理效果，常用于制作大理石贴图。

9. 行星贴图

行星贴图是一种用于模拟行星表面纹理的3D贴图，使用这种贴图可以控制星球表面上的陆地和海洋的大小，如图9-84所示。根据使用经验，如果与凹凸贴图和不透明贴图一起使用则创建出的效果会更好一些。

图9-83 粒子运动效果

图9-84 行星贴图

10. 烟雾贴图

这是一种用于模拟烟雾、云或者雾气的3D贴图，如图9-85所示。

11. 斑点贴图

斑纹贴图是一种用于创建带有斑纹的表面图案的3D贴图。比如用作石块表面的贴图和溅起水花的贴图等。

12. 泼溅贴图

该贴图类型用于创建颜料或液体飞溅而出的效果或者油彩的效果等。比如在泥浆中行使过的汽车车身，如图9-86所示。

图9-85　使用烟雾贴图制作的云效果

图9-86　泼溅贴图效果

13. 泥灰贴图

泥灰贴图用于创建水泥墙壁或者壁纸上的凹陷效果，也可以用于表现金属的粗糙表面效果，如图9-87所示。

14. 波浪贴图

这种贴图用于创建水或者波浪的效果，如图9-88所示。

图9-87　粗糙的金属效果

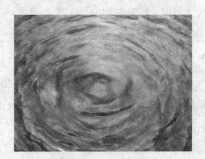

图9-88　水的效果

15. 木材贴图

这是一种用于创建木纹图案的3D程序贴图。下面是一幅使用木纹贴图制作的效果，如图9-89所示。

9.7.5　合成器贴图

合成器贴图是指通过合成其他颜色或者贴图而得到的贴图。在图像处理中，合成器贴图需要叠加2个或者更多的贴图来实现更加高级而又复杂的效果。合成器贴图共分为4类，它们是合成贴图、遮罩贴图、混合贴图和RGB倍增贴图。

1. 合成贴图

合成贴图是使用其他贴图构成的，它使用Alpha通道在一个贴图上覆盖或者叠加上其他的贴图。使用这种贴图实现的效果如图9-90所示。

图9-89 木纹贴图

图9-90 通过把星、月亮和辉光合成到
天空中实现的星空效果

2. 遮罩贴图

使用遮罩贴图可以透过另一个物体看到另外一个贴图，遮罩用于控制第2个贴图在一个物体表面上被放置的位置。比如可以制作瓶子上的标签效果。

3. 混合贴图

通过在一个物体表面上混合两个贴图或者颜色来获得另外一种效果。可以动画混合贴图的参数。

4. RGB倍增贴图

RGB倍增贴图是通过合并两个贴图来获得另外一种加强的效果，它一般多用于凹凸贴图。实质上它是通过倍增两个贴图的RGB值来合并两个贴图。

9.7.6 颜色修改器贴图

颜色修改器贴图可以在材质中改变像素的颜色。这种贴图类型共有3种，它们是RGB染色贴图、输出贴图和顶点颜色贴图。它们都使用不同的方式修改颜色。

1. RGB染色贴图

这种贴图根据红色、绿色和蓝色的颜色值改变贴图的颜色。如图9-91所示是一幅RGB染色贴图的效果。

2. 输出贴图

这种贴图用于调整位图的亮度、饱和度等输出效果。

3. 顶点颜色贴图

用于在渲染场景中显示被赋予的顶点颜色的效果。

9.7.7 其他贴图类型

外还有其他6种类型的贴图，它们是：反射/折射贴图、平面镜贴图、光线跟踪贴图、薄壁折射贴图、法线凹凸贴图和每像素摄影机贴图。在"材质/贴图浏览器"中这些贴图被命名为其他贴图。其实它们都是用来创建折射和反射效果的，而且都有自己独特的用途。下面将分别予以介绍。

1. 反射/折射贴图

反射/折射贴图用于创建反射和折射的贴图，反射/折射贴图根据围绕物体的其他物体和环境自动创建反射和折射效果。

2. 平面镜贴图

平镜面贴图用于创建在平面镜上创建镜面反射效果，而不会产生折射效果。可以把它赋予物体的一个面，而不是整个物体，效果如图9-92所示。

图9-91　RGB染色贴图　　　　　　图9-92　在镜子中反射出室内的物品

3. 光线跟踪贴图

光线跟踪贴图用于创建精确的光线反射和折射效果，如图9-93所示。实质上，它使用光线追踪方式来表现反射和折射。但是，在使用这种贴图时，渲染时间将会变长。

4. 薄壁折射贴图

薄壁折射贴图用于自动创建折射，模拟在玻璃和水中生成的折射效果。这种效果用于模拟"慢跑"或者偏离效果。

5. 法线凹凸贴图

这种贴图允许使用烘焙纹理法线贴图，可以把它指定给凹凸、置换组件来纠正不正确的边缘平滑效果，但是这样会增加物体的面数。

6. 每像素摄影机贴图

这种贴图允许沿着特定的摄影机方向投射一个贴图，相当于一个2D遮罩的作用。

9.7.8　位图贴图的指定与设置

位图贴图是一种比较常用的贴图类型，常见的图片格式3ds Max 2010中文版基本都支持，它的指定也非常简单，操作步骤如下：

（1）在视图中创建一个物体，比如长方体。

（2）按M键打开材质编辑器，并选择一个样本球。一般使用默认的样本球即可。

（3）单击"漫反射"右侧的小方框按钮，打开"材质/贴图浏览器"，双击位图图标，打开"选择位图图像文件"对话框，从中选择一个位图，然后单击"打开"按钮即可。

（4）确定视图中的物体处于选择状态，然后单击█按钮即可把贴图指定给物体。

如果赋予贴图后，想删除它们，那么在"漫反射"右侧的小方框按钮上单击鼠标右键，从弹出的菜单中选择"删除"即可。注意，在删除之前，该按钮上含有一个字母M。

另外可以设置贴图的平铺、偏离和角度等属性。不过先来了解一个很重要的概念，贴图坐标，还有它的一些选项设置。大家可能知道，坐标是用来确定物体的位置的，其实，贴图坐标也是用来确定贴图位置的，当然还有贴图的方向以及分布等，一般用U、V、W来表示，它们分别代表常见的X、Y、Z坐标轴的轴向。贴图坐标的设置选项面板如图9-94所示。

图9-93 使用光线跟踪贴图创建的效果

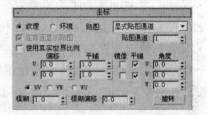

图9-94 贴图的坐标选项

· 纹理：把位图作为纹理贴到物体的表面上，默认选中。这时在右侧栏中有4种坐标方式，如图9-95所示。

◆显示贴图通道：可以使用任意的贴图通道，选种该项时，贴图通道栏被激活，可以选用99个通道中的任意通道。

◆顶点颜色通道：使用指定的顶点颜色作为通道。

◆对象XYZ平面：根据物体的局部坐标使用平面贴图。

◆世界XYZ平面：根据物体的世界坐标使用平面贴图。

· 环境：指的是把位图作为环境贴图使用，也可以说是背景贴图。这时在右侧栏中有4种坐标方式。

◆屏幕：在场景中把物体作为一个背景幕。一般在静止的场景中使用，不适合表现动化效果。

◆球形环境：使背景中的图片具有在球形物体上的贴图效果。

◆柱形环境：使背景中的图片具有在柱形物体上的贴图效果。

◆收缩包裹环境：使背景中的图片不相互交错。

· 在背面显示贴图：选中时，物体背部的贴图不被渲染。不被选中时，物体背部的贴图则被渲染。

· 偏移：用于改变在UV坐标中的贴图位置。

· UV/VW/WU坐标：它们用于改变贴图的坐标系统。UV坐标可以把贴图像幻灯机那样贴到物体表面上。VW和WU坐标则会旋转贴图。

· 平铺：用于设置在水平和垂直方向上重复贴图的数量。数值越大，重复的效果也越显著。设置了重复值后的效果如图9-96所示。

·镜像：选中该项时，将在物体的表面上对贴图进行镜像复制。设置了镜像值后的效果如图9-97所示。

图9-95　4种贴图坐标方式　　　图9-96　设置了重复值后的效果　　　图9-97　设置了镜像值后的效果

·平铺：用于设置是否重复贴图。

·角度U/V/W：用于在贴图方向上创建贴图的旋转效果。

·模糊：用于设置图像的模糊效果，一般在表现远近景时使用。

·模糊偏移：用于设置图像的锐利或者模糊程度，与远近景无关。

·旋转：单击该按钮后将会打开一个旋转贴图坐标的对话框，移动鼠标即可旋转贴图。

一般使用这些选项设置就可以设置出很多的贴图效果。后面的实例中将介绍如何调制（或者制作）一些材质，使读者也可以在以后的制作中自己调制一些实际需要的材质。

9.8　实例：室内静物

在本实例中，将介绍制作几种常用的材质，如玻璃、不锈钢金属、瓷器和木纹等。这是一个整体地室内静物效果，如图9-98所示。

（1）打开配套资料中的"室内静物"文件，场景中的模型如图9-99所示。

图9-98　室内静物　　　　　　　　　　图9-99　场景中的模型

（2）制作玻璃材质。按下M键，打开"材质编辑器"。选择一个空白的示例球，将其命名为"玻璃"材质。单击水平工具栏中的"获取材质" 按钮或者是单击 Standard 按钮，打开"材质/贴图浏览器"对话框，如图9-100所示。

（3）双击"材质/贴图浏览器"对话框中的"光线跟踪"材质，打开"光线跟踪基本参数"面板，设置"漫反射"和"透明度"的颜色均为白色，设置"反射"的颜色RGB为（50，50，50）。在"反射高光"选项栏中设置"高光级别"的值为80，"光泽度"的值为70，如图9-101所示。

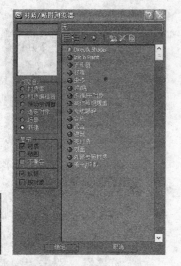

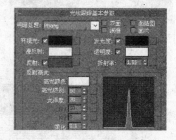

图9-100 "材质/贴图浏览器"对话框   图9-101 "光线跟踪基本参数"面板

（4）选择酒杯造型，单击"将材质指定给选定对象" 按钮，将"玻璃"材质赋予它们。按F9键进行渲染，效果如图9-102所示。

（5）制作不锈钢金属材质。选择一个空白的示例球，将其命名为"金属"材质。在"明暗器基本参数"面板的明暗方式选项中选择"（ML）多层"明暗属性。打开"明暗器基本参数"面板，设置"环境光"和"漫反射"颜色的RGB值均为（83，83，83），如图9-103所示。

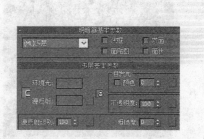

图9-102 玻璃材质   图9-103 "明暗器基本参数"面板

（6）进入到"第一高光反射层"面板中，将"级别"的值设置为200，"光泽度"的值设置为10，"各向异"的值设置为80，"方向"的值设置为0。进入到"第二高光反射层"面板中，将"级别"的值设置为200，"光泽度"的值设置为10，"各向异"的值设置为80，"方向"的值设置为90，如图9-104所示。

（7）进入到"贴图"面板中，单击"反射"右边的"None"按钮，打开"材质/贴图浏览器"。双击"衰减"贴图级别，进入到"衰减参数"面板中，单击白色颜色块右边的None按钮，赋予"光线跟踪"贴图类型，如图9-105所示。

（8）打开"混合曲线"面板，单击"添加点" 按钮，在混合曲线中间位置添加一个节点。在节点上单击鼠标右键，在打开的菜单中选择"Bezier-平滑"命令，然后调整混合曲线的形状，如图9-106所示。

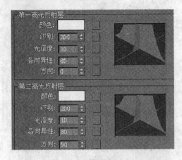

图9-104　"各向异性基本参数"
面板的参数设置

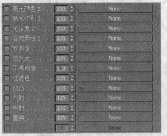

图9-105　"贴图"面板和"衰减参数"面板

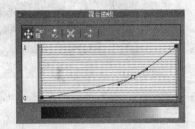

图9-106　调整的衰减曲线

（9）进入到"贴图"面板中，单击"凹凸"右边的"None"按钮，打开"材质/贴图浏览器"。双击"噪波"贴图级别，进入到"坐标"面板中。单击"源"后面的下拉按钮，在打开的菜单中选择"显示贴图通道"选项。然后设置V向的"平铺"参数的值为2000。在"噪波参数"面板中将"大小"的值设置为0.5，如图9-107所示。

（10）选择不锈钢水杯、叉子和勺子造型，单击"将材质指定给选定对象"按钮，将"金属"材质赋予它们。按F9键进行渲染，效果如图9-108所示。

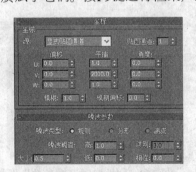

图9-107　"坐标"面板

图9-108　金属材质

（11）制作白瓷材质。选择一个空白的示例球，将其命名为"白瓷"材质。在"明暗器基本参数"面板的明暗方式选项窗选择"Blinn"明暗属性。

（12）进入到"Blinn基本参数"面板中，将"环境光"色块、"漫反射"色块和"高光反射"色块均设置为白色，如图9-109所示。

（13）进入到"反射高光"面板中，将"高光级别"的值设置为60，"光泽度"的值设置为10，如图9-110所示。

（14）进入到"贴图"面板中，单击"反射"右边的"None"按钮，打开"材质/贴图浏览器"。双击"光线跟踪"贴图级别，并将数量的值设置为20，如图9-111所示。

（15）选择茶壶和茶杯造型，单击"将材质指定给选定对象"按钮，将白瓷材质赋予它们。按F9键进行渲染，效果如图9-112所示。

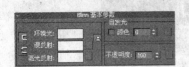

图9-109 "Blinn基本参数"
面板的参数设置

图9-110 "反射高光"面板

图9-111 "贴图"面板

（16）制作木纹材质。选择一个空白的示例球，将其命名为"木纹"材质。进入到"Blinn基本参数"面板中，单击"漫反射"右边的方块按钮，打开"材质/贴图浏览器"。双击"位图"按钮，并为其指定本书配套资料中的木纹贴图，如图9-113所示。

（17）选择茶几造型，单击"将材质指定给选定对象"  按钮，将"木纹"材质赋予茶几造型。按F9键进行渲染，效果如图9-114所示。

图9-112 白瓷材质

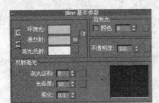 

图9-113 "Blinn基本参数"面板（左）和木纹贴图（右）

图9-114 木纹材质

（18）观察效果可以看到，此时茶几面并不能反射桌面上的物体，需要再为其添加"光线跟踪"贴图。进入到"贴图"面板中，单击"反射"右边的"None"按钮，打开"材质/贴图浏览器"。双击"光线跟踪"贴图级别，并将数量的值设置为10。按F9键进行渲染，如图9-115所示。

（19）使用同样的方法制作出场景中的其他材质，如地板砖地面、红酒和苹果材质等，在此不再详细叙述。

提示

也可以把自己制作的比较好的材质类型保存到一个库中，以后使用时直接调用即可，本书配套资料中就有一个材质库，可以在"材质/贴图浏览器"中选中"材质库"选项后，单击"打开"按钮，在打开的"打开材质库"对话框中选择需要的材质，然后指定给场景中的对象就可以，如图9-116所示。

图9-115 "贴图"面板和木纹效果

图9-116 打开的"材质/贴图浏览器"和"打开材质库"对话框

第10章　灯　　光

在3ds Max 2010中文版的场景中，灯光的设置及其布局是否合理对最终效果图的结果起着非同凡响的作用。如果场景空间中没有光效的作用，那么整个场景将是一片黑暗，不会显示任何的效果。如果要在3ds Max场景中展现出所要创建的物体及其效果，那么必须要设置灯光，否则就看不到物体及其材质和色彩。在默认设置下，3ds Max在场景中自动设置一个灯光用于照亮整个场景。用户在场景中设置了灯光后，3ds Max系统将会把自动设置的灯光关闭掉，如图10-1所示。

另外，3ds Max场景中的模型为灯光提供某种形式的反射、透射和折射，并产生相应的明暗、色调、质感和构图方面的变化，从而表现效果图中富有变化的光影的层次、光线的强度、色调的深浅等要素，并以此使效果图显得形象生动。可以通过在场景中的不同位置设置不同的灯光来使场景中的物体产生色彩和明暗的变化。从这一点上可以看出，要制作一幅好的效果图作品并非易事，不仅要合理地布局灯光，还要使场景中的物体材质和现实中的物体材质相匹配，否则制作出的效果不会让人信服。

图10-1　灯光效果

在3ds Max 2010中，可以根据灯光的属性把灯光分为3类，它们分别是标准灯光、光度学灯光和系统灯光，下面分别予以介绍。

10.1　标准灯光

标准灯光是基于计算机的模拟灯光，单击创建面板上的 按钮，创建面板中将显示标准灯光的8种类型，如图10-2所示。

3ds Max 2010共提供了8种类型的标准灯光，它们是：目标聚光灯、自由聚光灯、目标平行灯、自由平行光、泛光灯、天光、mr区域泛光灯和mr区域聚光灯。

10.1.1　目标聚光灯

目标聚光灯就像手电筒的光一样是一种投射光，可影响光束内被照射的物体，产生一种逼真的投影阴影，如图10-3所示。当有物体遮挡光束时，光束将被截断，且光束的范围可以任意调整。目标聚光灯包含有两个部分："投射点"和"光源"，即场景中的小立方体图形。可以通过调整两个图形的位置来改变物体的投影，从而产生逼真的立体效果。聚光灯有矩形和圆形两种投影区域，矩形特别适合制作电影投影图像、窗户投影等。圆形适合路灯、车灯、台灯等灯光。

图10-2　灯光类型面板

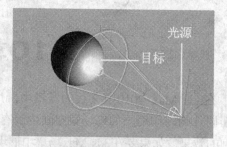

图10-3　目标聚光灯

 单击这些灯光的创建按钮，然后在视图中单击并拖曳就可以创建它们。另外，也可以使用"创建"菜单中的灯光创建命令来创建，灯光创建命令如图10-4所示。

 在创建灯光后，可以通过在灯光的参数面板中选中"矩形"项，使灯光的光是矩形的，如图10-5所示。其他的灯光也可以进行这样的设置。

图10-4　灯光创建命令

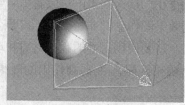

图10-5　修改灯光的形状

10.1.2　自由聚光灯

自由聚光灯是一种能够产生锥形照射区域的灯光，它是一种没有"投射目标"的聚光灯，如图10-6所示。通常用于运动路径上，或与其他物体相连而以子对象方式出现。自由聚光灯主要应用于动画的制作。

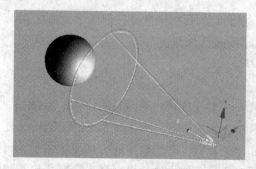

图10-6　自由聚光灯

10.1.3　目标平行灯

目标平行灯产生一个圆柱装的平行照射区域，是一种与目标聚光灯相似的"平行光束"，如图10-7所示。目标平行光主要用于模拟阳光、探照灯、激光光束等效果。在制作室外建筑效果图时，主要用目标平行光来模拟阳光照射产生的光影效果。

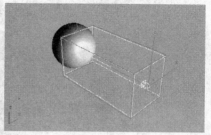

图10-7 目标平行灯

10.1.4 自由平行光

自由平行光是一种与自由聚光灯相似的平行光束。但它的照射范围是柱形的，一般多用于制作动画，如图10-8所示。

10.1.5 泛光灯

泛光灯是一种可以向四面八方均匀照射的"点光源"，是一种比较常用的灯光类型，如图10-9所示。它的照射范围可以任意调整，可以对物体产生投影阴影。泛光灯是在效果图制作当中应用最广泛的一种光源，一般用来照亮整个场景，没有什么特定的范围。场景中可以用多盏泛光灯协调作用，以产生较好的效果，但要，泛光灯也不能过多，否则效果图就会显得平淡而呆板。所以在平时的效果图制作中，要多注意体会灯光参数及布局对整个效果图场景的影响，多积累经验，逐步掌握好灯光的搭配技巧。

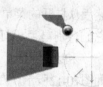

图10-8 自由平行光   图10-9 泛光灯

10.1.6 天光

天光是一种类似于日光的灯光类型，它需要使用光线跟踪器。可以设置天空的颜色或为它赋予贴图。可以在场景中制作天空，也就是说可以进行建模，效果如图10-10所示。

10.1.7 mr区域泛光灯

使用mental ray渲染场景时，区域泛光灯用于在一个球形或者圆柱形区域发射光线，而不是从一个点发光。当使用3ds Max默认的渲染器渲染时，它的作用类似于标准类型的泛光灯。

在3ds Max 2010中文版中，区域泛光灯由MAXScript脚本生成。只有使用mental ray时，才可以使用区域泛灯光参数面板的参数。

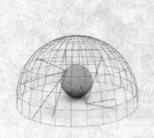

图10-10 使用天光的效果

10.1.8 mr区域聚光灯

当使用mental ray渲染场景时，区域聚光灯用于在一个矩形或者弧形区域发射光线，而不是从一个点发光。使用3ds Max默认的渲染器渲染时，它的作用类似于标准类型的泛光灯。

在3ds Max 2010中文版中，区域聚光灯由MAXScript脚本生成。只有使用mental ray渲染器时，才可以使用区域聚灯光参数面板的参数。

 关于mental ray渲染的设置，将在后面的内容中进行介绍。

10.2 光度学灯光

光度学灯光是一种使用光能值的灯光，使用这种灯光可以更为精确地模拟自然界中的灯光，这种灯光具有多种光分布和颜色特性，渲染出来的效果也更加自然。

3ds Max 2010提供了3种光度学灯光，在灯光创建面板中单击标准右侧的小三角按钮，然后从打开的菜单中选择"光度学"项，即可进入到光度学光源创建面板中，如图10-11所示。它们分别是目标灯光、自由灯光和mr Sky门户灯光。

和以前相比，它的灯光类型并没有减少，而是放置到"灯光分布（类型）"面板中去了，如图10-12所示。在该面板中可以设置灯光的类型。其中目标灯光包括统一球形、光度学Web、聚光灯和统一漫反射4种类型。另外，还可以在"图形/区域阴影"面板中设置灯光的形状，从而设置灯光的照明类型。

10.2.1 目标灯光

目标灯光使用一个目标物体发射光线，具有指向性。这种灯光有3种类型的分配方式，而且有对应的3个图标，如图10-13所示。

   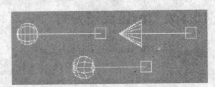

图10-11 光度学光源
创建面板

图10-12 灯光的类型和形状

图10-13 目标灯光的图标及分配网

在添加目标灯光后，系统将自动赋予它一个"观看"控制器，并把灯光的目标物体作为"观看"目标。可以使用运动面板上的控制器设置赋予场景中的其他物体作为"观看"目标。另外，在重命名目标点光灯时，其目标也被重命名进行。目标光灯在室内建筑效果图中，一般用于制作筒灯，如图10-14所示。

10.2.2 自由灯光

自由光灯没有目标物体。可通过调整让它发射光线，它也有3种光能分配方式及图标，如图10-15所示。在室内建筑效果图中，一般用于制作主灯光，如图10-16所示。

图10-14　筒灯效果

图10-15　自由灯光的图标及分配网

10.2.3 光度学灯光的类型设置

在场景中使用光度学灯光后，需要使用支持光度学灯光的渲染器进行渲染，比如光能传递渲染器、VRay等。在制作室内效果图时，一般在"灯光分布"面板中把灯光类型设置为"统一漫反射"，并在"图形/区域阴影"面板中设置灯光的形状或照明的方式，如图10-17所示。

图10-16　作为主灯光

图10-17　"灯光分布"面板和"图形/区域阴影"面板

灯光的类型决定灯光的分布方式，下面是几种灯光类型的简介。

1．统一球形

统一球形分布，如其名称，可在各个方向上均匀投射灯光，如图10-18所示。

2. 统一漫反射

统一漫反射分布仅在半球体中投射漫反射灯光，就如同从某个表面发射灯光一样。统一漫反射分布遵循Lambert余弦定理：从各个角度观看灯光时，它都具有相同明显的强度。灯光效果如图10-19所示。

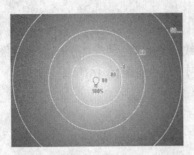

图10-18　球形灯光

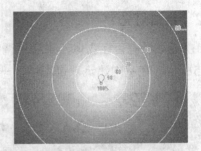

图10-19　漫反射

3. 聚光灯

聚光灯分布像闪光灯一样投影聚焦的光束，这是在剧院中或檐灯下的聚光区。灯光的光束角度控制光束的主强度，区域角度控制光在主光束之外的"散落"，灯光效果如图10-20所示。

4. 光度学Web分布

光度学Web分布使用光域网定义分布灯光。光域网是光源的灯光强度分布的3D表示。Web定义存储在文件中。许多照明制造商可以为其产品提供建模web文件，这些文件通常在Internet上可用，灯光效果如图10-21所示。

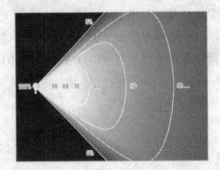

图10-20　聚光灯

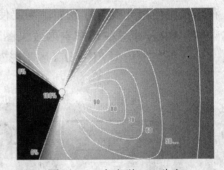

图10-21　光度学Web分布

在"图形/区域阴影"面板中可以设置灯光的光线发射形状，可以是点、线、矩形、球形和圆柱体等。选择不同的形状将会得到不同的灯光照明效果。比如，选择矩形，则可以模拟室内设计中灯池灯光的照明效果。

如果选择点，那么计算阴影时，如同点在发射灯光一样，点图形未提供其他控件。

如果选择线，那么计算阴影时，如同线在发射灯光一样，线性图形提供了长度控件。线光源使用目标物体发射光线。它有2种光能分配方式及图标，如图10-22所示。它的操作方式与目标灯光有类似之处。可以模拟灯管等线性照明效果。

自由线光源没有目标物体。可通过调整使它发射光线，它有2种光能分配方式及图标，如图10-23所示。也可以使用自由线光源制作灯管发出的灯光效果。

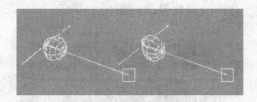

图10-22 目标线光源的图标及分配网

图10-23 自由线光源的图标及分配网

如果选择矩形，那么计算阴影时，如同矩形区域在发射灯光一样，区域图形提供了长度和宽度控件，因此，可以制作面光。目标光源使用目标物体发射光线。它有2种光能分配方式及图标，如图10-24所示。它的操作方式与目标灯光有类似之处。

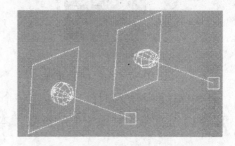

图10-24 目标面光源的图标及分配网

目标线光源，一般用于制作灯池中发出的灯光效果，如图10-25所示。

自由面光源没有目标物体。可通过调整使它发射光线，它有2种光能分配方式及图标，如图10-26所示。

图10-25 灯管发出的灯光

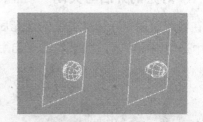

图10-26 自由面光源的图标及分配网

如果选择圆形，那么计算阴影时，如同圆形在发射灯光一样，圆图形提供了半径控件。

如果选择球体，那么计算阴影时，如同球体在发射灯光一样，球体图形提供了半径控件。

如果选择圆柱体，那么计算阴影时，如同圆柱体在发射灯光一样，圆柱体图形提供了长度和半径控件。

提示

mr门户灯光提供了一种"聚集"内部场景中现有天空照明的有效方法，无需高度最终聚集或全局照明设置（这会使渲染时间过长）。实际上，门户就是一个区域灯光，从环境中导出其亮度和颜色。由于本书篇幅有限，在本书中不做介绍。

10.3 系统灯光

3ds Max 2010中还有一种类型的灯光——系统灯光。在灯光创建面板中单击 按钮，就会打开系统创建面板，如图10-27所示。

在该面板中有两个按钮，一个是"太阳光"按钮，另外一个是"日光"按钮。有了这两种光源，就可以指定地点的经纬度、时间、日期和指南针的方向来模拟日光的光照效果，还可以对时间和日期进行动画设置来制作从早到晚光照变化的动画效果，如图10-28所示。

图10-27　系统创建面板

图10-28　动画效果

　　在创建这两种光源时，只需单击一个光源按钮，在顶视图中单击并拖动即可创建它们。然后可以在参数面板中修改它们的参数。本书不做详细介绍。

10.4　灯光的基本操作

　　接下来介绍灯光的基本操作，比如灯光的开启、亮度调节、灯光颜色调节、阴影设置等。这些设置一般都在灯光的修改命令面板中实现。下面是一种阴影效果，如图10-29所示。

10.4.1　灯光的开启与关闭

　　在视图中创建好标准类型的灯光后，进入到其"常规参数"面板中，如图10-30所示。在视图中选中一盏灯光，如果勾选"启用"项，则会打开灯光，如果取消勾选则关闭灯光。

图10-29　阴影效果

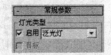

图10-30　灯光的常规参数设置

　　勾选"启用"项后，场景中的物体才能看到它的真实颜色。如果取消勾选"启用"项，那么场景中的物体以黑色显示，如图10-31所示。

10.4.2　阴影的开启与关闭

　　创建好标准类型的灯光后，进入到其"常规参数"面板中，如图10-32所示。

　　在默认设置下，灯光是不投射阴影的，如果需要则可以勾选"启用"项，这样就会投射阴影。但是只有在渲染时才会显示出阴影。勾选"使用全局设置"项时为投影使用全局设置，关闭时，为阴影使用单个的控制，如图10-33所示。

图10-31 对比效果

图10-32 灯光的阴影设置

10.4.3 设置和修改阴影的类型和效果

在常规参数面板中单击阴影贴图右侧的小三角按钮 ，则会打开一个列表。在该列表中有5个选项，用于为阴影使用贴图，它们是高级光线跟踪阴影、区域阴影、mental ray阴影贴图、光线跟踪阴影、阴影贴图，如图10-34所示。

无阴影　　　　　　　　有阴影

图10-33 灯光的阴影设置

图10-34 灯光的阴影类型

1. 阴影贴图

阴影贴图是3ds Max 2010中文版默认的阴影类型。使用阴影贴图方式时，渲染速度比较快。如果选用这种贴图方式，在投射阴影时，不考虑材质的透明度变化，场景过大（灯光距物体较远）时，阴影变得很粗糙，这时需要增加Size的值改善阴影。这种方式可以产生模糊的阴影，这是光线跟踪方式无法实现的，在制作室内效果图时，通常使用阴影贴图方式。阴影贴图参数面板如图10-35所示。

• 偏移：用来设置阴影与物体之间的距离。值越小，阴影距离物体越近，如果发现阴影离物体太远而产生悬空现象时，那么就应减少它的数值，如图10-36所示。

图10-35 阴影贴图参数面板

图10-36 阴影效果

• 大小：设定阴影贴图的大小，如果阴影面积较大，应加大此值，否则阴影会显得很粗糙。虽然提高它的值可以优化阴影的质量，但是会延长渲染时间。

• 采样范围：设置阴影中边缘区域的柔和程度。值越高，边缘越柔和，可以产生比较模糊的阴影。

- 绝对贴图偏移：以绝对值方式计算Map Bias的偏移值。
- 双面阴影：选中该项时，背面也投射阴影；不选中时，背面则不产生阴影。

2. 区域阴影

使用区域阴影类型可以产生非常柔和的阴影边界，而且距离物体越远，阴影的边缘也越模糊，这种阴影效果比较真实，效果如图10-37所示。

区域阴影的参数面板如图10-38所示。有些参数设置与阴影贴图不同，有些是相同的。从图中可以看到，可以设置阴影的完整性、阴影质量、抖动量及大小等。

3. 光线跟踪阴影

光线跟踪阴影是跟踪灯光发射出来的光线路径而产生的阴影，能够产生比较精确、边缘清晰的阴影效果，效果如图10-39所示。

图10-37　区域阴影效果　　　　图10-38　区域阴影面板　　　　图10-39　光线跟踪阴影

光线跟踪阴影的参数面板如图10-40所示。有些参数设置与阴影贴图不同，有些是相同的。从图中可以看到，有一个"最大四元树深度"项，使用该项可以加快计算机运算阴影的速度，但是会占用很多的内存。

4. 高级光线跟踪阴影

高级光线跟踪阴影是一种比较复杂的阴影类型，距离物体越近的阴影越实，颜色也越暗，反之越虚，颜色也越浅。如果被光照射的物体具有透明性，则产生的阴影也具有一定的透明度，效果如图10-41所示。

高级光线跟踪阴影的参数面板如图10-42所示。有些参数设置与阴影贴图不同，有些是相同的。从图中可以看到，可以设置阴影的完整性、阴影扩散等，比光线跟踪阴影要高级一些。

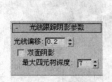

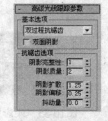

图10-40　光线跟踪阴影面板　　　图10-41　高级光线跟踪阴影　　　图10-42　高级光线跟踪阴影面板

5. mental ray阴影贴图

在3ds Max中，mental ray阴影贴图是一种比较复杂的阴影类型，必须要使用mental ray渲染器才有效。当然产生的效果也非常真实，效果如图10-43所示。

mental ray阴影贴图的参数面板如图10-44所示。这种阴影要高级一些，下面介绍一下它的各个参数设置。

- 贴图尺寸：用于设置阴影的清晰度，但是数值越大，需要的渲染时间也越长。
- 采样范围：用于设置阴影的边缘效果，数值越大，产生的阴影越柔和。
- 采样：用于设置阴影是否带有噪波点。
- 颜色：勾选时，物体颜色会影响阴影的颜色。
- 合并距离：用于设置阴影的质量。
- 采样/像素：数值越大，阴影的效果也越真实。

10.4.4 排除照射的物体

在大的场景中，有时需要使灯光只照射其中的一部分物体，或者当对一部分区域添加灯光增加亮度时，会影响其他区域的亮度，这时可以通过排除不想照射的物体解决上面的问题。

（1）在视图中创建几个物体，比如一个平面、一个球体和一把茶壶，并创建一盏泛灯光。

（2）按F9键渲染的效果如图10-45所示。

图10-43 mental ray阴影效果　　图10-44 高级光线跟踪阴影面板　　图10-45 高级光线跟踪阴影面板

这里打开了启用阴影的选项。

（3）在修改灯光面板上单击排除按钮，打开"排除/包括"对话框，如图10-46所示。

（4）在"排除/包括"对话框中选中Sphere01，并单击对话框中间的 ◨ 按钮，这样就可以把球体排除在泛光灯的照射之外，然后单击"确定"按钮。

（5）按F9键渲染的效果如图10-47所示。

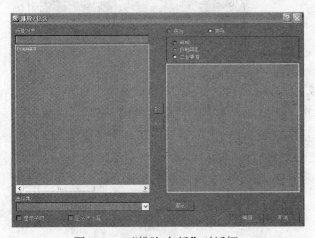

图10-46 "排除/包括"对话框　　　　　图10-47 渲染效果

从图中可以看到球体成了一个黑色的圆圈，而且也没有了阴影，这说明它已经不被灯光照射了。

> 如果排除错了物体或者使排除的物体再受灯光照射，那么在左侧栏中选择物体名称，然后再单击对话框中间的《按钮就可以了。

10.4.5 增加和减小灯光的亮度

在现实生活中，可以把办公桌的台灯亮度提高或者降低，在3ds Max 2010中文版中也可以增加和减小灯光的亮度。

（1）在视图中选中需要调节亮度的灯光，然后进入到它的"强度/颜色/衰减"面板中，如图10-48所示。

（2）把"倍增"的数值提高或者降低，这样就可以把灯光的亮度增强或者降低。

10.4.6 设置灯光的颜色

在系统默认设置下，灯光的颜色一般都是白色的，但是也可以改变灯光的颜色。

（1）在视图中选中需要调节颜色的灯光，然后进入到它的"强度/颜色/衰减"面板中。

（2）单击倍增右侧的颜色框，打开"颜色拾取器"对话框，在该对话框中设置需要的颜色，然后单击"关闭"按钮即可。

10.4.7 设置灯光的衰减范围

有时需要把灯光的照射范围限制在一定的范围之内，或者模拟灯光的衰减效果，也就是说距离越远，光的强度就会越弱。如图10-49所示就是在场景中设置了光线衰减之后的对比效果。

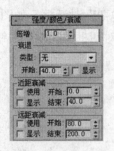

图10-48 "强度/颜色/衰减"面板

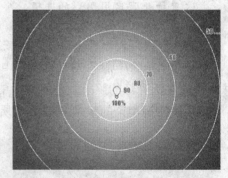

图10-49 衰减效果

这种衰减效果也是使用"强度/颜色/衰减"面板设置的。在系统默认设置下没有光的衰减。

（1）在视图中选中需要调节颜色的灯光，然后进入到它的"强度/颜色/衰减"面板中。

（2）单击衰退类型右侧的小三角按钮，将会打开一个小列表，共有两种衰减方式，一种是倒数，另一种是平方反比，选中其中之一。

（3）勾选"使用"和"显示"项，并设置衰减的开始和结束参数值即可，其大小要根据实际情况进行设置。

一般情况下，使用灯光的"远距衰减"参数可以较好地控制灯光的照射范围，在场景中能够产生比较细致的光线强弱变化，从而使场景显得具有生命力。

10.4.8 设置阴影的颜色和密度

在系统默认设置下，阴影的颜色是黑色的。有时为了更好地表现物体的物理存在，需要改变阴影的颜色。

（1）在视图中选中需要调节颜色的灯光，然后进入到它的"阴影参数"面板中，如图10-50所示。

（2）单击颜色右侧的颜色框，打开"颜色拾取器"对话框，在"颜色拾取器"对话框中设置需要的颜色，然后单击"关闭"按钮即可。

（3）增加或者减小密度的值就可以改变阴影的强度。另外，还可以启用大气阴影来营造城市上空的云的效果，如图10-51所示。

图10-50 阴影参数面板

图10-51 云在城市上空投射的阴影效果

10.4.9 使用灯光投射阴影

有时在场景中需要一些树木和花草的阴影，但是不需要创建真正的树木，因为这样不仅会增加工作量，还会增加渲染的时间。在这种情况下，可以借用灯光参数来实现这样的效果。

（1）在视图中选中需要调节颜色的灯光，然后进入到它的"高级效果"面板中，如图10-52所示。

（2）勾选"贴图"项，单击右侧的 无 按钮，打开"材质/贴图浏览器"，双击"位图"图标，打开"选择位图图像文件"对话框，在该对话框中找到合适的图像，然后单击"打开"按钮即可。

10.4.10 设置光度学灯光的亮度和颜色

光度学灯光的颜色及亮度和标准灯光一样也可以进行调整和设置，这需要使用它的"强度/颜色/分布"面板，如图10-53所示。

下面是该面板中几个选项的简单介绍。

• 可以通过单击选中第一项，然后单击右侧的下拉按钮，从打开的列表中选择需要的灯光，如图10-54所示。

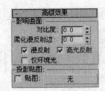

图10-52   "高级效果"面板   图10-53   "强度/颜色/分布"面板   图10-54   选择需要的灯光

·开尔文：这是绝对温标，随着数值的改变，它右侧的颜色块也会改变，使用它可以调节灯光的颜色。

·过滤颜色：用于设置灯光的颜色。

·Lm/cd/lx：它们都是照明单位。如果选择Lm，它是流明的意思，100瓦的灯泡相当于1750lm/139cd。一般选用cd（坎德拉）项，它沿着目标发射光线，100瓦通用灯炮的发光强度约为139cd。Lx灯光以一定距离照射在曲面上，并面向光源的方向。改变下面的数值就可以改变灯光的强度。

·暗淡：用于显示暗淡所产生的强度，并使用与"强度"组相同的单位。

10.5   设置灯光的原则

对3ds Max 2010中文版中的灯光工作原理有了一个初步的了解之后，也就是它是怎样用来模拟现实中的光效。需要先了解光的属性。可以观察一盏灯或者一束光线，可以看到它们具有一定的亮度、颜色和衰弱。使用3ds Max中的灯光时，其原理也是基于现实生活中的灯光原理的。另外，当光线照射到物体表面时，物体表面会反射光线，这样才能看到物体的表面。物体表面的外观，也就是物体表面的样子，取决于物体表面材质的属性，比如颜色、光滑度和不透明度等。

在默认设置下，如果没有设置人工光源，3ds Max系统会在场景中自动设置一个灯光照亮整个场景。当使用者在场景中设置了光源后，系统就会把自动设置的光源关闭。在进行制作时，需要使用不同种类的灯光来照亮场景及获得需要的一些特效，因此必须手动设置灯光。

再来了解一个术语，就是灯光布局，也就是各种灯光在不同位置的排列方式。根据经验，灯光布局没有固定的模式，但是却存在着一个"理想"模式，也就是实现最佳效果的灯光布局模式。有的制作人员为了获得一定的效果，需要进行大量的实验，这样的工作量是比较大的，尤其是当场景比较复杂时。因此，需要在总结制作经验的基础上整理出一套较为实用的灯光布局原则和设置流程。如果没有其他的特殊要求，那么只要按照这些原则在场景中设置灯光就会获得希望的效果，而不必进行反复调整，这样可以大大提高制作者的工作效率。这些原则分为下列步骤进行介绍。

第一：确定场景中主灯光、辅助灯光和背景灯光

按灯光在场景中起的作用，可以把它们分为主灯光、辅助灯光和背景灯光三种。在效果图中设置灯光时，应该按着先设置主灯光，再设置辅助灯光，最后根据需要设置背景灯光的顺序进行设置。在有些情况下，可以只设置主灯光和辅助灯光，而不用设置背景灯光。一般在室内效果图中不需要设置背景灯光，在室外效果图中有时需要设置背景灯光。

主灯光

一般用于影响整个场景光效的灯光就是主灯光，并不是所有的发光点都是主光源。比如在卧室的效果图中，顶灯为主灯光，而台灯则为辅助灯光，如图10-55所示。另外需要注意一个非常重要的问题，就是在场景中需要设置的主灯光的数量。一般它需要根据场景的需要而定，主灯光不要过多，这样会大大延长渲染的时间。

辅助灯光

那些用于照亮局部区域的灯光就是辅助灯光，如图10-56所示的筒灯就属于辅助灯光。

图10-55　主灯光

图10-56　辅助灯光

根据灯光的性质可以把辅助灯光细分为3类。

·第一类是实际的灯光，就是前面介绍的那些灯光类型，比如墙壁上的壁灯、桌子上的台灯等。

·第二类是那些反光的物体。比如台灯下被照亮的桌面、被壁灯照亮的墙壁、被照亮的地面等。

·第三类是吸光灯。有时场景中会出现特别显著的而又不需要的大光斑，如果出现在效果图中比较显眼的地方，那么将会影响效果图的品质，这时候可以通过将灯光的"倍增器"的值设置为负值来吸收这些过剩的灯光。

辅助灯光的数量也是根据场景的需要而定，数量也不要过多，否则会增加渲染时间。

背景灯光

背景灯光用于为场景提供背景光照效果，用以突出场景物体的边缘轮廓，并能够使物体的层次分明。背景灯光的数量也是根据场景的需要而定，数量也不要设置过多，只要够用就可以了。

只要平时多练习一些灯光的布局设置，并留心一下在摄影棚、舞台上设置的灯光就可以掌握这三种灯光的搭配使用规律，获得需要的光效。

第二：确定是模拟自然光还是人工光

在选用灯光时，要确定效果图需要的是自然光还是人工光，自然光就是模拟太阳光和夜晚的月光，人工光就是模拟人工制作的灯光，如各种电灯等。不管是室外效果图还是室内效果图都分夜景图和日景图两种，如图10-57所示。

图10-57　夜景图（左）和日景图（右）

3ds Max 2010中文版提供了日光系统来模拟太阳光，一般在一个日景中使用一个日光系统就足够了。在晴天时，太阳光线是浅黄色的，RGB的数值分别是250、255、175。有云天气时，太阳光线是天蓝色的。阴雨天气时，太阳光线是暗灰色的。在日落或者日出时太阳光线是橘黄色或者红黄色。可以使用平行光（方向光）来模拟月光，但是要比太阳光暗。另外注意，光线越强，阴影就越明显。

第三：设置灯光的先后顺序

根据经验，一般使用下列步骤来设置灯光。

（1）确定场景中的模型已经创建完成，大小和位置不再进行调整。

（2）添加主灯光。在需要照亮整个场景的发光点处添加主灯光，要注意适当添加主灯光的数量，然后调整灯光的位置和它们的参数。

（3）添加第一类辅助灯光。比如在室内效果图中的壁灯、台灯和射灯等。

（4）进行光的传递分析。根据需要添加第二类辅助灯光或编辑添加的辅助灯光。

（5）在进行分析时，如果需要，则添加第三类辅助灯光。

（6）根据需要，再确定是否添加背景灯光。

（7）对最终的渲染结果进行分析。如果不足，那么找出原因，调整参数或者调整灯光的位置。

 在调整灯光时，需要一个一个地进行调整，调整完成后进行渲染并进行对比，直到获得最理想的效果为止。

10.6　实例：设置客厅中的灯光

本实例通过为一个简洁的客厅设置灯光，练习标准灯光的设置方法。在设置灯光时，把握一个原则：只要灯光能够照亮场景即可，不要设置过多的灯光，最终效果如图10-58所示。注意，通过本实例可以了解到室内装潢设计的基本流程图。

1. 制作场景

（1）选择菜单栏中的"⑥→重置"命令，重新设置系统。

（2）进入到标准基本体创建命令面板中，依次单击❖→⊙→长方体按钮，在顶视图中创建一个长方体作为地板，并在"参数"面板中设置好参数的值，如图10-59所示。

（3）在标准基本体创建命令面板中依次单击❖→⊙→长方体按钮，在前视图中创建一个长方体作为左墙，并使用"选择并移动"❖工具调整其位置，如图10-60所示。

图10-58　客厅效果

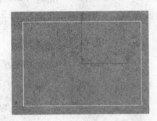

图10-59　制作的地板和"参数"面板

图10-60　制作的左墙

（4）按Shift键，并使用"选择并移动"❖工具将其向右移动。释放Shift键，此时会打开"克隆选项"对话框。在"克隆选项"对话框中选择"复制"选项，将"副本数"的值设置为1，制作出右墙，如图10-61所示。

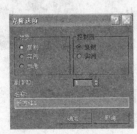

图10-61　复制的右墙

（5）在标准基本体创建命令面板中依次单击❖→⊙→长方体按钮，在前视图中创建一个长方体作为天花板，并使用"选择并移动"❖工具调整其位置，如图10-62所示。

（6）在标准基本体创建命令面板中依次单击❖→↻→矩形按钮，在顶视图中创建2个大小不同的矩形，并使用"选择并移动"❖工具调整其位置。然后设置里面的小矩形角半径的值为

5，如图10-63所示。

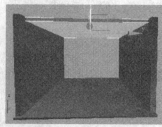

图10-62　制作的天花板

　　（7）选择其中一个矩形，单击 ■ 按钮，进入到修改命令面板中。单击"修改器列表"右侧的下拉按钮，打开修改器列表，选择"编辑样条线"修改器。然后单击"样条线"左侧的小"+"图标，展开它的次级对象后单击"样条线"选项。进入到"几何体"面板中，单击"附加"按钮，返回到视图中单击另一个矩形，这样两者便合并成为一个整体来制作灯池，如图10-64所示。

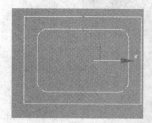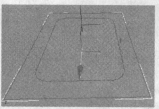

图10-63　绘制的矩形和圆角矩形

图10-64　修改面板和"几何体"面板

　　（8）确定灯池曲线处于选中状态，单击 ■ 按钮，进入到修改命令面板。单击"修改器列表"右侧的下拉按钮，打开修改器列表，选择"挤出"修改器，并在"参数"面板上将"数量"的值设置为5.0，如图10-65所示。

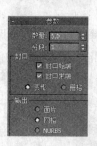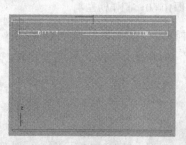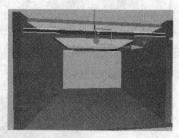

图10-65　"参数"面板和"挤出"效果

　　（9）在标准基本体创建命令面板中依次单击 ■ → ■ → 圆柱体 按钮，在顶视图中创建一个圆柱体作为筒灯，并使用"选择并移动" ■ 工具调整其位置。然后复制出一些副本，制作出其他的筒灯。如图10-66所示。

　　（10）使用与制作灯池相同的方法制作出前墙，如图10-67所示。

　　（11）在标准基本体创建命令面板中依次单击 ■ → ■ → 长方体 按钮，在左视图中创建一个长方体，并使用"选择并移动" ■ 工具调整其位置，然后将其复制并修改参数，制作出窗框效果，如图10-68所示。

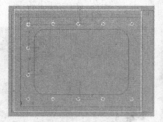

图10-66 创建的筒灯

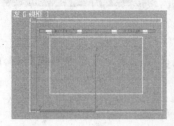

图10-67 制作的前墙

（12）进入到图形创建命令面板中，依次单击 ⊞→⊡→ 线 按钮，在前视图中绘制出影视墙的轮廓曲线，如图10-69所示。

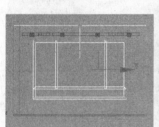
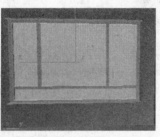
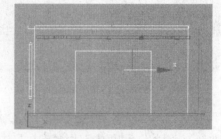

图10-68 制作的窗框 图10-69 影视墙的轮廓曲线

（13）确定影视墙的轮廓曲线处于选中状态，单击 按钮，进入到修改命令面板中。单击"修改器列表"右侧的下拉按钮，打开修改器列表，选择"挤出"修改器，并在"参数"面板上将"数量"的值设置为5，如图10-70所示。

图10-70 制作的影视墙

（14）在标准基本体创建命令面板中依次单击 ⊞→⊙→ 长方体 按钮，在前视图中创建一个长方体作为壁画，并使用"选择并移动" ⊞工具将其移动至影视墙左边，如图10-71所示。

（15）在标准基本体创建命令面板中依次单击 ⊞→⊙→ 长方体 按钮，在前视图中创建一个长方体作为左墙的壁画。然后按Shift键，并使用"选择并移动" ⊞工具将其向右移动一定距离。释放Shift键，此时会打开"克隆选项"对话框。在"克隆选项"对话框中选择"实例"选项，并将"副本数"的值设置为2，制作出两个壁画副本，如图10-72所示。

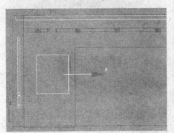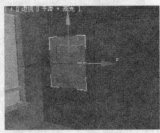

图10-71　制作的壁画

 客厅的主体框架已经制作完成，为提高工作效果，可以导入提前制作好的室内家具。

（16）执行菜单栏中的"■→导入→合并"命令，打开"合并文件"对话框，如图10-73所示。

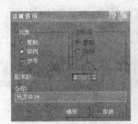

图10-72　制作的壁画副本　　　　　　　图10-73　打开的"合并文件"对话框

（17）选择本书配套资料中的"沙发"文件，单击"合并文件"对话框右下角的"打开"按钮，将沙发合并到客厅场景中，并使用"选择并移动" ■工具和"选择并均匀缩放" ■工具调整其大小和位置，如图10-74所示。

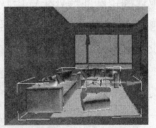

图10-74　导入的沙发

（18）执行菜单栏中的"■→导入→合并"命令，选择本书配套资料中的"小圆桌"文件，单击"合并文件"对话框右下角的"打开"按钮，将小圆桌合并到客厅场景中，并使用"选择并移动" ■工具和"选择并均匀缩放" ■工具调整其大小和位置，如图10-75所示。

（19）执行菜单栏中的"■→导入→合并"命令，选择本书配套资料中的"影视柜"文件，单击"合并文件"对话框右下角的"打开"按钮，将影视柜合并到客厅场景中，并使用"选择并移动" ■工具和"选择并均匀缩放" ■工具调整其大小和位置，如图10-76所示。

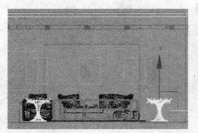

图10-75 导入的小圆桌

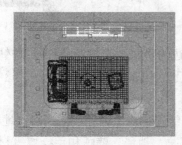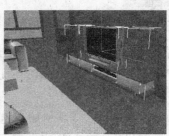

图10-76 导入的影视柜

（20）执行菜单栏中的"⑤→导入→合并"命令，选择本书配套资料中的"转椅"文件，单击"合并文件"对话框右下角的"打开"按钮，将转椅合并到客厅场景中，并使用"选择并移动"█工具和"选择并均匀缩放"█工具调整其大小和位置，如图10-77所示。

2. 设置材质

（1）制作墙材质。按下M键，打开"材质编辑器"窗口。选择一个空白的示例球，将其命名为"墙"材质。

（2）进入到"Blinn基本参数"面板，将"环境光"色块、"漫反射"色块和"高光反射"色块均设置为白色，其他参数保持在默认设置下即可，如图10-78所示。

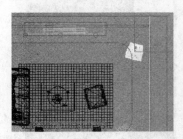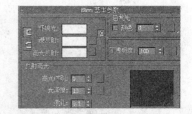

图10-77 导入的影视柜　　　　　　图10-78 "Blinn基本参数"面板
　　　　　　　　　　　　　　　　　　　　　的参数设置

（3）选择墙造型，单击"将材质指定给选定对象"█按钮，将"墙"材质赋予它们。

（4）制作地面材质。选择一个空白的示例球，将其命名为"地板"材质。进入到"Blinn基本参数"面板，单击"漫反射"右边的方块按钮，打开"材质/贴图浏览器"。双击"位图"按钮，并为其指定本书配套资料中的砖贴图，如图10-79所示。

（5）进入到"贴图"面板中，按住鼠标左键将砖贴图拖动至"凹凸"后面的"None"按钮上，打开"复制（实例）贴图"对话框。选择"实例"选项，然后单击下部的"确定"按钮，如图10-80所示。这样就可以将砖贴图添加到"凹凸"属性上。

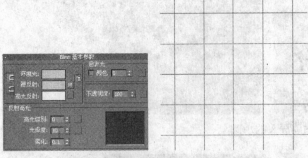

图10-79　"Blinn基本参数"面板和砖贴图　　　　图10-80　"复制（实例）贴图"对话框

（6）在"贴图"面板中单击"反射"右边的"None"按钮，打开"材质/贴图浏览器"。双击"光线跟踪"贴图级别，并将数量的值设置为10，如图10-81所示。这样可以使地面反射其他物体。

（7）选择地面造型，单击"将材质指定给选定对象"　按钮，将"地板"材质赋予它。

（8）可以使用同样的方法制作出电视屏幕、地毯、壁画和手绘墙等材质。

（9）制作筒灯材质。选择一个空白的示例球，将其命名为"筒灯"材质。

（10）进入到"Blinn基本参数"面板中，将"环境光"色块、"漫反射"色块和"高光反射"色块均设置为白色。然后勾选"自发光"选项，并将颜色设置为白色，如图10-82所示。

（11）选择筒灯造型，单击"将材质指定给选定对象"　按钮，将"筒灯"材质赋予它们。

（12）制作沙发材质。选择一个空白的示例球，将其命名为"沙发"材质。进入到"Blinn基本参数"面板中，单击"漫反射"右边的方块按钮，打开"材质/贴图浏览器"，双击"衰减"按钮，如图10-83所示。

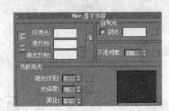

图10-81　"贴图"面板　　　图10-82　"Blinn基本参数"　　　图10-83　材质/贴图浏览器
　　　　　　　　　　　　　　　面板的参数设置

（13）进入到"衰减参数"面板中，将上面的颜色块设置为深蓝色，将下面的颜色块设置为浅蓝色。其他参数保持默认设置，如图10-84所示。

（14）返回到"Blinn基本参数"面板中，将"高光级别"的值设置为40，"光泽度"的值设置为20，如图10-85所示。

图10-84 "衰减参数"面板

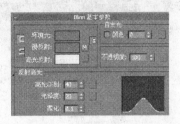

图10-85 "Blinn基本参数"面板

（15）选择沙发造型，单击"将材质指定给选定对象"[图]按钮，将"沙发"材质赋予它。

（16）使用同样的方法制作出影视柜、窗框等其他物体的材质，在此不再详细介绍。

3. 创建摄影机

（1）进入到标准创建命令面板中，然后依次单击[图]→[图]→[目标]按钮，在顶视图中单击并拖曳鼠标左键，创建一个目标摄影机，并在视图中调整其位置，如图10-86所示。

（2）进入到"参数"面板中，将"镜头"的值设置为25，"视野"的值设置为71.508，如图10-87所示。

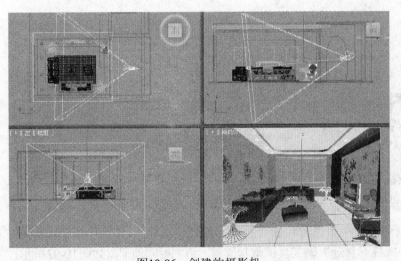

图10-86 创建的摄影机

图10-87 摄影机的参数设置

（3）激活透视图，按C键即可将其转变为摄影机视图。

4. 设置灯光

（1）在灯光创建命令面板中，单击标准右侧的小三角按钮，从下拉列表中选择"标准"项，进入到"标准"灯光创建面板中，如图10-88所示。

图10-88 "标准"灯光创建面板

（2）在"标准"灯光创建面板中单击"泛光灯"按钮，在视图中单击即可创建一盏泛光灯，使用"选择并移动"工具调整其位置，将它放置在摄影机前方稍上的位置，如图10-89所示。

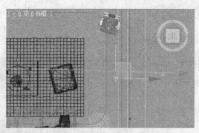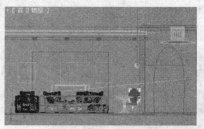

图10-89　创建的泛光灯

> **注意**　读者需要分别在顶视图和前视图中调整灯光的位置。

（3）确定泛光灯处于选取状态，单击按钮，进入到修改面板中。在"强度/颜色/衰减"面板中把灯光的"倍增"值设置为0.9，效果如图10-90所示。

> **提示**　至于在一个场景中把灯光的灯光强度设置为多少，需要经过多次的尝试才能找到比较合适的数值。

（4）按F9键进行渲染，效果如图10-91所示。此时客厅顶部比较暗，需要设置一盏灯光照亮顶部。

图10-90　参数设置

图10-91　创建泛光灯后的渲染效果

（5）在"标准"灯光创建面板中单击"自由平行光"按钮，在前视图中单击并拖曳鼠标创建一盏自由平行光，使用"选择并移动"工具调整其位置，将它射向顶部，如图10-92所示。

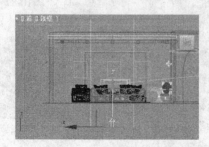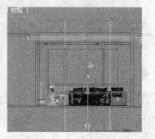

图10-92　创建的自由平行光

（6）确定目标平行光处于选取状态，单击按钮，进入到修改面板中。在"强度/颜色/衰减"面板中把灯光的"倍增"值设置为0.4。进入到"平行光参数"面板中,将"聚光区/光束"的值设置为200,效果如图10-93所示。

(7) 按键盘上的F9键进行渲染,此时客厅顶部被自由平行光照亮,效果如图10-94所示。

图10-93 参数设置   图10-94 创建自由平行光后的渲染效果

(8) 设置筒灯灯光。在"标准"灯光创建面板中单击"目标聚光灯"按钮,在视图中单击并拖曳鼠标创建一盏目标聚光灯,把它放置在筒灯下方,如图10-95所示。

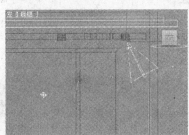

图10-95 创建的目标聚光灯

(9) 确定目标聚光灯处于选取状态,单击▓按钮,进入到修改面板中。在"强度/颜色/衰减"面板中把灯光的"倍增"值设置为1.2。单击后面的颜色块,打开"颜色选择器"对话框,把颜色设置为紫红色,如图10-96所示。

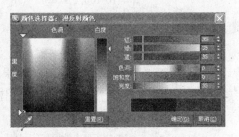

图10-96 设置灯光强度与颜色

(10) 在"远距衰减"项中勾选"使用"和"显示"复选框,并将"开始"和"结束"的值分别设置为30和70,此时视图中的聚光灯会显示衰减区域,如图10-97所示。

(11) 进入到"聚光灯参数"面板中,将"聚光区/光束"的值设置为10,"衰减区/区域"的值设置为30,效果如图10-98所示。

图10-97　聚光灯的参数设置与衰减区域

（12）按F9键进行渲染，此时筒灯下方就会出现紫红色光束，效果如图10-99所示。

图10-98　聚光灯的参数设置与光束区域　　　　　　　　图10-99　聚光灯效果

（13）选择目标聚光灯，按Shift键将其复制，分别摆放在筒灯的下方，如图10-100所示。

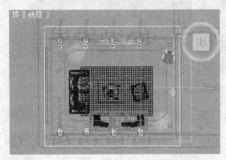
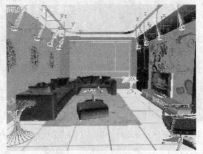

图10-100　创建的聚光灯

（14）按F9键进行渲染，效果如图10-101所示。

5. 后期处理

后期处理过程中可以使用平面设计软件对最终的效果进行美化或者优化处理。可以添加细节的内容和修补不足之处。很多设计师一般都在最后使用Photoshop进行这样的处理。下面介绍一下操作过程。

（1）打开或者启动Photoshop，读者可以使用不同版本的Photoshop进行处理，功能都基本相同。

（2）选择菜单栏中的"文件→打开"命令，打开渲染出的效果，如图10-102所示。

（3）选择"图像→调整→曲线"命令，打开"曲线"对话框，并调整曲线形状，如图10-103所示。

图10-101 灯光效果

图10-102 渲染效果

 如果效果图的亮度和对比度不够，可以使用"曲线"对话框和"亮度/对比度"对话框继续进行调整。

（4）下面添加植物，在Photoshop中打开本书配套资料中的植物，按住鼠标左键将其拖曳至效果图中，并调整其大小与位置。如图10-104所示。

 对添加的植物可以使用"曲线"对话框或者"亮度/对比度"对话框进行调整。

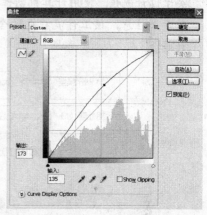

图10-103 "曲线"对话框

图10-104 添加的植物

（5）可以根据需要添加其他的植物和其他装饰，添加完成后选择菜单栏中的"图层→合并可见图层"命令，将图层进行合并。最后把制作好的文件保存起来就可以了。

读者可以根据本例的介绍，练习为其他的室内或者室外场景添加灯光。

小知识：室内装潢设计简介

众所周之，办公是办公场所的功能，而居住和休息则是家的功能。根据装修风格划分，主要可分为下列几种：现代式、中式、田园式和洋式，洋式一般指的是欧式。与客户进行沟通，确定好风格后，就需要从下列几个方面来考虑设计：户型、地面、墙面、天花板、色调、室内家具和室内陈设等。

在设计现代风格的效果时，应以时尚、大方为主格调，在造型上应以明快、清新为主。再搭配以各种时尚的壁画、灯具和其他陈设，才可以营造出时尚一族所追求的时代感。在设计中式风格的效果时，应以古色古香的木制器具为主。而在设计田园式风格的效果时，多以自然特色为主，如藤制的沙发、桌椅、草编用品。在设计洋式风格的效果时，应以使用欧式的门、窗和家具为主，再搭配以油画等装饰品，这样才能营造出那种欧式的风格。因此，设计人员了解一些中西文化及中西建筑的知识，这样才可能极大地满足客户的要求。

关于设计流程，使用计算机制作效果图的流程大体可以按下列步骤进行，如图10-105所示。注意，该工作流程也适合于其他方面的设计，包括室外效果图设计和工业设计等。

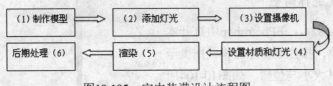

图10-105　室内装潢设计流程图

第11章 摄影机

第4篇 摄影机、渲染与特效

　　设置好的材质效果需要通过渲染才能表现出来，另外还需要使用摄影机来进行查看。能否正确地设置摄影机和进行渲染都直接关系到所做工作品质。另外，还可以在场景中添加一些特效，比如光环、射线和雾气等。这部分内容非常重要，读者需要仔细阅读和体会。

　　本篇包括下列内容：

　　❑ 第11章 摄影机

　　❑ 第12章 渲染

　　❑ 第13章 环境与特效

第11章 摄 影 机

通常，制作出的最终效果图都是使用摄影机视图进行渲染的，因为可以通过调整摄影机的视角来选择需要的效果部分，尤其是在制作动画时，更需要借助摄影机来完成需要的效果。因此，专门拿出一章的内容来简要介绍3ds Max中的摄影机。

11.1 摄影机简介及类型

在3ds Max中，摄影机的工作原理与现实生活中的摄影机是相同的，也具有镜头焦距和视野，如图11-1所示。焦距是透镜到摄影机胶片之间的距离，而视野用于决定看到物体或者场景的多少。另外还需要了解视野（FOV）和透视之间的关系，当焦距短时（宽视野），将会加强透视效果，可用于突出某些物体；而焦距长时（窄视野），将会减小透视效果，从而使某些物体显得很平常。

图11-1 摄影机视野和摄影机视图的渲染效果

根据实际应用的需要，3ds Max中的摄影机被分为两种类型：目标摄影机和自由摄影机。目标摄影机具有一定的目标性，也就是说当摄影机移动时，它的镜头总是对着一个目标点；而移动目标物体时，摄影机的镜头也总是对着它，如图11-2所示。

自由摄影机就如同它的名字，可以自由旋转，没有约束，如图11-3所示。但是在移动目标摄影机时，因为它具有一定的方向性，所以它的镜头总是对着一个方向。

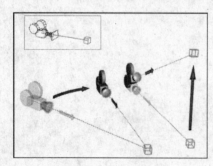

图11-2 目标摄影机

图11-3 自由摄影机

自由摄影机在摄影机指向的方向查看区域。目标摄影机有两个用于目标和摄影机的独立图标，而自由摄影机由单个图标表示，为的是更轻松设置动画。当摄影机位置沿着轨迹设置动画时可以使用自由摄影机，与穿行建筑物或将摄影机连接到行驶中的汽车上时一样。当自由摄影机沿着路径移动时，可以将其倾斜。如果将摄影机直接置于场景顶部，则使用自由摄影机可以避免旋转。

在3ds Max中，摄影机也有一个创建面板，单击摄影机图标即可进入到摄影机创建面板中，如图11-4所示。

 有人把摄影机称为照相机，也有人把它称为摄像机，要注意这几个概念都是一样的。

图11-4 摄影机创建面板

11.2 创建摄影机

目标摄影机和自由摄影机的创建都非常简单，但是稍微有点不同，下面就介绍目标摄影机的创建过程。

（1）在视图中创建一个物体，比如一个长方体，如图11-5所示。

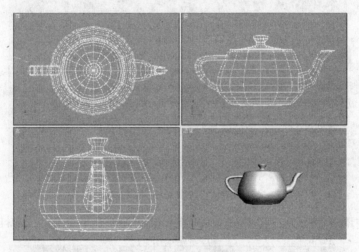

图11-5 创建的长方体

（2）在创建面板中依次单击■→■按钮，再单击■目标■按钮。

（3）在左视图中单击鼠标左键确定摄影机的位置，然后朝着目标点拖曳，然后松开鼠标键就可以了，如图11-6所示。

 如果位置不合适，可以使用工具栏中的"选择并移动"工具进行调节。

（4）此时这4个视图都还没有变成摄影机视图，因此需要把视图改变成摄影机视图，一般要改变透视图。因此，在透视图中单击，然后按C键，这样就可以把透视图改变成摄影机视图，如图11-7所示。

 如果摄影机与目标物体太近，那么需要调整摄影机与物体之间的距离才能看到整个物体，否则只能看到其中的一部分。

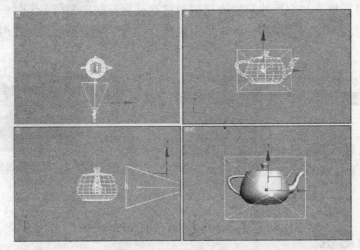

图11-6　创建的摄影机

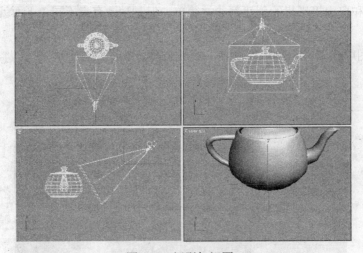

图11-7　摄影机视图

（5）可以使用"移动"工具在不同的视图中调整摄影机的角度，如图11-8所示。

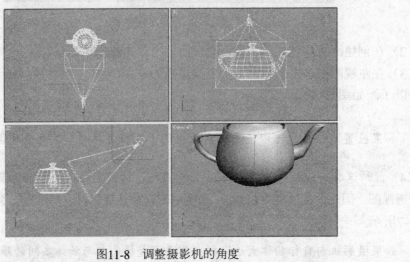

图11-8　调整摄影机的角度

自由摄影机的创建：自由摄影机的创建过程更为简单，只要依次单击 ⬛→⬛→⬛ 按钮，然后在视图中单击一下就可以了，不再赘述，如图11-9所示。

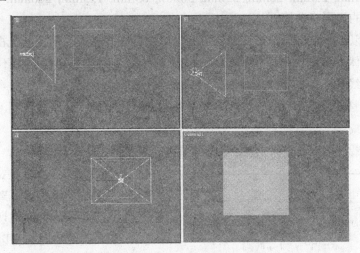

图11-9 自由摄影机

11.3 摄影机的共用参数简介

在3ds Max中，这两种摄影机的多数控制选项是相同的，下面介绍一下这些选项，它的参数面板如图11-10所示。

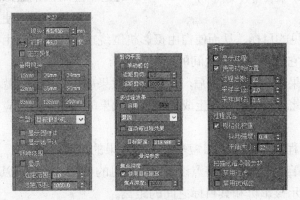

图11-10 摄影机参数面板

参数面板

· 镜头：使用毫米为单位设置摄影机的焦距。

· 视野：用于设置视野的值。下面介绍一下它的弹出列表中的几个选项。

◆ ↔水平方式：按水平方向应用视野，这是标准方式，也是默认设置。

◆ ↕垂直方式：按垂直方向应用视野。

◆ ◢方式：按对角线方向应用视野。

· 正交投影——选中时，摄影机视图像用户（User）视图，不选中时，摄影机视图像透视视图。

备用镜头

·15mm, 20mm, 24mm, 28mm, 35mm, 50mm, 85mm, 135mm, 200mm：这些值都是预置的以毫米为单位的摄影机焦距。

·类型：可以使用它把摄影机视图从目标摄影机视图改变成自由摄影机视图。反之亦然。

·显示圆锥体：显示由摄影机视野定义的锥形区域。在摄影机视图中不显示。

·显示地平线：在摄影机视图中显示一条暗灰色的水平线。

·近距离范围和远距离范围：决定大气效果的近距离限制和远距离限制，在这两个限制之间的物体逐渐衰减。

·显示：在摄影机锥形区域中显示矩形来显示近距离限制和远距离限制，如图11-11所示。

图11-11　近距范围和远距范围的概念图
像（上）和渲染效果（下）

·手动剪切：用于定义剪切面。

·近距离剪切和远距离剪切：用于设置近距离剪切面和远距离剪切面。

·启用：选中时，可以预览或者渲染效果，否则不能渲染效果。

·预览：单击该按钮可以在摄影机视图中预览效果。

·多过程效果：选中时，在每个通道中应用渲染效果。否则只在生成多通道效果的通道中应用渲染效果。

·目标距离：使用自由摄影机时，可以设置一个点作为不可见的目标，从而使自由摄影机围绕这个点转动自由摄影机。使用目标摄影机时，表示摄影机和它的目标物体之间的距离。

·渲染每过程效果：启用此选项后，则将渲染效果应用于多重过滤效果的每个过程（景深或运动模糊）。禁用此选项后，将在生成多重过滤效果的通道之后只应用渲染效果。默认设置为禁用。

禁用"渲染每过程效果"可以缩短多重过滤效果的渲染时间。

·目标距离-使用自由摄影机，将点设置为不可见的目标，以便可以围绕该点旋转摄影机。使用目标摄影机，表示摄影机和其目标之间的距离。

其他选项不再赘述，读者可以根据面板中的选项名称进行理解。

11.4　多重过滤渲染效果

在3ds Max中，可以使用摄影机创建两种渲染效果，一种是景深，另外一种是运动模糊。多重过滤渲染效果则是通过在每次渲染之间轻微地移动摄影机，使用相同帧的多重渲染。多重过滤模拟摄影机中的胶片将在某些条件下的模糊效果如图11-12所示。

下面介绍一下"运动模糊"面板中的参数选项。单击"景深"右侧的下拉按钮，从下拉菜单中选择"运动模糊"即可打开"运动模糊"面板，如图11-13所示。

图11-12 运动模糊

采样

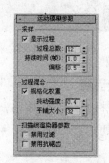

· 显示过程：启用此选项后，渲染帧对话框
显示多个渲染通道。禁用此选项后，该帧对话框
只显示最终结果。该控件对在摄影机视口中预览
运动模糊没有任何影响。默认设置为启用。

· 过程总数：用于设置生成效果的过程数。
增加此值可以增加效果的精确性，但却以渲染时
间为代价。默认设置为12。

图11-13 "运动模糊"面板

· 持续时间（帧）：动画中将应用运动模糊
效果的帧数。默认设置为1.0。

· 偏移：更改模糊，以便其显示为在当前帧前后从帧中导出更多内容。范围为0.01至0.99。
默认值为0.5。

默认情况下，模糊在当前帧前后是均匀的，即模糊对象出现在模糊区域的中心。这与真实
摄影机捕捉的模糊最接近。增加"偏移"值移动模糊对象后面的模糊，与运动方向相对。减少
该值移动模糊对象前面的模糊。

移动模糊的极值非常接近模糊对象，使其很难查看。为获得最佳效果，使用0.25至0.75的
中间"偏移"值。

过程混合

· 规格化权重：使用随机权重混合的过程可以避免出现诸如条纹这些人工效果。当启用"规
格化权重"后，将权重规格化，会获得较平滑的结果。当禁用此选项后，效果会变得清晰一些，
但通常颗粒状效果更明显。默认设置为启用。

· 抖动强度：控制应用于渲染通道的抖动程度。增加此值会增加抖动量，并且生成颗粒状
效果，尤其在对象的边缘上。默认值为0.4。

· 平铺大小：设置抖动时图案的大小。此值是一个百分比，0是最小的平铺，100是最大的
平铺。默认设置为32。

扫描线渲染器参数

· 禁用过滤：启用此选项后，禁用过滤过程。默认设置为禁用状态。

· 禁用抗锯齿：启用此选项后，禁用抗锯齿。默认设置为禁用状态。

也可以模拟某些条件下的景深效果，如图11-14所示。

下面介绍一下景深面板中的参数选项，如图11-15所示。注意，摄影机中的景深效果和数
码相机中的景深效果是相同的。

图11-14　景深效果

图11-15　景深面板

景深参数面板

・使用目标距离：选中时，可以对目标点周围的拍摄内容进行偏移设置。

・焦点深度：设置目标点与观察点的百分比距离。

采样

・显示过程：选中时，显示景深采样周期。

 有人把这里的过程理解为通道，这也是可以的。

・使用初始位置：选中时，显示为景深采样周期。

・过程总数：用于调节生成特效的周期总数。

・采样半径：设置效果的模糊程度，一般数值越大越模糊。

・采样偏移：用于调节景深模糊的程度。

过程混合

・规格化权重：选中时，产生的效果会更为平滑。

・抖动强度：调节抖动的强度。

・平铺大小：按百分比调节抖动的强度。

扫描线渲染器参数

・禁用过滤：选中时，过滤周期失效。

・禁用抗锯齿：选中时，在渲染时，抗锯齿功能失效。

　　制作浏览性动画时，需要移动或者旋转摄影机，也就是说要为摄影机设置动画。在设置摄影机动画时，有两种方式，一种是先设置一条路径，然后使摄影机沿这条路径运动；另外一种方式是使摄影机跟随运动的物体。这方面的知识请参阅后面的实例内容。

11.5　两点透视

　　两点透视是相对于3点透视而言的。在默认设置下，摄影机视图使用3点透视，其中垂直线看上去在顶点上汇聚。在2点透视中，垂直线保持垂直，如图11-16所示。

有时需要使用2点透视来查看视图，这时就需要将2点透视应用于摄影机。操作步骤如下。

(1) 选择摄影机。

 为获得最佳效果，设置此摄影机视图的视口。透视中的更改将出现在视口和渲染此视图时。

(2) 设置"摄影机校正"修改器，如图11-17所示。

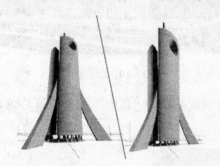

图11-16　3点透视（左）和2点透视（右）

图11-17　2点透视校正

· 数量：设置2点透视的校正数量。默认设置为0.0。

· 方向：偏移方向。默认值为90.0。

大于90.0设置方向向左偏移校正。小于90.0设置方向向右偏移校正。

· 推测：单击此按钮使"摄影机校正"修改器设置第一次推测数量值。

(3) 在2点透视校正卷展栏上单击"推测"按钮。

使用"摄影机校正"修改器为2点透视创建第一次猜测数量值。

(4) 调整"数量"和"方向"直到获得想要的效果。在视口中，摄影机的视野"圆锥体"将扭曲或移动以显示透视调整。

(5) 渲染视图即可。

11.6　实例：使用摄影机制作一个简单的建筑浏览动画

本实例将通过对摄影机的位置与角度创建关键帧来制作一个建筑浏览动画。其中4帧的动画截图如图11-18所示。

(1) 打开3ds Max 2010，使用多边形建模的方法制作出一个有楼群的模型效果，在此不再详细叙述，效果如图11-19所示。

 读者也可以制作一个简单的模型进行测试，比如创建一个茶壶或者一棵树木。

(2) 进入到标准创建命令面板中，然后依次单击█→█→█目标█按钮，在顶视图中单击并拖曳鼠标左键，创建一个目标摄影机，并在视图中调整其位置。激活透视图，按C键得到摄影机视图，如图11-20所示。

图11-18　建筑浏览效果　　　　　　　　图11-19　制作的建筑

（3）进入到"参数"面板中，将"镜头"的值设置为40，"视野"的值设置为48.455，如图11-21所示。

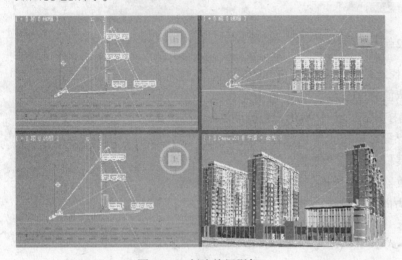

图11-20　创建的摄影机　　　　　　　　图11-21　摄影机的参数设置

（4）单击界面底部的"时间配置"按钮，打开"时间配置"对话框。将"帧数"的值设置为200，其他参数设置如图11-22所示。

图11-22　"时间配置"对话框

（5）确定时间滑块处于起始位置，使用"选择并移动"工具调整摄影机的位置，如图11-23所示。单击界面底部的设置关键点按钮，此时"设置关键点"按钮呈现红色，活动视口轮廓呈现红色以提醒现在处于动画模式下。然后单击"设置关键点"按钮，设置好摄影机在起始位置处的关键帧。

（6）将时间滑块移动至时间标尺的50处，使用"选择并移动"工具调整摄影机的位置，如图11-24所示。单击界面底部的"设置关键点"按钮，设置好摄影机在50处的关键帧。

图11-23　起始位置时摄影机的角度

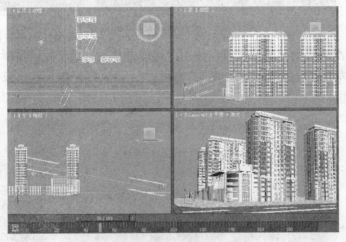

图11-24　摄影机在50处的位置

（7）将时间滑块移动至时间标尺的100处，使用"选择并移动" 工具调整摄影机的位置，如图11-25所示。单击界面底部的"设置关键点" 按钮，设置好摄影机在100处的关键帧。

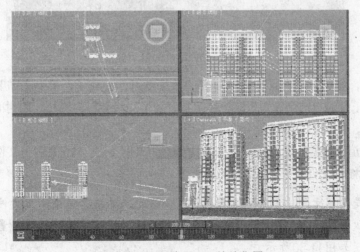

图11-25　摄影机在100处的位置

（8）将时间滑块移动至时间标尺的150处，使用"选择并移动" 工具调整摄影机的位置，如图11-26所示。单击界面底部的"设置关键点" 按钮，设置好摄影机在150处的关键帧。

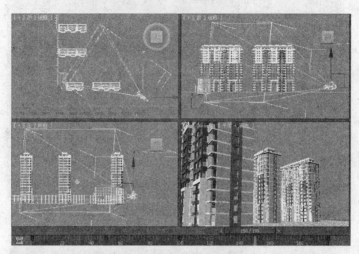

图11-26　摄影机在150处的位置

（9）将时间滑块移动至最后位置，使用"选择并移动" 工具调整摄影机的位置，如图11-27所示。单击界面底部的"设置关键点" 按钮，设置好摄影机在结束位置处的关键帧。然后单击界面底部处于激活状态下的 设置关键点 按钮，以将其禁用。

图11-27　摄影机的最后位置

（10）这样，摄影机围绕社区运行一周的效果就制作完成了，接下来需要对其进行渲染输出。单击界面右上角的"渲染设置" 按钮，打开"渲染设置"对话框。将时间输出的"范围"设置为从0至199，如图11-28所示。

（11）在"渲染设置"对话框中单击 文件 按钮，打开"渲染输出文件"对话框，设置好保存路径、名称和文件类型，如图11-29所示。

> 本实例是动画文件，需要将其设置为AVI格式，单击"渲染输出文件"对话框中的 保存(S) 按钮会打开"AVI文件压缩设置"对话框，可以对压缩器、质量与主帧比率进行设置。如图11-30所示。

图11-28 "渲染设置"对话框

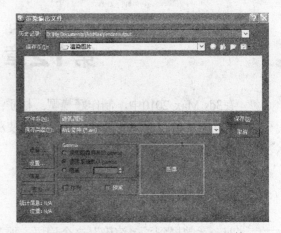

图11-29 "渲染输出文件"对话框

图11-30 "AVI文件压缩设置"对话框

（12）至此，建筑浏览动画制作完成，其中4帧的效果如前图11-18所示。

动画的渲染时间比单帧的图片渲染要慢很多，需要一个画面一个画面地渲染，尤其是复杂的动画，需要的渲染时间会更长。相关知识将在后面的内容中介绍。

第12章 渲　　染

在3ds Max 2010中，制作好模型、材质、灯光和设置好摄影机之后，或设置好动画之后，接下来就需要进行渲染。通过渲染，才能使观众看到模型的最终效果，这一章将介绍有关渲染的知识。

12.1　渲染简介

前一章曾提到了"渲染"这个词语，那么到底什么是渲染呢？渲染的作用是什么呢？为了解答这个问题，先来看一幅图像，如图12-1所示。

图12-1　渲染效果（右）

从图中可以看出，只有经过渲染的图像才具有颜色、质感、光效和阴影等，这样的图像看起来才具有生命力。渲染就是计算机通过一定的运算把设置的材质和灯光等赋予物体的过程。和建模一样，渲染也有专门的工具，另外还有专门的渲染软件，后面的内容将介绍这方面的知识。

12.2　渲染工具

3ds Max 2010工作界面上提供了3个渲染工具，分别是"渲染设置"▧、"渲染帧窗口"▣和"渲染产品"▨，最后一个按钮里面还隐藏着2个按钮，一个"渲染迭代"按钮，另外一个是ActiveShade按钮。在制作好模型、材质、灯光和摄影机之后，可以单击▨（渲染产品）按钮快速地渲染当前视图。也可以单击▧按钮打开"渲染场景"对话框，然后进行一些必要的设置后再对当前场景进行渲染。另外，还可以使用"渲染"菜单中的菜单命令，如图12-2所示。

　▨按钮对应的快捷键是F9，▧按钮对应的快捷键是F10。

另外也可以选择"渲染→渲染"命令打开"渲染设置"对话框，如图12-3所示。

从图中可以看出，该对话框由4个参数设置栏组成，分别是：公用参数栏、电子邮件通知栏、脚本栏和指定渲染器栏。公用参数栏用于设置渲染的帧数、输出图像的大小和格式等；电子邮件通知栏用于设置以发送电子邮件的方式通知渲染的进程；指定渲染器栏用于指定其他类型的渲染器作为当前的渲染器，默认是3ds Max 2010中文版自带的扫描线渲染器。其中，主要使用的是公用参数栏，下面就介绍一下该栏中的几个重要选项设置，如图12-4所示。注意，由于该栏中的选项比较多，因此把它分成了两部分。

图12-2 渲染菜单命令　　　　　　　图12-3 "渲染设置"对话框

图12-4 公用参数栏

• 单帧：勾选后，只对当前帧进行渲染。

• 活动时间段：勾选后，只渲染右侧时间段内的所有帧。

• 范围：勾选后，将渲染指定范围内的帧，可以从其右侧的两个设置框中输入数值进行设置。

• 每N帧：用于设置渲染的间隔帧数，比如设置为5时，系统会每间隔5帧渲染一帧，这样会提高渲染的速度。

• 文件起始编号：它和每N帧项一并使用来设置增量文件的起点。

• 帧：勾选后，只渲染右侧指定的帧。

• 输出大小栏：在该栏中设置输出文件的大小，可以直接在宽度和高度栏中输入数值，也可以单击右侧的按钮来设置。

· 选项栏：一般使用该栏中的默认设置即可。

· 高级照明栏：一般勾选"使用高级照明"项。勾选另一项时，可降低渲染的时间。

· 渲染输出栏：单击该栏中的单击 **文件** 按钮，打开"渲染输出文件"对话框，在该对话框中用于设置保存路径、名称和文件类型。

· 使用设备：勾选后，可以将渲染结果输出到一个输出设备上。

· 渲染帧窗口：勾选后，在"渲染帧"对话框中显示渲染结果。

· 网络渲染：勾选后，激活网络渲染功能，用于设置多台计算机的渲染。

· 跳过现有图像：勾选后，将跳过已经渲染到硬盘上的图像进行渲染。

渲染的结果一般分为两种，一种是静态的图像文件，另外一种是动态的渲染文件。这将在后面的内容中介绍。

"电子邮件通知"栏可使渲染作业发送电子邮件通知，如网络渲染那样。如果启动长时间的渲染（如动画），并且不需要在系统上花费所有时间，这种通知非常有用。"脚本"栏用于指定在渲染之前和之后要运行的脚本。这两个栏中的选项不常用，因此不做详细介绍。

"指定渲染器"栏用于指定对产品级和ActiveShade类别进行渲染的渲染器，也显示"材质编辑器"中的示例窗。展开后的"指定渲染器"栏如图12-5所示。

在默认设置下，渲染器的类型是默认扫描线渲染器。在3ds Max 2010中，共有3种内置的渲染器，分别是默认扫描线渲染器、mental ray渲染器和VUL文件渲染器。实际上，还有一种渲染器——光能传递渲染器，只不过在这里不能进行设置。单击"默认扫描线渲染器"右侧的按钮 ，将打开"选择渲染器"对话框，如图12-6所示。在该对话框中选择需要的渲染器后，单击"确定"按钮即可。设置好渲染器后，还可以更改为原来的渲染器或其他的渲染器。

图12-5　"指定渲染器"栏　　　　　　　图12-6　"选择渲染器"对话框

12.3　渲染静态图像和动态图像

对于渲染的图像而言，一般分为静态图像和动态图像。在3ds Max 2010中，可以使用相同的渲染器进行渲染，但是渲染设置稍有不同，下面分别介绍一下这两种图像的渲染。

12.3.1　静态图像的渲染

像建筑效果图、广告中的某个构图元素都属于静态图像。这种图像的渲染操作比较简单。

（1）制作好模型、材质、灯光和摄影机，还需要设置好动画文件。比如一个球体和一个模型人。

（2）单击 （渲染产品）按钮快速地渲染当前视图，渲染效果如图12-7所示。

（3）如果对效果感到满意，那么就可以单击该对话框左上角的 按钮，打开"浏览图像供输出"对话框，如图12-8所示，在该对话框中设置保存文件的路径、文件名称和文件格式，然后单击 保存(S) 按钮就可以保存到计算机硬盘上。

图12-7　渲染效果

图12-8　"浏览图像供输出"对话框

（4）也可以单击 按钮打开"渲染场景"对话框，然后进行一些必要的设置之后对当前场景进行渲染，比如文件的大小。系统默认的图像大小是宽640，高480。

12.3.2　动态图像的渲染

动态图像一般指的是动画。在把动画设置好之后，就可以进行渲染了，但是这种文件都要使用 按钮进行渲染或者使用下一节要介绍的Video Post视频合成器进行渲染。这种文件的渲染操作也比较简单。

（1）首先设置好动画。这部分内容将在后面进行介绍。

（2）单击 按钮，打开"渲染场景"对话框，并勾选"范围"项，如图12-9所示。

（3）在"渲染场景"对话框下面单击 文件... 按钮，打开"渲染输出文件"对话框，设置好保存路径、名称和文件类型，如图12-10所示。

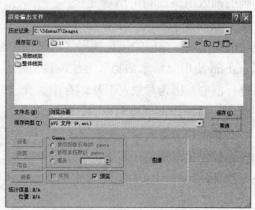

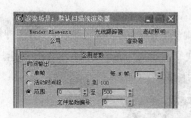

图12-9　"渲染场景"对话框

图12-10　"渲染输出文件"对话框

（4）单击"保存"按钮，然后单击"渲染场景"对话框下面的"渲染"按钮就可以进行渲染了。动态渲染效果（动画）如图12-11所示。

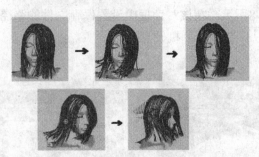

图12-11　动态渲染效果——扭头

12.4　mental ray渲染器

系统默认设置下的渲染器是3ds Max 2010中文版自带的扫描线渲染器，另外还有一种渲染器，就是mental ray，这种渲染器要比扫描线渲染器更高级一些，渲染的效果也比较好，如图12-12所示。

扫描线渲染效果　　　　　　　　　mental ray渲染效果

图12-12　同一场景的渲染对比效果

mental ray渲染器也是一种很重要的渲染器，使用它可以生成灯光效果的物理校正模拟，包括光线跟踪反射、折射、焦散和全局照明。

与默认3ds Max扫描线渲染器相比，mental ray渲染器使用户不用"手工"或通过生成光能传递解决方案来模拟复杂的照明效果。mental ray渲染器为使用多处理器进行了优化，并为动画的高效渲染而利用增量变化。

与从图像顶部向下渲染扫描线的默认3ds Max渲染器不同，mental ray渲染器渲染称作渲染块的矩形块。渲染的渲染块顺序可能会改变，具体情况取决于所选择的方法。默认情况下，mental ray使用"希尔伯特"方法，该方法基于切换到下一个渲染块的花费来选择下一个渲染块进行渲染。因为对象可以从内存中丢弃以渲染其他对象，所以避免多次重新加载相同的对象很重要。当启用占位符对象时，这一点尤其重要。

如果使用分布式渲染来渲染场景，那么可能很难理解渲染顺序背后的逻辑。在这种情况下，顺序会被优化以避免在网络上发出大量数据。当渲染块可用时，每个CPU会被指定给一个渲染块，因此，渲染图像中不同的渲染块会在不同的时间出现。

12.4.1 使用mental ray渲染器的设置

在使用mental ray渲染器渲染时，需要进行单独设置，下面就介绍一下使用mental ray渲染器的设置操作过程。

（1）把场景制作完成，包括材质和灯光。

（2）单击 ▦ 按钮，打开"渲染场景"对话框。把鼠标指针移动到对话框中，当变成一个手形时，按住鼠标键向上拖动，显示出"指定渲染器"设置栏，如图12-13所示。

（3）在"指定渲染器"设置栏上单击把它展开，然后单击"产品级"右侧的 ▦ 按钮，打开"选择渲染器"对话框，如图12-14所示。

图12-13 "指定渲染器"设置栏

图12-14 "选择渲染器"对话框

 在"选择渲染器"对话框中还有一个VUE文件渲染器，使用"VUE文件渲染器"可以创建 VUE（.vue）文件。VUE文件能够使用可编辑的ASCII格式。

（4）选中该对话框中的"mental ray渲染器"项，然后单击"确定"按钮，再单击"渲染场景"对话框中的"渲染"按钮就可以了。

 对于复杂的动画文件而言，使用单机渲染可能比较慢，但是，3ds Max 2010中文版可以支持多机渲染，也就是通过网卡与多台计算机连网，并使这些计算机同时进行渲染，这就是所谓的网络渲染。由于网络渲染很少使用，在此不再赘述。

12.4.2 使用mental ray渲染器可渲染的效果

使用mental ray渲染器可以生成很多的高级效果，包括折射/反射、焦散、阴影、景深、全局照明、体积着色、轮廓着色等。

1. 焦散效果

焦散是光线通过其他对象反射或折射之后投射在对象上所产生的效果，焦散效果如图12-15所示。系统在计算焦散时，mental ray渲染器使用光子贴图技术。光线跟踪不能生成精确的焦散，而且它们不是默认扫描线渲染器提供的。

2. 阴影效果

mental ray渲染器可通过光线跟踪生成阴影。光线跟踪将跟踪从光源进行采样的光线路径。阴影出现在被对象阻止的光线位置。光线跟踪阴影具有清晰的边缘，阴影效果如图12-16所示。

未使用焦散

使用了焦散

图12-15 对比效果

图12-16 阴影效果

提示

mental ray渲染器可通过光线跟踪生成反射和折射。光线跟踪将跟踪从光源进行采样的光线路径。采用此方法生成的反射和折射在物理效果上非常精确。读者可以参阅前面的对比效果。

3. 运动模糊效果

运动模糊可以通过模拟实际摄影机的工作方式，增强渲染动画的真实感。摄影机有快门速度。如果在打开快门时出现明显的移动情况，胶片上的图像将变模糊，其效果如图12-17所示。

图12-17 运动模糊效果（右图）

4. 景深效果

景深通过模拟实际摄影机的工作方式可以增强渲染动画的真实感。如果景深很宽，则所有或几乎所有场景都位于焦点上。如果景深很窄，则只有与摄影机某种距离内的对象位于焦点上，其效果如图12-18所示。

图12-18 景深效果（右图）

5. 全局照明效果

通过在场景中模拟光能传递或来回反射灯光，而不是焦散，全局照明可增强场景的真实感，会生成如"映色"这样的效果，例如，红墙旁边的白色衬衫会出现微弱的红色，效果如图12-19所示。

6. 体积着色效果

使用体积着色可以为三维体积着色，而不是对曲面进行着色。通常，体积明暗器提供像薄雾和雾这样的大气效果，其效果如图12-20所示。

图12-19　全局照明效果（右图）

图12-20　体积着色效果（右图）

7. 轮廓着色效果

使用轮廓着色可以渲染基于矢量的轮廓线。轮廓类似于卡通材质的墨水组件，其效果如图12-21所示。

12.4.3　相关选项介绍

很多效果的渲染，需要在相关的面板中设置相关的选项，如图12-22所示。有关的面板包括，"采样质量"卷展览、"摄影机效果"卷展览、"阴影与置换"卷展览、"渲染算法"卷展览，另外还有几个图中没有显示出来的卷展览，包括"最终聚集"卷展览、"焦散和全局照明"卷展览、"转换器选项"卷展览、"诊断"卷展览、"分布式渲染块渲染"卷展览。

图12-21　轮廓着色效果（右图）

图12-22　mental ray渲染器的相关面板

mental ray渲染器面板中的各个选项一般都是中文的，而且意义比较明确，比如"采集质量"面板中的"最大值"和"最小值"选项。在此不再赘述，读者可以自己通过练习来进行精确的设置。

12.5 高级照明渲染——光能传递

使用系统默认的扫描线渲染器进行渲染时，一般它只考虑直接的光照，不考虑光的反射和吸收。而光能传递则采用全新的全局照明系统，简称GI。在这种系统下，当光照射到物体表面时，会有一部分被吸收，有一部分被反射并照亮周围的一部分空间，而且还会被多次反射，并增加一些反射面的颜色，如图12-23所示。

从本质上讲，光能传递是一种计算机的运算，它会把场景中的物体转换为网格物体，物体的表面被细分成很多的三角形面，面数越多，计算机的运算量就越大。从这个意义上讲，必须要考虑场景中物体的面数。

光能传递也有专门的设置选项，在"渲染场景"对话框中单击"高级照明"选项卡，即可进入到光能传递的设置对话框。也可以执行"渲染→光能传递"命令来打开该对话框，如图12-24所示。

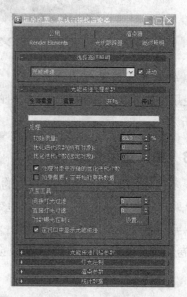

图12-23 光的反射 | 图12-24 打开的光能传递设置对话框

 该渲染器的基本使用过程，可以参阅本章后面的实例部分。

1. 选择高级照明栏

下面简单地介绍一下该对话框中的几个选项。

• 全部重置：在光能传递计算完成后，单击该按钮可以使物体恢复到它们的初始状态。

• 重置：把光能传递后的结果复位，并使视图更新为标准光影模式显示。

• 开始：单击该按钮即可开始进行光能传递运算。

• 停止：用于停止光能传递运算处理。

• 初始质量：用于设置光能传递的质量级别，一般使用默认数值即可。

• 优化迭代次数（所有对象）：为场景中的所有物体定义一个超越全局设置的细化属性来纠正一些错误。

• 优化迭代次数（选定对象）：为场景中选定的物体定义一个超越全局设置的细化属性来纠正错误。

• 处理对象中存储的优化叠代次数：每个物体都有一个"优化迭代次数"的光能传递属性。当细分物体时，与这些物体一起存储的步骤数就会增加，在勾选该选项后，则可以自动优化这些步骤数。

• 如果需要，在开始时更新数据：勾选后，如果光能传递的解决方案无效，则必须重新启动光能传递引擎来重新计算。

• 间接/直接灯光过滤：用于设置光能传递的质量，数值越大，质量越高。

• 对数曝光控制：单击"设置"按钮可以打开"环境与效果"对话框，在该对话框中可以设置暴光的控制方式。

• 在视口中显示光能传递：勾选该项后，在视口中会显示光能传递的过程。

2. 光能传递网格参数栏

使用该面板可以确定是否需要网格，并且可以指定网格元素的大小（以世界单位表示）。要快速测试，可能需要全局禁用网格。场景将看起来像平面，但解决方案将仍然快速提供总体亮度。光能传递网格参数栏如图12-25所示。

• 启用：用于启用整个场景的光能传递网格。当要执行快速测试时，禁用网格。

• 网格大小：以世界单位设置光能传递网格元素的大小。

• 灯光设置：启用自适应细分或投影直射光之后，根据以下开关来解析计算场景中所有对象上的直射光。照明是解析计算的并不用修改对象的网格，这样可以产生噪波较少且视觉效果更舒适的照明。默认设置为启用。禁用"使用自适应细分"之后该开关仍然可以使用。根据需要选择需要的选项即可。

3. 灯光绘制参数栏

使用此面板中的灯光绘制工具可以手动触摸阴影和照明区域。灯光绘制参数栏如图12-26所示。

图12-25 光能传递网格参数栏

图12-26 灯光绘制参数栏

• 强度：以勒克斯或坎迪拉为单位指定照明的强度，具体情况取决于在"自定义" > "单位设置"对话框中选择的单位。

• 压力：当添加或移除照明时指定要使用的采样能量的百分比。

• 添加照明按钮：添加照明从选定对象的顶点开始。

• 移除照明按钮：移除照明从选定对象的顶点开始。**3ds Max 2010中文版基于压力微调**

器中的数量移除照明。压力数量与采样能量的百分比相对应。例如，如果墙上具有约2000勒克斯，使用"移除照明"从选定对象的曲面中移除200勒克斯。

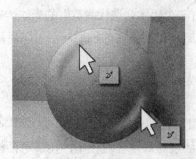

图12-27 使用灯光绘制来添加或移除
光能传递方案中的灯光

· 拾取照明按钮：采样选择的曲面的照明数。要保存无意标记的照亮或黑点，请使用"拾取照明"将照明数用做与采样相关的曲面照明。

· 清除：清除所做的所有更改。通过处理附加的光能传递迭代次数或更改过滤数会丢弃使用灯光绘制工具对解决方案所做的任何更改。使用灯光绘制来添加或移除光能传递方案中的灯光，如图12-27所示。

 在"统计数据"栏中列出的是有关光能传递处理的信息，在"渲染参数"栏中列出的是用于控制如何渲染光能传递的场景参数，一般保持默认设置即可。在此不再赘述。

12.6　高级照明覆盖材质

该材质可以直接控制材质的光能传递属性。"高级照明覆盖材质"通常是基础材质的补充，基础材质可以是任意可渲染的材质。"高级照明覆盖"材质对普通渲染没有影响。它影响光能传递解决方案或光跟踪。高级照明覆盖有两种主要的用途，第一：调整在光能传递解决方案或光跟踪中使用的材质属性。第二：产生特殊的效果，例如让自发光对象在光能传递解决方案中起作用。下面介绍一下它的参数选项，如图12-28所示。

· 反射比比例：增加或减少材质反射的能量。范围为0.1至5.0。默认设置为1.0。增加或减少反射光线的能量，如图12-29所示。

图12-28 高级照明覆盖材质的选项设置

图12-29 增加或减少反射光线的能量

 不要使用该控件增加自发光，而应使用"亮度比"。"亮度比"位于"特殊效果"设置组中。

· 颜色溢出比例：增加或减少反射颜色的饱和度。范围为0.0至1.0。默认设置为1.0。增加或减少反射颜色的饱和度，如图12-30所示。

· 透射比比例：增加或减少材质透射的能量。范围为 0.1至 5.0。默认设置为1.0。增加或减少反射光线的能量，如图12-31所示。

 该参数只影响光能传递，对光跟踪没有影响。

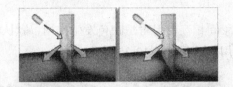

图12-30 增加或减少反射颜色的饱和度

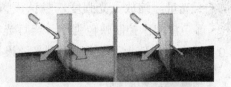

图12-31 增加或减少反射光线的能量

• 间接灯光凹凸比：在间接照明的区域中，缩放基础材质的凹凸贴图效果。该值为零时，对间接照明不产生凹凸贴图。增加"间接灯光凹凸比"可以增强间接照明下的凹凸效果。该值不影响直接照明的基础材质区域中的"凹凸"量。不能小于零。默认设置为1.0。

该参数很有用，因为间接凹凸贴图是模拟实现的而且并不总是很精确。"间接灯光凹凸比"使用户可以手动调整效果。

12.7 光跟踪器

使用"光跟踪器"可以为明亮场景（比如室外场景）提供柔和边缘的阴影和映色。与光能传递不同，"光跟踪器"并不试图创建物理上精确的模型，而且可以方便地对其进行设置。如图12-32所示。

光跟踪器的设置操作如下。

（1）为室外场景创建几何体。

（2）添加天光来对其进行照明。也可以使用一个或多个聚光灯。如果使用基于物理的IES太阳光或IES天光，则有必要使用曝光控制。

（3）选择"渲染→光能传递"命令，从打开对话框的"光能传递"右侧的下拉列表中选择"光跟踪器"，并启用"活动"，会出现"光跟踪器"的"参数"面板。

（4）调整光跟踪器参数，在想要渲染的视口上用右键单击使其激活，然后单击"渲染场景"按钮即可。

下面介绍一下"光跟踪器"的参数选项，如图12-33所示。

图12-32 光跟踪器效果

图12-33 光跟踪器的参数选项

• 全局倍增：控制总体照明级别。默认设置为1.0，效果如图12-34所示。

• 对象倍增：控制由场景中的对象反射的照明级别。默认设置为1.0。

• 天光切换：选中该选项后，启用从场景中天光的重聚集。注意，一个场景可以含有多个天光，默认设置为启用。

- 天光量：缩放天光强度。默认设置为1.0。
- 颜色渗出：控制映色强度。当灯光在场景对象间相互反射时，映色发生作用。默认设置为1.0。只有反弹值大于或等于2时，该设置才起作用，效果如图12-35所示。

图12-34　对比效果　　　　　图12-35　映色过多（左）和消除映色后的效果（右）

- 光线/采样数：每个采样（或像素）投射的光线数目。增大该值可以增加效果的平滑度，但同时也会增加渲染时间。减小该值会导致颗粒状效果更明显，但是渲染可以进行得更快。默认设置为250。
- 颜色过滤器：过滤投射在对象上的所有灯光。设置为除白色外的其他颜色以丰富整体色彩效果。默认设置为白色。
- 过滤器大小：用于减少效果中噪波的过滤器大小（以像素为单位）。默认值为0.5。
- 附加环境光：当设置为除黑色外的其他颜色时，可以在对象上添加该颜色作为附加环境光。默认设置为黑色。
- 光线偏移：像对阴影的光线跟踪偏移一样，"光线偏移"可以调整反射光效果的位置。
- 反弹：被跟踪的光线反弹数。增大该值可以增加映色量。值越小，快速结果越不精确。
- 锥体角度：控制用于重聚集的角度。减小该值会使对比度稍微升高，尤其在有许多小几何体向较大结构上投射阴影的区域中更明显。范围为33.0至90.0。默认值为88.0。
- 体积切换：启用该选项后，"光跟踪器"从体积照明效果（如体积光和体积雾）中重聚集灯光。默认设置为启用。
- 体积量：增强从体积照明效果重聚集的灯光量。增大该值可增加其对渲染场景的影响，减小该值可减少其效果。默认设置为1.0。
- 自适应欠采样：启用该选项后，光跟踪器使用欠采样。禁用该选项后，则对每个像素进行采样。禁用欠采样可以增加最终渲染的细节，但是同时也将增加渲染时间。默认设置为启用。
- 初始采样间距：图像初始采样的栅格间距。以像素为单位进行衡量。默认设置为16×16。
- 细分对比度：确定区域是否应进一步细分的对比度阈值。增加该值将减少细分。该值过小会导致不必要的细分。默认值为5.0。
- 显示采样：启用该选项后，采样位置渲染为红色圆点。该选项显示发生最多采样的位置，这可以帮助用户选择欠采样的最佳设置。默认设置为禁用状态。

12.8　其他渲染器简介——Lightscape、VRay、Brazil和FinalRender

除了前面介绍的扫描线渲染器和mental ray渲染器之外，还有4款比较流行的渲染器，它们分别是Lightscape、VRay、Brazil和FinalRender。像VRay可以直接安装在3ds Max中，这几款渲染器分别以插件形式或者单独的程序存在，都是比较高级的渲染器，渲染出的效果都要比单独使用扫描线渲染器要好得多。下面分别予以介绍。

12.8.1 Lightscape渲染器

这款渲染器是一款独立的程序或者软件，是比较高级的渲染器。在它里面可以单独地设置灯光和材质，现在多用于制作建筑室内外效果图。在3ds Max 2010中文版中制作好模型后，可以输出为LP格式的文件，然后输入到Lightscape中进行渲染。使用它渲染出的效果要比扫描线渲染器渲染的效果更为精确、真实，如图12-36所示。

图12-36 使用Lightscape渲染的效果

> 在本书后面的综合实例中，有一个关于使用Lightscape进行渲染的例子，读者可以参阅一下。

12.8.2 FinalRender/V-Ray/Brazil渲染器

FinalRender、V-ray和Brazil渲染器都是以3ds Max 2010中文版的插件形式存在的。可以单独安装在计算机上，然后结合3ds Max 2010中文版一并使用。可以到一些网站上去购买或者下载它们，然后安装到自己的计算机上就可以使用了。这些软件的使用可以参考一些专业的图书，在此不再赘述。从图12-37到图12-39是使用这几款软件渲染的图像。

图12-37 使用Brazil渲染的效果

从图中可以看出，使用这些渲染器渲染出的效果品质都非常高。在使用这些渲染器时，一定要多练习、多总结，然后掌握它们的使用规律就可以渲染出自己需要的效果。

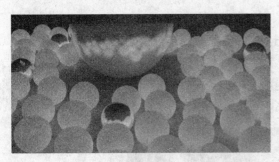

图12-38　使用FinalRender渲染的透明效果

图12-39　使用V-ray渲染的效果

12.9　实例：使用光能传递渲染一个室内效果图——客厅

光能传递是3ds　Max中内置的一款渲染工具，比较适合于渲染室内效果图，而且渲染质量比较好。本实例将使用光能传递渲染一个简洁、时尚的客厅，同时介绍光度学灯光的使用，最终效果如图12-40所示。

图12-40　客厅效果

1. 创建场景

（1）自己制作一个客厅的场景，或打开本书配套资料中的"客厅"场景文件，效果如图12-41所示。

（2）此场景中的模型材质也已经设置好了。读者可以根据前面内容的介绍来设置材质，不再赘述。

2. 设置灯光

（1）设置主光源。在"光度学"灯光创建面板中单击 目标灯光 按钮，在视图中单击并拖曳鼠标创建一盏目标灯光，把它放置在窗口，如图12-42所示。

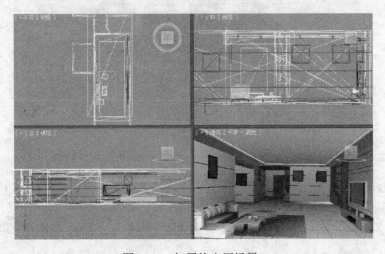

图12-41　打开的客厅场景

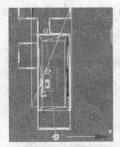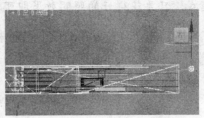

图12-42 创建的灯光

（2）确定目标灯光处于选择状态，单击  按钮，进入到修改面板中。将"强度"的值设置为80cd。然后进入到"图形/区域阴影"面板中，单击"从（图形）发射光线"下面的下拉按钮，从打开的菜单中选择"矩形"选项，并将"长度"与"宽度"的值分别设置为420和610，如图12-43所示。

图12-43 参数设置

> 至于在一个场景中把灯光的灯光强度设置为多少，需要经过多次的尝试才能找到比较合适的数值。

（3）在"光度学"灯光创建面板中单击 目标灯光 按钮，在视图中单击并拖曳鼠标创建一盏目标灯光，把它放置在对面，如图12-44所示。

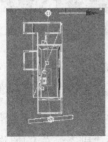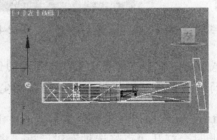

图12-44 创建的目标灯光

（4）确定目标灯光处于选择状态，单击  按钮，进入到修改面板中。将"强度"的值设置为60cd。然后进入到"图形/区域阴影"面板中，单击"从（图形）发射光线"下面的下拉按钮，从打开的菜单中选择"矩形"选项，并将"长度"与"宽度"的值分别设置为420和610，视图中的灯光如图12-45所示。

灯光也可以直接放置在室内，但是要调整它们的形状和强度。灯光的布局方法也没有固定的模式，只要获得好的照明效果即可。

（5）设置筒灯灯光。在"光度学"灯光创建面板中单击 目标灯光 按钮。在视图中创建一盏目标灯光，把它放置在影视墙上的筒灯下方，效果如图12-46所示。

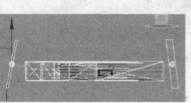

图12-45　创建的目标灯光　　　　　　　　　图12-46　创建的灯光位置

（6）进入到"常规参数"面板中，单击灯光分布（类型）下面的下拉按钮，从打开的菜单中选择"光度学Web"，如图12-47所示。

（7）展开"Web参数"面板，单击"Web文件"右侧的按钮，打开"打开光域Web文件"对话框，从中选择配套资料中的"筒灯"文件，然后单击"打开"按钮，如图12-48所示。

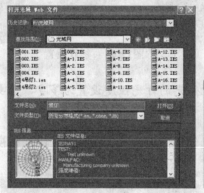

图12-47　选择灯光类型　　　　　　　　图12-48　选择的光域Web文件

 在添加光域Web文件后，仍要设置灯光强度的值，在本实例中将它设置为0.2，用户以后设置筒灯效果时可以根据实际的场景决定其大小，值并不唯一。

（8）按住Shift键，并使用"选择并移动" 工具在左视图中将灯光沿*Y*轴向右移动一定距离。释放Shift键，此时会打开"克隆选项"对话框。将"副本数"的值设置为2，制作出两个筒灯副本，如图12-49所示。

（9）在壁橱的小筒灯下方创建一盏目标灯光，然后在玄关的凹槽处设置两盏目标灯光，分别为其添加筒灯的光域Web文件，效果如图12-50所示。

（10）在前墙的小筒灯下方创建一盏目标灯光，并为其添加筒灯的光域Web文件，效果如图12-51所示。

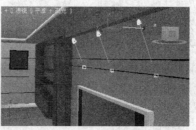

图12-49 复制的灯光

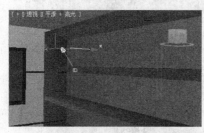
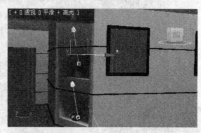

图12-50 设置的壁橱灯光和玄关的凹槽处的灯光

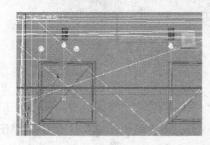
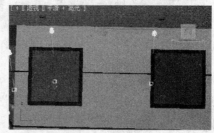

图12-51 设置的前墙的灯光

（11）在左墙的筒灯下方创建4盏目标灯光，并为其添加筒灯的光域Web文件。效果如图12-52所示。

（12）设置灯池灯光。在"光度学"灯光创建面板中单击 目标灯光 按钮，在正面的灯池下方单击并向上拖曳鼠标左键，创建一盏向正上方照射的目标灯光。

（13）选择刚创建的目标灯光，单击 按钮，进入到修改面板中。将"强度"的值设置为70cd。然后进入到"图形/区域阴影"面板中，单击"从（图形）发射光线"下面的下拉按钮，从打开的菜单中选择"矩形"选项，并将"长度"与"宽度"的值分别设置为30和310，如图12-53所示。

图12-52 设置的左墙的灯光

图12-53 参数设置

提示　目标矩形的长度与宽度值要根据灯池的长宽值确定。

（14）使用同样的方法在侧面的灯池下面创建两盏目标矩形灯光，并调整它们的位置。灯池灯光的大小和位置如图12-54所示。

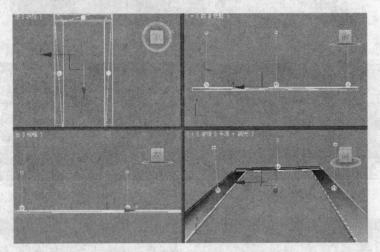

图12-54　灯池灯光的大小和位置

3. 渲染

（1）选择菜单栏中的"渲染→渲染设置"命令，打开"渲染设置：默认扫描线渲染器"对话框。单击对话框上部的"高级照明"标签，进入到"高级照明"面板中，单击"选择高级照明"下部的下拉按钮，选择"光能传递"选项，或者直接选择"渲染→光能传递"命令，如图12-55所示。

（2）将初始质量的值设置为85%，间接灯光过滤的值设置为5。然后单击下面的"设置"按钮，打开"环境和效果"对话框。单击"曝光控制"面板中的下拉按钮，选择"对数曝光控制"选项，进入"对数曝光控制参数"面板中设置参数。将"亮度"的值设置为65，"对比度"的值设置为55，"中间色调"的值设置为4，"物理比例"的值设置为10000，如图12-56所示。

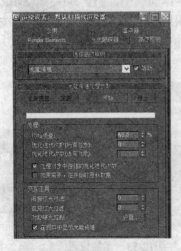

图12-55　"渲染场景：默认扫描
　　　　　线渲染器"对话框

图12-56　"渲染场景"对话框和设置的曝光参数

（3）返回到"渲染场景：默认扫描线渲染器"对话框中，进入到"光能传递处理参数"面板，单击 开始 按钮进行光能传递计算，如图12-57所示。

（4）光能传递计算完成后，单击"渲染"按钮进行渲染，渲染的效果如图12-58所示，最后把渲染效果进行保存。

图12-57 在"渲染场景：默认扫描线渲染器"
对话框中的传递计算进度效果

图12-58 渲染效果

4. 后期处理

在后期处理过程中可以使用平面设计软件对最终的效果进行美化或者优化处理。可以添加细节的内容和修补不足之处。很多设计师一般都在最后使用Photoshop进行这样的处理。下面介绍一下操作过程。

（1）打开或者启动Photoshop，读者可以使用其他版本的Photoshop进行处理，功能都基本相同。

（2）选择菜单栏中的"文件→打开"命令，打开渲染出的效果。选择"图像→调整→色彩平衡"命令，打开"色彩平衡"对话框，将色阶的值设置为0、0和-30。此时客厅的主色调变为黄色，如图12-59所示。

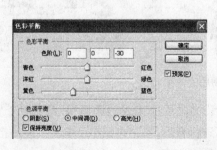

图12-59 调整的色彩

（3）选择"图像→调整→亮度/对比度"命令，打开"亮度/对比度"对话框，将对比度的值设置为+20，如图12-60所示。

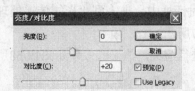

图12-60　"亮度/对比度"对话框

（4）添加植物。在Photoshop中打开本书配套资料中的植物图片，按住鼠标左键将其拖曳至客厅文件中，然后调整植物的大小和位置，如图12-61所示。

图12-61　打开的植物和添加植物后的效果

> **提示**　如果植物的颜色和亮度不符合客厅的色调，可以使用"色彩平衡"对话框和"亮度/对比度"对话框继续进行调整。

（5）添加其他的植物，在Photoshop中打开本书配套资料中的盆景，如图12-62所示。把植物拖曳到客厅效果图中，并调整好其大小和位置。

图12-62　添加其他植物后的效果

（6）用户可以根据需要添加其他的植物和其他装饰，添加完成后选择菜单栏中的"图层→合并可见图层"命令，将图层进行合并。也可以不进行合层，以便于进行修改。最后把制作好的文件保存起来。

第13章 环境与特效

在进行渲染时，为了使渲染的视觉效果更加真实，还需要对整体环境进行一定的设置，比如雾气效果、体积光效果或者景深效果等，如图13-1所示。

3ds Max还为提供了专门用于设置这些特效的工具——"环境和效果"编辑器。该编辑器的功能非常强大，使用它能够为制作的场景添加背景图、雾、体积雾、体积光和火焰等效果。执行"渲染→环境"命令或者"渲染→效果"命令即可打开"环境和效果"编辑器，如图13-2所示。

"环境和效果"编辑器由两个编辑器构成，一个是"环境"编辑器，另一个是"效果"编辑器。首先介绍"环境"编辑器。

图13-1 体积光效果

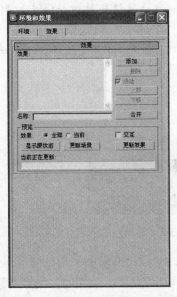

图13-2 "环境和效果"编辑器

13.1 "环境"编辑器

可以通过在"环境"编辑器中单击"无"按钮来为场景添加背景及设置背景颜色等，前面已经介绍过。下面介绍一下它的曝光控制。

13.1.1 曝光控制

在"环境"编辑器中单击"找不到位图代理管理器"右侧的小三角按钮，可以打开一个列表，如图13-3所示。共有4种曝光控制，这些曝光控制主要用于调节渲染图像的亮度和对比度，就像调整胶片曝光一样。如果渲染使用光能传递，曝光控制尤其有用。另外，曝光控制可以补偿显示器有限的动态范围。显示器的动态范围大约有两个数量级。显示器上显示的最亮的颜色比最暗的颜色亮大约100倍。比较而言，眼睛可以感知大约16个数量级的动态范围。可以感知的最亮的颜色比最暗的颜色亮大约10的16次方倍。曝光控制调整颜色，使颜色可以更好地模拟眼睛的动态范围，同时仍适合可以渲染的颜色范围。

・mr摄影曝光控制：根据这些控制可以通过像摄影机一样的控制来修改渲染的输出。

・对数曝光控制：根据亮度、对比度以及场景是否是日光中的室外，将物理值映射为RGB值。"对数曝光控制"比较适合动态范围很高的场景。

・伪彩色曝光控制：实际上是一个照明分析工具。它可以将亮度映射为显示转换的值的亮度的伪彩色。

・线性曝光控制：从渲染中采样，并使用场景的平均亮度将物理值映射为RGB值。线性曝光控制最适合动态范围很低的场景。

・自动曝光控制：从渲染图像中采样，并且生成一个直方图，以便在渲染的整个动态范围内提供良好的颜色分离。自动曝光控制可以增强某些照明效果，否则，这些照明效果会过于暗淡而看不清。

 mental ray渲染器仅支持对数曝光控制和伪彩色曝光控制。

选择好要使用的曝光控制后，其相关的选项即可启用，比如选择"线性曝光控制"后的相关控制选项如图13-4所示。

图13-3　曝光控制列表

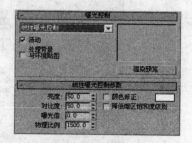

图13-4　曝光控制的选项

・活动：启用时，在渲染中使用该曝光控制。禁用时，不使用该曝光控制。

・处理背景与环境贴图：启用时，场景背景贴图和场景环境贴图受曝光控制的影响。禁用时，则不受曝光控制的影响。

・渲染预览：缩略图窗口显示了活动曝光控制的渲染场景的预览。在渲染了预览后，在更改曝光控制设置时将交互式更新。

・亮度：调整转换的颜色的亮度。范围为0至200。默认设置为50。此参数可设置动画。

・对比度：调整转换的颜色的对比度。范围为0至100。默认设置为50。

・曝光值：调整渲染的总体亮度。范围为-5.0至5.0；负值使图像更暗，正值使图像更亮。默认设置为0.0。

・物理比例：设置曝光控制的物理比例，用于非物理灯光。结果是调整渲染，使其与眼睛对场景的反应相同。

• "颜色修正"复选框和色样：如果选中该复选框，颜色修正会改变所有颜色，使色样中显示的颜色显示为白色。默认设置为禁用状态。

> **提示** 为了获得最佳效果，最好使用很淡的颜色修正色，例如淡蓝色或淡黄色。

• 降低暗区饱和度级别：启用时，渲染器会使颜色变暗淡，好像灯光过于暗淡，眼睛无法辨别颜色。启用时，渲染器甚至会使颜色变暗淡。默认设置为禁用状态。

13.1.2 大气效果

在"曝光控制栏"的下面是"效果"控制栏。在默认设置下，该栏是空的。单击"添加"按钮可以打开一个对话框，如图13-5所示。

在该对话框中有4个选项，使用它们可以为场景添加火效果、雾效果、体积雾和体积光效果。选中一个，然后单击"确定"按钮就可以把该效果添加进来了。如果想删除该效果，那么单击选中，然后单击右侧的"删除"按钮就可以把它删除掉。下面介绍一下"大气效果"栏中的几个按钮。

• 添加：显示"添加大气效果"对话框，在该对话框中显示所有要安装的大气效果。
• 删除：将所选大气效果从列表中删除。
• 上移/下移：将所选项在列表中上移或下移，更改大气效果的应用顺序。
• 合并：合并其他3ds Max场景文件中的效果。
• 活动：为列表中的各个效果设置启用/禁用状态。这种方法可以方便地将复杂的大气功能列表中的各种效果孤立。

13.1.3 雾效果

使用该工具可以设置各种雾和烟雾的大气效果，并能够使对象随着与摄影机距离的增加逐渐褪光（标准雾），或提供分层雾效果，使所有对象或部分对象被雾笼罩，效果如图13-6所示。

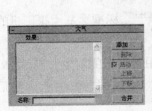
图13-5 "添加大气效果"对话框

图13-6 雾效果

下面介绍一下雾的参数设置，其参数面板如图13-7所示。

• 颜色：设置雾的颜色。单击色样，然后在颜色选择器中选择所需的颜色。通过在启用"自动关键点"按钮的情况下更改非零帧的雾颜色，可以设置颜色效果动画。
• 环境颜色贴图：从贴图导出雾的颜色。可以为背景和雾颜色添加贴图，可以在"轨迹视图"或"材质编辑器"中设置程序贴图参数的动画，还可以为雾添加不透明度贴图。

图13-7 参数面板

- 使用贴图：切换此贴图效果的启用或禁用。
- 环境不透明度贴图：更改雾的密度。
- 雾背景：将雾功能应用于场景的背景。
- 类型：选择"标准"时，将使用"标准"部分的参数；选择"分层"时，将使用"分层"部分的参数。
- 标准：启用"标准"组。
- 分层：启用"分层"组。
- 指数：随距离按指数增大密度。禁用时，密度随距离线性增大。只有希望渲染体积雾中的透明对象时，才应激活此复选框。

 如果启用"指数"，这将增大"步长大小"的值，以避免出现条带。

- 近端%：设置雾在近距范围的密度（"摄影机环境范围"参数）。
- 远端%：设置雾在远距范围的密度（"摄影机环境范围"参数）。
- 顶：设置雾层的上限（使用世界单位）。
- 底：设置雾层的下限（使用世界单位）。
- 密度：设置雾的总体密度。
- 衰减（顶/底/无）：添加指数衰减效果，使密度在雾范围的"顶"或"底"减小到0。
- 地平线噪波：启用地平线噪波系统。"地平线噪波"仅影响雾层的地平线，增加真实感。
- 大小：应用于噪波的缩放系数。缩放系数值越大，雾卷越大。默认设置为20。
- 角度：确定受影响的雾与地平线的角度。例如，把角度设置为5，那么将从地平线以下5度开始散开雾。
- 相位：设置此参数的动画将设置噪波的动画。如果相位沿着正向移动，雾卷将向上漂移（同时变形）。如果雾高于地平线，可能需要沿着负向设置相位的动画，使雾卷下落。

下面介绍一下标准雾的创建过程。

（1）创建好需要的场景，并切换到摄影机视图。

（2）在摄影机的创建参数中，启用"环境范围"组中的"显示"。标准雾基于摄影机的环境范围值。

（3）将调整近距范围和调整远距范围设置为包括渲染中要应用雾效果的对象。

（4）选择"渲染→环境"命令，并在"环境"面板的"大气"下，单击"添加"。然后选择"雾"，最后单击"确定"按钮。

（5）确保选择"标准"作为雾类型即可。

13.1.4 体积雾

在3ds Max中，使用体积雾可以在场景中创建漂动的云状雾效果，雾好似在风中飘散。注意只有摄影机视图或透视视图才能渲染体积雾效果，效果如图13-8所示。正交视图或用户视图不会渲染体积雾效果。

下面介绍一下体积雾的设置选项，其参数面板如图13-9所示。

图13-8　体积雾效果

图13-9　参数面板

· 拾取Gizmo：通过单击进入拾取模式，然后单击场景中的某个大气装置。在渲染时，装置会包含体积雾。装置的名称将添加到装置列表中。

· 移除Gizmo：将Gizmo从体积雾效果中移除。在列表中选择Gizmo，然后单击"移除Gizmo"。

· 柔化Gizmo边缘：羽化体积雾效果的边缘。值越大，边缘越柔化。范围为0至1.0。

· 颜色：设置雾的颜色。单击色样，然后在颜色选择器中选择所需的颜色。

· 指数：随距离按指数增大密度。禁用时，密度随距离线性增大。只有希望渲染体积雾中的透明对象时，才应激活此复选框。

· 密度：控制雾的密度。范围为0至20（超过该值可能会看不到场景）。

· 步长大小：确定雾采样的粒度，雾的"细度"。步长大小较大，会使雾变粗糙（到了一定程度，将变为锯齿）。

· 最大步数：限制采样量，以便雾的计算不会永远执行（字面上）。如果雾的密度较小，此选项尤其有用。

· 雾背景：将雾功能应用于场景的背景。

· 类型：从三种噪波类型中选择要应用的一种类型。

· 规则：用于设置标准的噪波图案。

· 分形：用于设置迭代分形噪波图案。

· 湍流：用于设置迭代湍流图案。

· 反转：反转噪波效果。浓雾将变为半透明的雾，反之亦然。

· 噪波阈值：限制噪波效果。范围为0至1.0。如果噪波值高于"低"阈值而低于"高"阈值，动态范围将会拉伸。这样，在阈值转换时会补偿较小的不连续（第一级而不是0级），因此，会减少可能产生的锯齿。

· 均匀性：范围从-1到1，作用与高通过滤器类似。值越小，体积越透明，包含分散的烟雾泡。如果在-0.3左右，图像开始看起来像灰斑。因为此参数越小，雾越薄，所以，可能需要增大密度，否则，体积雾将开始消失。

· 级别：设置噪波迭代应用的次数。范围为1至6，包括小数值。只有"分形"或"湍流"噪波才启用。

· 大小：确定烟卷或雾卷的大小。值越小，卷越小。

・相位：控制风的种子。如果"风力强度"的设置也大于0，雾体积会根据风向产生动画。如果没有"风力强度"，雾将在原处涡流。因为相位有动画轨迹，所以可以使用"功能曲线"编辑器准确定义希望风如何"吹"。

・风力强度：控制烟雾远离风向（相对于相位）的速度。如上所述，如果相位没有设置动画，无论风力强度有多大，烟雾都不会移动。

・风力来源：定义风来自于哪个方向。

下面介绍一下体积雾的创建步骤。

（1）创建好场景及场景的摄影机视图或透视视图。

（2）选择"渲染→环境"命令打开"环境"对话框。

（3）在"环境"编辑器的"大气"下，单击"添加"按钮，打开"添加大气效果"对话框。

（4）选择"体积雾"，然后单击"确定"按钮。

13.1.5　体积光

体积光可以根据灯光与大气（雾、烟雾等）的相互作用提供各种灯光效果。能够生成泛光灯的径向光晕、聚光灯的锥形光晕和平行光的平行雾光束等效果。如果使用阴影贴图作为阴影生成器，则体积光中的对象可以在聚光灯的锥形中投射阴影，效果如图13-10所示。

下面介绍一下体积光的参数设置，其参数面板如图13-11所示。

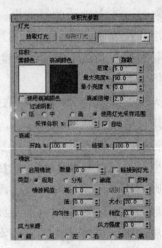

图13-10　体积光效果　　　　　　　　　图13-11　体积光参数面板

・拾取灯光：在任意视口中单击要为体积光启用的灯光。

・移除灯光：将灯光从列表中移除。

・雾颜色：设置组成体积光的雾的颜色。单击色样，然后在颜色选择器中选择所需的颜色。

・衰减颜色：体积光随距离而衰减。

・使用衰减颜色：激活衰减颜色。

・指数：随距离按指数增大密度。禁用时，密度随距离线性增大。只有希望渲染体积雾中的透明对象时，才应激活此复选框。

・密度：设置雾的密度。雾越密，从体积雾反射的灯光就越多。密度为2%到6%可能会获得最具真实感的雾体积，如图13-12所示。

图13-12 原始场景（左）和增大了密度后的场景（右）

- 最大亮度%：表示可以达到的最大光晕效果（默认设置为90%）。

- 最小亮度%：与环境光设置类似。如果"最小亮度%"大于0，光体积外面的区域也会发光。

- 衰减倍增：调整衰减颜色的效果。

- 过滤阴影：用于通过提高采样率（以增加渲染时间为代价）获得更高质量的体积光渲染。

- 使用灯光采样范围：根据灯光的阴影参数中的"采样范围"值，使体积光中投射的阴影变模糊。因为增大"采样范围"的值会使灯光投射的阴影变模糊，这样使雾中的阴影与投射的阴影更加匹配，有助于避免雾阴影中出现锯齿。

- 采样体积%：控制体积的采样率。范围为1到10 000（其中1是最低质量，10 000是最高质量）。

- 自动：自动控制"采样体积%"参数，禁用微调器（默认设置）。预设的采样率如下："低"为8，"中"为25，"高"为50。

- 开始%：设置灯光效果的开始衰减，与实际灯光参数的衰减相对。默认设置为100%，意味着在"开始范围"点开始衰减。

- 结束%：设置照明效果的结束衰减，与实际灯光参数的衰减相对。通过设置此值低于100%，可以获得光晕衰减的灯光，此灯光投射的光比实际发光的范围要远得多。

- 启用噪波：启用和禁用噪波。启用噪波时，渲染时间会稍有增加。

- 数量：应用于雾的噪波的百分比。如果数量为0，则没有噪波。如果数量为1，雾将变为纯噪波。

- 链接到灯光：将噪波效果链接到其灯光对象，而不是世界坐标。

- 类型：从三种噪波类型中选择要应用的一种类型。

- 规则：标准的噪波图案。

- 分形：迭代分形噪波图案。

- 湍流：迭代湍流图案。

- 反转：反转噪波效果。浓雾将变为半透明的雾，反之亦然。

- 噪波阈值：限制噪波效果。如果噪波值高于"低"阈值而低于"高"阈值，动态范围会拉伸到填满0至1。

- 均匀性：作用类似高通过滤器，值越小，体积越透明，包含分散的烟雾泡。如果在-0.3左右，图像开始看起来像灰斑。因为此参数越小，雾越薄，所以，可能需要增大密度，否则，体积雾将开始消失。范围为-1至1。

- 级别：设置噪波迭代应用的次数。此参数可设置动画。只有"分形"或"湍流"噪波才启用。范围为1至6，包括小数值。

- 大小：确定烟卷或雾卷的大小。值越小，卷越小。

· 相位：控制风的种子。如果"风力强度"的设置也大于0，雾体积会根据风向产生动画。如果没有"风力强度"，雾将在原处涡流。

· 风力强度：控制烟雾远离风向（相对于相位）的速度。

· 风力来源：定义风来自于哪个方向。

下面介绍一下体积光的创建步骤。

（1）创建好场景及灯光。

（2）创建场景的摄影机视图或透视视图。

（3）选择"渲染→环境"命令，打开"环境"设置对话框。

（4）在"环境"编辑器的"大气"下，单击"添加"按钮，打开"添加大气效果"对话框。

（5）选择"体积光"，然后单击"确定"按钮。

（6）单击"拾取灯光"，然后在视口中单击某个灯光，将该灯光添加到体积光列表中。

（7）设置体积光的参数。

 这些特效效果也可以混合使用。

13.1.6 火效果

使用"火焰"可以生成动画的火焰、烟雾和爆炸效果。可能的火焰效果用法包括篝火、火炬、火球、烟云和星云等，如图13-13所示。注意，向场景中添加任意数目的火焰效果。效果的顺序很重要，因为列表底部附近的效果的层次位于在列表顶部附近的效果的前面。

下面介绍一下火焰的控制选项，如图13-14所示。

图13-13　火焰效果

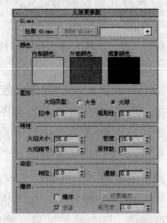

图13-14　火焰效果的控制选项

· 拾取Gizmo：通过单击进入拾取模式，然后单击场景中某个大气装置。在渲染时，装置会显示火焰效果。装置的名称将添加到装置列表中。

· 移除Gizmo：移除Gizmo列表中所选的Gizmo。Gizmo仍在场景中，但是不再显示火焰效果。

· Gizmo列表：列出为火焰效果指定的装置对象。

· 内部颜色：设置效果中最密集部分的颜色。对于典型的火焰，此颜色代表火焰中最热的部分。

- 外部颜色：设置效果中最稀薄部分的颜色。对于典型的火焰，此颜色代表火焰中较冷的散热边缘。
- 烟雾颜色：设置用于"爆炸"选项的烟雾颜色。
- 火舌：沿着中心使用纹理创建带方向的火焰。火焰方向沿着火焰装置的局部Z轴。"火舌"创建类似篝火的火焰。
- 火球：创建圆形的爆炸火焰。"火球"很适合爆炸效果。
- 拉伸：将火焰沿着装置的Z轴缩放。拉伸最适合火舌火焰，但是，可以使用拉伸为火球提供椭圆形状，效果如图13-15所示。
- 规则性：修改火焰填充装置的方式，范围为1.0至10.0。
- 火焰大小：设置装置中各个火焰的大小。装置大小会影响火焰大小。装置越大，需要的火越大。
- 火焰细节：控制每个火焰中显示的颜色更改量和边缘尖锐度。范围为0.0至10.0。较低的值可以生成平滑、模糊的火焰，渲染速度较快。
- 密度：设置火焰效果的不透明度和亮度。装置大小会影响密度。密度与小装置相同的大装置因为更大，所以更加不透明并且更亮。
- 采样数：设置效果的采样率。值越高，生成的结果越准确，渲染所需的时间也越长。
- 相位：控制更改火焰效果的速率。启用"自动关键点"，更改不同的相位值倍数。
- 漂移：设置火焰沿着火焰装置的Z轴的渲染方式。值是上升量（单位数）。
- 爆炸：根据相位值动画自动设置大小、密度和颜色的动画。
- 烟雾：控制爆炸是否产生烟雾。
- 剧烈度：改变相位参数的涡流效果。
- 设置爆炸：显示"设置爆炸相位曲线"对话框。输入开始时间和结束时间，然后单击"确定"。相位值自动为典型的爆炸效果设置动画。

火焰的创建步骤

（1）在场景中创建出需要的模型，比如一堆木柴，如图13-16所示。

图13-15 值分别为0.5、1.0、3.0的效果　　　　图13-16 火焰的创建过程

（2）在"创建"面板中单击"辅助对象"，然后从子类别列表中选择大气装置。

（3）单击"球体Gizmo"。在顶视口中拖动光标，定义大约为20个单位的装置半径。在"球体Gizmo参数"中启用"半球"复选框。

（4）单击"选择并非均匀缩放"工具按钮，并且仅沿着局部Z轴将装置放大。

（5）打开球体Gizmo的"修改"面板。在"大气"面板上，单击"添加"按钮，然后从"添加大气"对话框中选择"火焰"。

（6）在"大气和效果"面板的"大气"列表中高亮显示火焰，单击"设置"。

（7）在"形状"和"特性"下设置必要的参数。

（8）启用"自动关键点"，前进到动画结尾。

（9）在"运动"下设置必要的参数即可。

 具体的火焰效果的制作过程，可以参阅本章后面实例部分的介绍。

 火焰效果在场景中不发光。如果要模拟火焰效果的发光，必须同时创建灯光。

13.2 "效果"面板

在该面板中可以为场景添加一些特效，如模糊、景深等，还能指定一些渲染效果的插件、调整和查看效果等。首先介绍一下它的参数选项，执行"渲染→效果"命令即可把它打开，如图13-17所示。

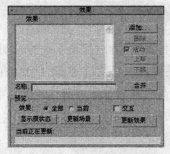

图13-17 "效果"面板

• 效果：显示所选效果的列表。

• 名称：显示所选效果的名称。编辑此字段可以为效果重命名。

• 添加：显示一个列出所有可用渲染效果的对话框。选择要添加到对话框列表的效果，然后单击"确定"。

• 删除：将高亮显示的效果从对话框和场景中移除。

• 活动：指定在场景中是否激活所选效果。默认设置为启用，可以通过在对话框中选择某个效果，禁用"活动"，取消激活该效果，而不必真正移除。

• 上移：将高亮显示的效果在对话框列表中上移。

• 下移：将高亮显示的效果在对话框列表中下移。

• 合并：合并场景（.Max）文件中的渲染效果。单击"合并"将显示一个文件对话框，从中可以选择.Max文件。然后会出现一个对话框，列出该场景中所有的渲染效果。

• 效果：选中"全部"时，所有活动效果将均应用于预览。选中"当前"时，只有高亮显示的效果将应用于预览。

• 交互：启用时，在调整效果参数时，更改会在渲染帧对话框中交互进行。没有激活"交互"时，可以单击一个更新按钮预览效果。

• "显示原状态/显示效果"切换：单击"显示原状态"会显示未应用任何效果的原渲染图像。单击"显示效果"会显示应用了效果的渲染图像。

• 更新场景：使用在渲染效果中所做的所有更改以及对场景本身所做的所有更改来更新渲染帧对话框。

• 更新效果：未启用"交互"时，手动更新预览渲染帧对话框。渲染帧对话框中只显示在渲染效果中所做的所有更改的更新。对场景本身所做的所有更改不会被渲染。

单击"添加"按钮即可打开"添加效果"对话框，在该对话框中有8种渲染效果类型，它们分别是镜头效果、模糊效果、亮度和对比度、色彩平衡、景深、文件输出、胶片颗粒和运动模糊。选择一个效果后单击"确定"按钮即可把它添加进来，如图13-18所示。

下面分别是这几种渲染的效果图，如图13-19至图13-22所示。

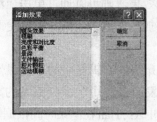

图13-18 "添加效果"对话框

图13-19 模糊渲染效果（左）和运动模糊（右）

图13-20 亮度和对比度效果

图13-21 胶片颗粒效果

图13-22 色彩平衡效果

在添加"镜头效果"后，"效果"面板的下方将会打开一些新的选项，使用这些选项可以制作光晕、光斑、光环、条纹镜头等效果，如图13-23所示。

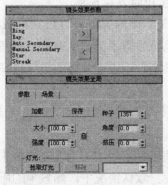

图13-23 镜头效果控制选项（左）和镜头效果（右）

13.3 Hair和Fur面板

如果将 "头发和毛发"修改器应用到对象上，则3ds Max会在渲染时间自动添加一个效果（带有默认值）。如果出于某些原因，场景中没有渲染效果，则可以通过单击"渲染设置"按钮来添加。此操作将打开"环境和效果"编辑器，并添加毛发渲染效果。可以更改设置或接受默认设置，如图13-24所示。

图13-24 "环境和效果"对话框

下面介绍该编辑器中的选项设置。

• 头发：设置用于渲染毛发的方法。

① 缓冲区：Hair在渲染时间根据修改器参数生成程序hair。缓冲毛发是通过Hair中的特殊渲染器生成的，其优点在于使用很少的内存即可创建数以百万计的毛发。每次在内存中只有一根头发。

② 几何体：在渲染时为渲染的毛发创建实际的几何体。

③ mr prim：程序mental ray明暗器生成毛发，在渲染时将mental ray曲线基本体直接生成到渲染流。

• 照明：用于设置毛发的照明效果。

① 本地：默认设置。使用标准3ds Max灯光计算用于灯光的衰减。

② 仿真：为缓冲渲染中的灯光衰减执行比较简单的内部计算。只应用于缓冲毛发渲染本身，而非3ds Max场景。此模式忽略类似毛发上的照明纹理，灯光衰减计算可能不够准确，但是渲染速度会更快一点。

• 持续时间：运动模糊计算用于每帧的帧数。

• 时间间隔：在持续时间的模糊之前捕捉毛发的快照点。可以选择"开始"、"中间"和"结尾"。默认为"中间"，导致持续时间起止时发生模糊。

• 过度采样：控制应用于Hair"缓冲区"渲染的抗锯齿等级。可用的选择有"草稿"、"低"、"中"、"高"和"最高"。"草稿"设置不需要抗锯齿，"高"适用于大多数最终结果渲染，在极其特别的情况下也可使用"最高"。过度采样的等级越高，所需内存和渲染时间就越多。默认值等于"低"。

• 合成方法：此选项可用于选择合成毛发与场景其余部分的方法。合成选项仅限于"缓冲"渲染方法。

• 阻挡对象：此设置用于选择哪些对象将阻挡场景中的毛发，即如果对象比较靠近摄影机而不是部分毛发阵列，将不会渲染其后的毛发。默认情况下，场景中的所有对象均阻挡其后的毛发。

• 阴影密度：指定阴影的相对黑度。默认值是100.0（最高值），此时阴影最黑。采用最低值0.0时阴影完全透明，因此不渲染。范围为0.0至100.0。默认设置为100.0。

• 渲染时使用所有灯光：启用后，场景中所有支持的灯光均会照明，并在渲染场景时从头发投射阴影。

· 添加头发属性：将"头发灯光属性"面板添加到场景中选定的灯光。如果要在每个灯光的基础上指定特定毛发的阴影属性，则必须使用此面板。仅限至少有一个支持的灯光被选中的情况可用。

· 移除头发属性：从场景中选定的灯光移除"头发灯光属性"面板。仅限至少有一个添加了头发属性的灯光选中的情况可用。

13.4 实例：双烛衬"喜"

在这一实例中，将使用辅助对象系统创建经常看到的蜡烛火焰效果，在制作过程中主要介绍使用环境与效果制作灯光特效的方法。制作的蜡烛火焰效果如图13-25所示。

（1）选择菜单栏中的" ⑥→重置"命令，重新设置系统。

（2）进入到标准基本体创建命令面板中，依次单击 ⬛→⚫→ 圆柱体 按钮，在顶视图中创建一个圆柱体作为蜡烛，并在"参数"面板设置好参数的值。然后将其转换为"可编辑多边形"，并进入到"顶点"模式下，使用"选择并移动" ✜工具调整顶点的位置，使其有一定的弯曲，如图13-26所示。

图13-25　蜡烛火焰效果

图13-26　制作的蜡烛

（3）进入到标准基本体创建命令面板，依次单击 ⬛→⚫→ 圆柱体 按钮，在顶视图中创建一个圆柱体作为蜡烛芯，并在"参数"面板设置好参数的值。然后将其转换为"可编辑多边形"，并进入到"顶点"模式下，使用"选择并移动" ✜工具调整顶点的位置，使其有一定的弯曲，效果如图13-27所示。

（4）制作烛泪。进入到图形创建命令面板中，依次单击 ⬛→⚫→ 线 按钮，在前视图中绘制出烛泪的侧面轮廓曲线，如图13-28所示。

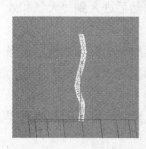

图13-27　创建的烛芯

图13-28　烛泪的轮廓曲线

（5）确定烛泪的侧面轮廓曲线处于选中状态下，单击 按钮，然后单击"修改器列表"右侧的下拉按钮，打开修改器列表，选择"车削"修改器。在"参数"面板中单击"对齐"中的"最大"按钮。将"度数"的值设置为180，将"分段"的值设置为16，然后启用"焊接内核"。最后复制出两滴烛泪。制作的烛泪效果如图13-29所示。

> 当车削形成的模型看不到表面或者在赋予材质后看不见时，可能是把法线的方向弄错了。这时要启用"翻转法线"，即将模型表面的法线翻转180度。

（6）在创建面板中单击"辅助对象" 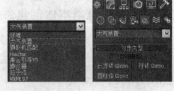 按钮，然后单击"标准"后面的下拉按钮，打开其下拉菜单，并选择"大气装置"选项，如图13-30所示。

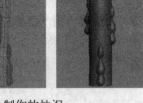

图13-29　制作的烛泪　　　　　　　　　图13-30　打开的下拉菜单和辅助对象创建面板

（7）在辅助对象创建面板中单击"球体Gizmo"按钮。在顶视图中单击并拖曳鼠标左键创建一个球体Gizmo，如图13-31所示。

（8）选择球体Gizmo，单击  按钮进入到修改面板中，将"半径"的值设置为10，并勾选"半球"选项，如图13-32所示。

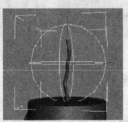

图13-31　创建的球体Gizmo　　　　　　　　　图13-32　参数设置

（9）因为要制作的火焰具有一定的高度，所以，单击工具栏中的"选择并均匀缩放" ■工具，在前视图中对半圆球进行拉长，如图13-33所示。

（10）确定半圆球处于选择状态，单击 ■ 按钮进入到修改面板中，然后进入到"大气和效果"面板中，如图13-34所示。

（11）在"大气和效果"面板中单击"添加" 添加 按钮，打开"添加大气"对话框。选择"火效果"选项，并单击"确定"按钮。这样，就会在大气和效果框中出现"火效果"字样。如图13-35所示。

（12）按F9键进行渲染，效果如图13-36所示。此时火焰达不到理想的效果，因此还需要进一步调整。

 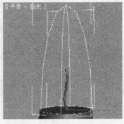

图13-33 调整的形状

图13-34 "大气和效果"面板

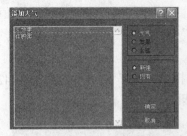 

图13-35 "添加大气"对话框和"大气和效果"面板

图13-36 渲染的火焰效果

（13）选择火效果，单击下面的"设置"按钮，打开"环境和效果"对话框，如图13-37所示。

（14）进入到"火效果参数"面板中，设置"内部颜色"为黄色，设置"外部颜色"为红色。然后将"火焰类型"设置为"火舌"，"拉伸"的值设置为3，"规则性"的值设置为1。"火焰大小"的值设置为35，"密度"的值设置为230。如图13-38所示。

（15）在透视图中单击，激活透视图，按F9键进行渲染，效果如图13-39所示。可以看到，火焰效果有了一定的改观。

 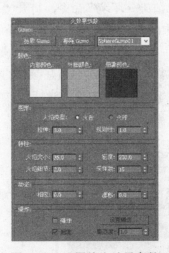 

图13-37 "环境和效果"对话框   图13-38 设置的火效果参数   图13-39 渲染效果

（16）为了获得火焰照亮场景和光晕的效果，需要在场景中添加2盏泛光灯。泛光灯1放置在火焰上方，用来制作光晕效果。泛光灯2放置在蜡烛前方，用来照亮整个场景。如图13-40所示。

图13-40　添加的灯光

（17）选择泛光灯1，进入到修改面板中。在"强度/颜色/衰减"面板中，把"倍增"的值设置为1.3，使用"远距衰减"，并将"远距衰减"中的"开始"和"结束"值设置为10和50。如图13-41所示。

（18）单击"常规参数"面板中的"排除"按钮，打开"排除/包含"对话框，如图13-42所示。选择"包含"选项。这样可以使泛光灯1只产生光晕效果，而不照亮其他物体。

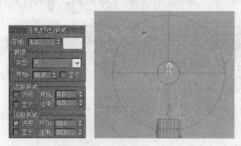

图13-41　设置的灯光参数

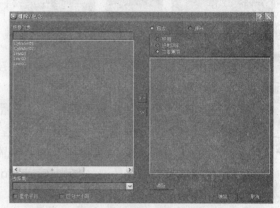

图13-42　"排除/包含"对话框

（19）选择菜单栏中的"渲染→环境"命令，打开"环境和效果"对话框。在"大气"面板中单击 添加 按钮，打开"添加大气效果"对话框。选择"体积光"选项，并单击下部的"确定"按钮。如图13-43所示。

（20）进入到"体积光参数"面板中，设置好参数的值。然后单击"拾取灯光"按钮，再返回到视图中单击泛光灯1，将体积光添加给泛光灯1。如图13-44所示。

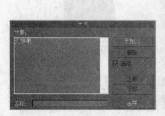

图13-43　"大气"面板和"添加大气效果"对话框

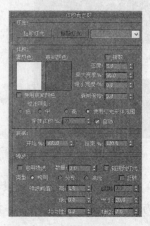

图13-44　"体积光参数"面板

（21）在透视图中单击，激活透视图，按F9键进行渲染，效果如图13-45所示。

（22）复制作出一盏蜡烛，并在视图中创建一个平面，为其添加一幅背景图片，如图13-46所示。

图13-45 "体积光参数"面板

图13-46 渲染效果

（23）在透视图中单击，激活透视图，按F9键进行渲染，效果如图13-47所示。

（24）添加一些渲染特效来改善最终的图像效果。单击"环境和效果"对话框上部的"效果"标签，进入到效果面板中，如图13-48所示。

图13-47 渲染效果

图13-48 效果面板

（25）在"效果"面板中单击 添加 按钮，打开"添加效果"对话框。选择"亮度和对比度"选项，并单击下部的"确定"按钮。然后在"亮度和对比度参数"面板中，将"亮度"的值设置为0.55，将"对比度"的值设置为0.55，如图13-49所示。

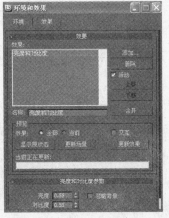

图13-49 "添加效果"对话框和"亮度和对比度参数"面板

（26）在"效果"面板中单击 添加 按钮，打开"添加效果"对话框。选择"色彩平衡"选项，并单击下部的"确定"按钮。然后在"色彩平衡参数"面板中，设置好参数的值。如图13-50所示。

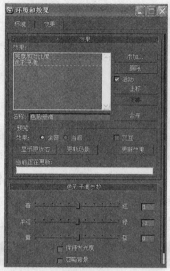

图13-50 "添加效果"对话框和"色彩平衡参数"面板

 还可以使用和本例同样的制作方法制作其他类型的炉火火焰效果或者篝火的火焰效果，如图13-52所示。

图13-51 制作的火焰效果

第5篇 动 画

很多人都看过卡通片或者电影中的一些特技,其中很大一部分是使用3ds Max制作的。使用3ds Max可以制作各种计算机动画,比如角色或汽车的动画,电影或广播中的动画,还可以创建用于医疗或科技方面的动画。用户会发现使用3ds Max可以实现各种目的的动画。这一部分将介绍有关动画的方方面面。

本篇包括下列内容:

❏ 第14章 动画入门
❏ 第15章 空间扭曲和粒子动画

第14章 动画入门

使用3ds Max不仅能够制作静止不动的模型，还能够使这些模型"运动"起来，也就是动画。本章将介绍动画的含义、动画工具、动画设置及动画合成等方面的内容。

14.1 动画的概念

电影是以人类视觉暂留的原理为基础。如果快速查看一系列相关的静态图像，就会感觉这是一个连续的运动。每一个单独图像称之为帧，如图14-1所示。

图14-1　帧是动画中的单个图像

创建动画时，动画师必须生成大量帧。一分钟的动画大概需要720到1800个单独图像，这取决于动画的质量。用手来绘制图像是一项艰巨的任务，因此出现了一种称之为关键帧的技术。动画中的大多数帧都是例程，从上一帧直接向着目标不断变化。传统动画工作室可以提高工作效率，实现的方法是让主要艺术家只绘制重要的帧，称为关键帧。然后助手再计算出关键帧之间需要的帧。填充在关键帧中的帧称为中间帧，如图14-2所示。

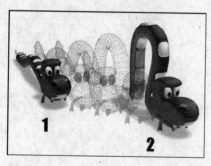

图14-2　1，2是关键帧，其他为中间帧

画出了所有关键帧和中间帧之后，需要链接或渲染图像以产生最终的图像。在今天，传统动画的制作过程通常都需要数百名艺术家生成上千个图像，它的工作量是很大的。如果借助于计算机，则可以省去大量的工作量。作为首席动画师，首先创建记录每个动画序列起点和终点的关键帧。这些关键帧的值称为关键点。3ds Max将计算每个关键点值之间的插补值，从而生成完整动画。3ds Max 2010中文版几乎可以为场景中的任意参数创建动画。可以设置修改器参数的动画（如"弯曲"角度或"锥化"）、材质参数的动画（如对象的颜色或透明度）等。

动画有很多格式。两种常用的格式为电影格式（每秒钟24帧（FPS））和NTSC视频（每秒30帧）。3ds Max 2010中文版是一个基于时间的动画程序。它测量时间，并存储动画值，内部精度为1/4800秒。可以配置程序让它显示最符合作品的时间格式，包括传统帧格式。另外还有基于时间的动画。

小知识：电影格式

- FPS：这是标准电影格式，使用该格式的电影每秒播放24帧。
- NTSC视频格式：它是国家电视标准委员会的缩写，是北美、大部分南美国家和日本所使用的电视标准制式，使用该格式的视频每秒播放30帧，或者每秒60场。
- PAL：这是欧洲的视频标准，每秒播放25秒。

14.2 吹风机由小变大的效果

这一节将通过一个简单的实例制作一个吹风机由小变大的动画，目的是让读者熟悉动画控制区中各个按钮的使用。

(1) 创建一个吹风机的效果，如图14-3所示。也可以创建一个简单的其他模型进行练习。

(2) 按M键，打开材质编辑器对话框，分别为它们赋予材质。

(3) 执行"渲染→渲染"命令，渲染效果如图14-4所示。

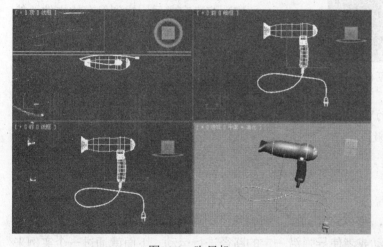

图14-3 吹风机

图14-4 渲染效果

下面开始设置动画。

(1) 使用"选择并均匀缩放"工具▓把吹风机缩小，然后使用"选择并移动"工具▓缩小吹风机，如图14-5所示。确定时间滑块在0的时间上，然后在工作界面的右下角单击"自动关键点"以启用它。

(2) 把时间滑块拖动到100的时间上。然后在顶视图中使用"选择并缩放"工具将吹风机放大，并调整好它的位置，如图14-6所示。

(3) 此时，如果单击动画控制区中的 ▶ （播放）按钮，可以在顶视图中看到椅子由小变大。

(4) 把透视图激活，然后按F10键，打开"渲染场景"对话框，并勾选"活动时间段"项，如图14-7所示。也可以勾选"范围"选项，并设置帧数。

图14-5 缩小效果

图14-6 放大效果

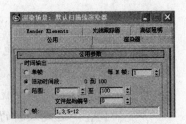
图14-7 设置选项

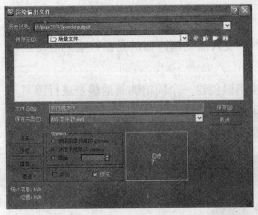
图14-8 "渲染输出文件"对话框

（5）单击下面的"文件"按钮，打开"渲染输出文件"对话框，并把文件名设置为"吹风机变大"，把保存类型设置为AVI，如图14-8所示，然后单击"保存"按钮。

（6）在"渲染场景"对话框中单击"渲染"按钮，开始进行渲染。渲染可能需要几分钟的时间。

（7）渲染完成后，找到保存的文件，然后打开浏览，就会看到吹风机由小变大的效果。

提示 可以使用Windows自带的Windows Media Player播放器播放动画。也可以使用风暴影音等播放软件进行播放。

14.3 路径动画

还有一种动画设置是很常用，那就路径动画。所谓路径动画就是把模型约束到一条路径上进行运动。比如使汽车沿路面运动或者使导弹沿一定的路径进行运动。下面就通过一个实例来介绍路径动画的制作过程。

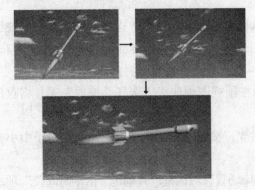
图14-9 火箭的飞行效果

14.3.1 飞行的火箭

在这一实例中，将使用路径动画制作方式创建一种经常看到的火箭飞行效果。先设置一个场景，然后创建辅助对象并设置路径动画，最后设置动画。制作的火箭飞行效果如图14-9所示。

制作过程

（1）选择"文件→重置"命令，重新设置系统。

（2）创建场景。使用"点曲线"工具在前视图中绘制一条曲线作为火箭的车削轮廓。如图14-10（左）所示。

（3）进入到修改器面板中，在修改器列表中选择"车削"修改器，然后在视图中单击创建的曲线，进行车削操作，效果如图14-10（右）所示。

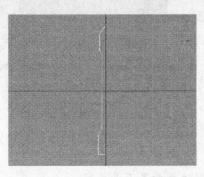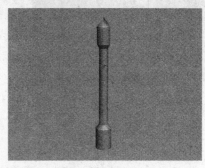

图14-10　创建的曲线轮廓和火箭主体

（4）使用标准基本体中的"长方体"工具在前视图中创建一个长方体，作为火箭的平衡翼。调整形状后，进行复制，并调整好它们的位置。

（5）选择"组→成组"命令把它们成组以便更加方便地选择和移动它们。为火箭赋予材质，按F9键渲染后的效果如图14-11所示。

 为了好看起见，在这里对火箭进行了旋转。

（6）执行"渲染→环境"命令，从打开的"环境与效果"对话框中设置一幅蓝天背景。按F9键渲染后的效果如图14-12所示。

图14-11　渲染效果　　　　　　　　图14-12　设置背景后的渲染效果

 读者可以根据前一章中实例的介绍，为火箭制作出尾焰效果，尾烟效果如图14-13所示。也可以使用粒子系统来模拟火箭喷射的烟雾效果。粒子系统将在下一章进行介绍。

（7）选择"组→成组"命令把火箭和火焰成组，这样可以更加方便地为它们设置动画。

 也可以使用"选择并链接"工具 把火焰链接到火箭上来制作火焰跟随火箭的动画。

（8）下面开始制作路径动画。首先使用 工具缩小左视图。使用 点曲线 工具在左视图中绘制一条曲线作为火箭的运动路径，如图14-14所示。

图14-13 渲染的火焰效果

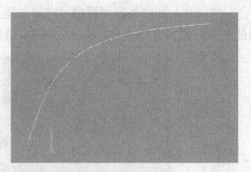

图14-14 绘制的曲线

> **注意** 路径曲线一定要绘制得圆滑一些，否则动画效果不是很好。

（9）在视图中选中火箭。选择"动画→约束→路径约束"命令。此时鼠标指针移动到视图中后会在火箭上出现一条线，然后在绘制的曲线上单击即可把火箭约束到路径曲线上，如图14-15所示。

（10）此时，如果单击动画控制区中的"播放" 按钮，就可以在顶视图中看到火箭开始沿路径进行运动，如图14-16所示。但是火箭自身的方向却始终不变，这样是不合理的。

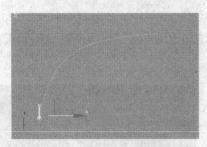

图14-15 火箭依附在曲线上

图14-16 运动效果

（11）这个问题很容易解决。在"路径参数"面板中依次选中"跟随"和"倾斜"项。然后选中底部的"Z"单选框。如图14-17所示。

（12）此时单击动画控制区中的"播放" 按钮就可以看到火箭按绘制的路径运动，如图14-18所示。

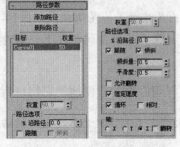

图14-17 "路径参数"面板

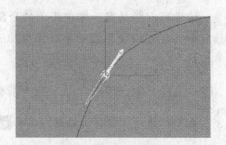

图14-18 动画效果

（13）最后渲染动画。并把场景文件保存起来。火箭飞行效果如前图14-9所示。注意，使用路径制作的动画不用使用关键帧。

 还可以使用和本例同样的制作方法来制作其他类型的物体沿路径运动的效果，比如使文字沿路径运动或者使飞机沿一定的路径进行飞行等，如图14-19所示。

14.3.2 运动面板简介

通过上面一个实例，可以看出运动面板对控制动画起着非常重要的作用。单击 按钮，即可打开运动面板，如图14-20所示。

运动面板有"参数"和"轨迹"两部分组成，一是参数部分，另外一个是轨迹部分。参数部分包括"指定控制器"面板、PRS参数面板和"路径参数"面板。其中两个面板中的选项如图14-21所示。

图14-19　另外一种路径运动效果　　　图14-20　运动面板　　　图14-21　"指定控制器"面板和
　　　　　　　　　　　　　　　　　　　　　　　　　　　　　　　　　　　　"PRS参数"面板

PRS参数面板中的创建关键点下面有3个按钮，分别是"位置"、"旋转"和"缩放"，它们分别用于创建针对于位置、旋转和缩放的三种变换关键帧。而在删除关键点下面的"位置"、"旋转"和"缩放"按钮分别用于删除针对于位置、旋转和缩放的三种变换关键帧。

选择物体后，单击"指定控制器"面板中的 按钮就会打开"指定 位置 控制器"对话框，在该对话框中可以选择要使用的"路径约束"控制器。然后单击"确定"按钮就会展开"路径参数"面板。如图14-22所示。

"路径参数"面板中的参数比较重要，下面介绍一下该面板中的参数选项。

· 添加路径：添加一个新的样条线路径使之对约束对象产生影响。

· 删除路径：从目标列表中移除一个路径。一旦移除目标路径，它将不再对约束对象产生影响

· 权重：为每个目标指定权重值并为它设置动画。

· %沿路径：设置对象沿路径的位置百分比。这将把"轨迹属性"对话框中的值微调器复制到"轨迹视图"的"百分比轨迹"中。如果想要设置关键点来将对象放置于沿路径特定百分比

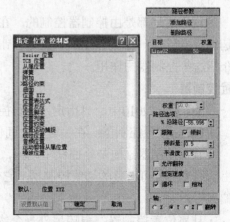

图14-22　"指定 位置 控制器"对话框
和"路径参数"面板

的位置，要启用"自动关键点"，移动到想要设置关键点的帧，并调整"%沿路径"微调器来移动对象。

· 跟随：在对象跟随轮廓运动的同时将对象指定给轨迹。

· 倾斜：当对象通过样条线的曲线时允许对象倾斜（滚动）。

· 倾斜量：调整这个量使倾斜从一边或另一边开始，这依赖于这个量是正数或负数。

· 平滑度：控制对象在经过路径中的转弯时翻转角度改变的快慢程度。较小的值使对象对曲线的变化反应更灵敏，而较大的值则会消除突然的转折。此默认值对沿曲线的常规阻尼是很适合的。当值小于2时往往会使动作不平稳，但是值在3附近时对模拟出某种程度的真实的不稳定很有效果。

· 允许翻转：启用此选项可避免在对象沿着垂直方向的路径行进时有翻转的情况。

· 恒定速度：沿着路径提供一个恒定的速度。禁用此项后，对象沿路径的速度变化依赖于路径上顶点之间的距离。

· 循环：默认情况下，当约束对象到达路径末端时，它不会越过末端点。循环选项会改变这一行为，当约束对象到达路径末端时会循环回起始点。

图14-23　"轨迹"面板

· 相对：启用此项保持约束对象的原始位置。对象会沿着路径同时有一个偏移距离，这个距离基于它的原始世界空间位置。

· 轴：定义对象的轴与路径轨迹对齐。

· 翻转：启用此项来翻转轴的方向。

下面介绍一下"轨迹"面板中的几个选项，单击 轨迹 按钮即可打开"轨迹"面板，如图14-23所示。

· 删除关键点：用于在运动轨迹中删除关键点。

· 添加关键点：用于在运动轨迹中添加关键点。

· 转化为：将运动路径转换为一个曲线物体。

· 转化自：将曲线转换为一个运动路径。

14.3.3　运动控制器简介

物体的运动都是由控制器控制的，在3ds Max 2010中文版中有3种类型的控制器，它们分别是位置控制器、旋转控制器和缩放控制器。每种类型的控制器中都包含有多个控制器。下面将介绍这些控制器的作用。

位置控制器

在3ds Max 2010中，"指定 位置 控制器"对话框包含有18种控制器，如图14-24所示。

· **Bezier**位置控制器：在关键点之间使用可调整样条曲线控制动作插补来影响动画效果。

· **TCB**控制器：能产生曲线型动画，这与Beizer控制器非常类似。但是，TCB控制器不能使用切线类型或可调整的切线控制柄。它们可以使用字段调整动画的"张力"、"连续性"和"偏移"。

· 从属位置控制器：跟随另外一个物体的运动而运动。

· 弹簧控制器：可以对任意点或对象位置添加次级动力学效果。使用此约束，可以给通常静态的动画添加逼真感。

· 附加控制器：可以将一个对象的位置附着到另一个对象的面上。

· 路径约束控制器：对一个对象沿着样条线或在多个样条线间的平均距离间的移动进行限制。

· 曲面控制器：在一个对象的表面上定位另一对象。

· 位置XYZ控制器：将X、Y和Z组件分为三个单独轨迹，与Euler XYZ旋转控制器相似。

· 位置表达式控制器：用数学表达式来控制物体的大小和位置坐标等。

· 位置反应控制器：是一种使参数对3ds Max 2010中文版中物体位置参数变化做出反应的程序控制器。

· 位置脚本控制器：通过脚本控制动画。

· 位置列表控制器：将多个控制器合成为一个单独的效果，这是一个复合控制器。

· 位置约束控制器：使一个对象跟随一个对象的位置或者几个对象的权重平均位置而运动。

· 位置运动捕捉控制器：使用外部设备和运动捕捉控制器，可以控制对象的位置、旋转或其他参数。

· 线形位置控制器：在两个关键点之间平衡物体的运动效果。

· 音频位置控制器：将所记录的声音文件振幅或实时声波转换为可以设置对象或参数动画的值，从而控制物体运动的位置和节奏。

· 运动剪辑控制器：在两足动物或其他对象上执行一系列运动。

· 噪波控制器：在系列帧上产生随机的、基于分形的动画。

旋转控制器

在3ds Max 2010中，在"指定 旋转 控制器"对话框中包含有14种控制器，如图14-25所示。

图14-24　"指定 位置 控制器"对话框

图14-25　"指定 旋转 控制器"对话框

· Euler XYZ控制器：是一个复杂的控制器，它可以合并单独的、单值浮点控制器来给X、Y、Z轴指定旋转角度。

· TCB旋转控制器：通过"张力"、"连续性"和"偏移"来控制动画的效果。

· 从属旋转控制器：跟随另外一个物体的旋转而旋转。

· 方向约束控制器：使某个对象的方向沿着另一个对象的方向或若干对象的平均方向。

· 平滑旋转控制器：使物体进行平滑地旋转。

· 线性旋转控制器：在两个关键点之间得到平稳的旋转运动。

· 旋转反应控制器：把另外一个具有动力学反应堆动画的设置指定给当前物体。

· 旋转脚本控制器：通过脚本控制动画。

- 旋转列表控制器：将多个控制器合成为一个单独的效果。
- 旋转运动捕捉控制器：使用外部设备和运动捕捉控制器，可以控制对象的位置、旋转或其他参数。
- 音频旋转控制器：将所记录的声音文件振幅或实时声波转换为可以设置对象或参数动画的值，从而控制物体运动的位置和节奏。
- 运动剪辑slaveRotution：用于在两足动物或其他对象上执行一系列的旋转运动。
- 噪波旋转控制器：在一系列帧上产生随机的、基于分形的旋转动画。
- 注视约束控制器：用于控制物体的方向，使它总是指向目标物体，也可以同时受多个物体的影响，通常用它来制作摄影机追踪拍摄的效果。

缩放控制器

在3ds Max 2010中，"指定 缩放 控制器"对话框包含有13种控制器，如图14-26所示。

图14-26　"指定缩放控制器"对话框

- Bezier缩放控制器：在两个关键点之间使用可调的曲线来控制运动的效果。
- TCB缩放控制器：通过"张力"、"连续性"和"偏移"来控制动画的效果。
- 从属比例控制器：使主物体控制从属物体的缩放效果。
- 缩放XYZ控制器：按X、Y、Z三个独立的轴向来分配缩放的效果。
- 缩放表达式控制器：用数学表达式来精确地控制物体的缩放运动。
- 缩放反应控制器：把另外一个物体的缩放设置指定给当前物体。

- 缩放脚本控制器：通过脚本控制缩放动画。
- 缩放列表控制器：将多个控制器合成为一个单独的缩放效果。
- 缩放运动捕捉控制器：使用外部设备和运动捕捉控制器控制对象的旋转参数。
- 线性缩放控制器：在两个关键点之间获得平滑的缩放动画。
- 音频比例控制器：将所记录的声音文件振幅或实时声波转换为可以设置对象或参数动画的值，从而控制物体的缩放运动。
- 运动剪辑控制器：在两足动物或其他对象上执行一系列的缩放运动。
- 噪波缩放控制器：在一系列帧上产生随机的、基于分形的缩放动画。

14.4　动力学反应器

3ds Max 2010中文版工作界面的最左侧有一栏工具图标，这些图标就是动力学反应器reactor。reactor是一个3ds Max插件，它可以使动画师和美术师能够轻松地控制并模拟复杂物理场景。reactor支持完全整合的刚体和软体动力学、布料模拟以及流体模拟。它可以模拟枢连物体的约束和关节，还可以模拟诸如风和马达之类的物理行为。用户可以使用所有这些功能来创建丰富的动态环境。

在3ds Max中创建了对象之后，可以用reactor向其指定物理属性。这些属性可以包括诸如质量、摩擦力和弹力之类的特性。对象可以是固定的、自由的、连在弹簧上的，或者是使用多种约束连在一起的。通过这样给对象指定物理特性，可以快速而简便地进行真实场景的建模。之后可以对这些对象进行模拟以生成在物理效果上非常精确的关键帧动画。

有了reactor之后，就不必手动设置耗时的二级动画效果，如爆炸的建筑物和悬垂的窗帘。reactor 还支持诸如关键帧和蒙皮之类的所有标准3ds Max的功能，因此可以在相同的场景中同时使用常规和物理动画。诸如自动关键帧减少之类的方便工具，使用户能够在创建了动画之后调整和改变其在物理过程中生成的部分。后面的内容将首先介绍reactor工具面板。

14.4.1　reactor工具面板

在创建面板中单击　按钮进入到辅助对象创建面板中，然后单击"标准"右侧的小三角按钮　，从打开的列表中选择reactor即可打开reactor工具面板，如图14-27所示。该面板中的工具按钮在这一版本中已经成了中文的，而且它们与工作界面左侧的按钮栏是对应的，看起来比较形象，所以这里介绍工作界面中的这些工具按钮。

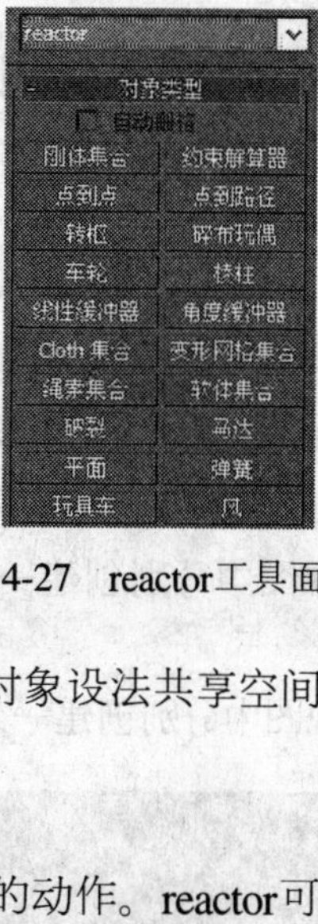

在3ds Max 2010中文版工作界面最左侧的工具栏中有28个工具按钮，下面依次介绍这些按钮的作用。

图14-27　reactor工具面板

• 刚体集合：是一种作为刚体容器的reactor辅助对象，这种对象受到撞击后形状不会发生改变，具有质量和弹性。

• 约束解算器：在特定刚体集合中充当合作式约束的容器，并为约束执行所有必要的计算以协同工作。

• 点到点约束：点到点约束可用于将两个对象连在一起，或将一个对象附着至世界空间的某点。它强制其对象设法共享空间中的一个公共点。

• 点到路径约束：用于将物体的运动约束到一条路径上。

• 转轴约束：转轴约束允许在两个实体之间模拟类似铰链的动作。reactor可在每个实体的局部空间中按位置和方向指定一根轴。模拟时，两根轴会试图匹配位置和方向，从而创建一根两个实体均可围绕其旋转的轴。或者，可将单个实体用铰链接合至世界空间中的轴。

• 碎布玩偶：碎布玩偶约束可用于模拟实际的实体关节行为，例如臀、肩和踝关节。一旦确定关节应具备的移动程度，就可通过指定碎布玩偶约束的限制值来进行建模。

• 车轮约束：可以使用此约束将轮子附着至另一个对象，例如汽车底盘。也可将轮子约束至世界空间中的某个位置。模拟期间，轮子对象可围绕在每个对象空间中定义的自旋轴自由旋转。同时允许轮子沿悬挂轴进行线性运动。

• 棱柱约束：作为一种两个刚体之间、或刚体和世界之间的约束，它允许其实体相对于彼此仅沿一根轴移动。旋转与其余两根平移轴都被固定。例如，创建升降叉车时可使用棱柱约束。

• 线形阻尼器：同时约束两个刚体物体，也可以对物体相对于世界坐标进行约束。

• 角度阻尼器：约束两个刚体物体的相对方向，也可以对物体相对于世界坐标约束它的方向。它会对物体施加维持约束角度的作用力，使物体保持指定的角度。

- **Cloth修改器**：可用于将任何几何体变为变形网格，从而可以模拟类似窗帘、衣物、金属片和旗帜等对象的行为。可以为Cloth对象指定很多特殊属性，包括刚度以及对象折叠的方式。
- **变形网格集合**：添加到这种集合之后，物体可产生变形运动，并可设置成变形动画效果。
- **绳索集合**：添加到这种集合之后，物体将具有绳索的运动方式。
- **软体集合**：添加到这种集合之后，物体将产生变形运动，但是会尽量保持其外形，可以用于模拟果冻和气球等。
- **破裂系统**：添加这种系统后，可以模拟碰撞后刚体断裂为许多较小碎片的情形。
- **马达系统**：在场景中添加了马达系统后，物体会自动进行旋转运动，可用于模拟风车的旋转等。
- **平面物体**：添加到这种系统之后，可设置它具有平面的属性。
- **弹簧系统**：添加到这种系统之后，可将两个物体以弹性方式连接在一起，因此可约束它们的运动范围。
- **玩具车系统**：将创建的汽车模型添加该系统后，可指定车轮、车身的运动，可创建汽车行驶的动画效果。
- **风力系统**：在场景中添加了风力系统后，物体会受到风力的影响而产生运动。

 还有一些约束类型或者修改器没有在reactor面板中显示出来，可以通过reactor创建命令来创建。

14.4.2　创建刚体动画

这部分内容将通过一个实例来了解刚体动画的创建过程，其基本的工作流程是：创建场景→创建刚体→设置属性参数→预览动画效果→执行模拟计算→渲染动画。

（1）在视图中分别创建一个茶壶和一个长方体，长方体作为地面。也可以创建其他的对象。

（2）在视图中分别创建一架摄影机，如图14-28所示。另外，还要创建一盏灯光用于照明。

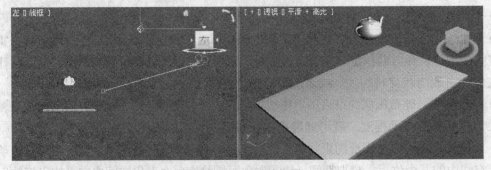

图14-28　创建的场景

（3）在工作界面的左侧单击"刚体集合"按钮，在顶视图中单击创建一个刚体集合，如图14-29所示。

（4）在刚体集合图标处于选择状态时，单击 进入到修改面板中，单击"添加"按钮，把创建的几何体添加到刚体集合中去，如图14-30所示。

图14-29　创建刚体集合

图14-30　添加几何体

（5）单击 **T** 按钮，再单击"reactor"按钮打开动力学反应器面板中。

（6）在视图中选择圆锥体，再展开动力学反应器面板中的"显示"面板，然后单击摄影机右侧的 **None** 按钮，在视图中拾取摄影机，这样是为了把摄影机视图定义为预览视图。

（7）在"显示"面板中单击单击"添加"按钮，把创建的灯光添加到预览对话框中。

（8）在视图中选择圆锥体，再展开动力学反应器面板中的"属性"面板，然后把"质量"的值设置为200。

（9）用同样的方法把长方体的"质量"值设置为0，也就是说把它作为地面。

（10）展开"预览与动画"面板，然后单击该面板的"在窗口中预览"按钮。打开一个窗口之后，按P键就可以进行预览了，如图14-31所示。可以看到刚性对象坠落到地面上之后的跳动效果。

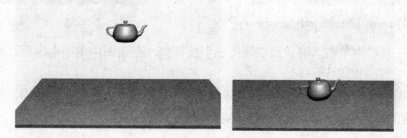

图14-31　跳动效果

14.4.3　创建液体动画

这部分将通过一个实例来了解液体动画的创建过程，其基本的工作流程是：创建场景→创建水物体并设置属性参数→预览动画效果→将水物体绑定到场景中的水面上→执行模拟计算→渲染动画。

（1）在视图中分别创建一个小船和一个长方体，再创建一架摄影机，如图14-32所示。读者也可以创建一个茶壶或者圆球代替小船，效果可能会更好一些。

（2）为小船赋予一种木纹材质，渲染后的效果如图14-33所示。

（3）创建一个长方体作为水面，再创建一架摄影机，如图14-34所示。

（4）把长方体的高度和宽度分段数都设置为18，并赋予它一幅水的贴图，这样做是为了获得比较好的效果，渲染后的效果如图14-35所示。

（5）在工作界面的左侧单击"刚体集合"按钮，并在顶视图中单击创建一个刚体集合。再选择"动画→reactor→创建对象→水"命令并在顶视图中单击并拖动创建出一个水物体面，如图14-36所示。

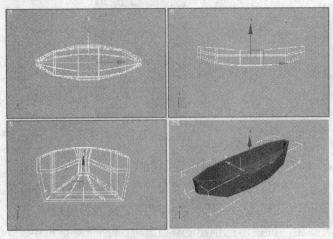

图14-32 创建场景

图14-33 渲染效果

图14-34 创建的长方体和摄影机

图14-35 渲染效果

（6）在工具栏中单击"绑定到空间扭曲"按钮，在视图中单击小木船，然后再单击创建的水物体，把它们绑定到一起。

（7）在刚体集合图标处于选择的状态时，单击按钮进入到修改面板中，单击"添加"按钮，把创建的小船和长方体添加到刚体集合中去，如图14-37所示。

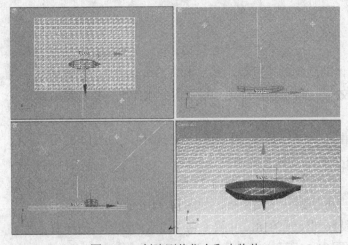

图14-36 创建刚体集合和水物体

图14-37 添加刚体

（8）单击T按钮，再单击reactor按钮打开动力学反应器面板。

（9）在视图中选择圆柱体，再展开动力学反应器面板中的"显示"面板，然后单击摄影机右侧的 None 按钮，在视图中拾取摄影机，这样是为了把摄影机视图定义为预览视图，如图14-38所示。

（10）在视图中选择小船，再展开动力学反应器面板中的"属性"面板，然后把"质量"的值设置为20。长方体的质量不必设置，保持默认状态，如图14-39所示。

图14-38 添加摄影机

图14-39 设置质量

（11）展开"预览与动画"面板，然后单击该面板中的"在窗口中预览"按钮，这样会打开一个窗口，如图14-40所示。

此时可以通过P键进行预览。再次按P键即可停止。

可以把摄影机激活，然后按F10键，打开"渲染场景"对话框，并勾选"活动时间段"项，如图14-41所示。最后将其渲染成一段小船漂浮在水面上的动画。

图14-40 打开的窗口

图14-41 设置选项

通过上面两个实例的介绍，可以看到reactor的操作方法非常简单。基本上都先创建好场景，然后添加反应器并设置其物理属性。还需要指定好刚体集合或者软体集合，并把场景中的物体添加到集合中。最后进行计算并进行渲染输出。其操作的基本步骤就是这样，而且可以根据实际情况进行灵活调整。

14.5 使用轨迹视图

为了更为精确地设置动画，3ds Max还提供了一个非常好的工具——轨迹视图，执行"图形编辑器→轨迹视图"命令即可把它打开，如图14-42所示。使用轨迹视图可以对创建的所有关键点进行可视化的查看和编辑。另外，还可以指定动画控制器，以便插补或控制场景对象的所有关键点和参数。

从图中可以看到，它由菜单栏、工具栏、控制器面板、关键帧窗口、状态栏、时间标尺、时间滑块和对话框控制区构成。由于该视图在以后的工作中经常使用，因此，在这里有必要详细介绍一下它的各个组成部分。

14.5.1　菜单栏

轨迹视图顶部的菜单栏用于查找工具、应用各种功能等。

- 模式：用于在"曲线编辑器"和"摄影表"之间进行选择。
- 设置：控制层次列表对话框的行为（自动展开等），还包含可以改进性能的控件。
- 显示：影响曲线、图标和切线显示。
- 控制器：指定、复制和粘贴控制器，并使它们唯一。在此还可以添加循环。
- 轨迹：添加注释轨迹和可见性轨迹。
- 关键点：添加、移动、滑动和缩放关键点。还包含软选择、对齐到光标和捕捉帧。
- 曲线：应用或移除减缓曲线和增强曲线。
- 工具：随机化或创建范围外关键点。还可以通过时间和当前值编辑器选择关键点。

14.5.2　控制器面板

轨迹视图的左侧区域就是控制器面板。轨迹视图可以随意地调整其大小，把鼠标指针放置在轨迹视图的边框上，等指针改变成双向箭头时就可以通过拖动来调整轨迹视图的大小。把轨迹视图放大之后，就可以完全显示出控制器，如图14-43所示。注意，这里只显示了其中的一部分。

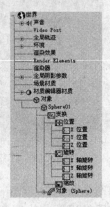

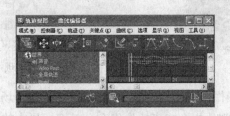

图14-42　轨迹视图　　　　　　　　　　　　　　　　图14-43　控制器面板

这里以分层方式显示场景中的所有物体的名称和控制器轨迹，单击物体名称左侧的"+"号就可以展开这些物体的层级列表。在列表中选择物体之后，就可以为轨迹视图操作选择物体和轨迹标签。选择物体的图标也就选择了场景中的物体。在材质编辑器中工作时，就选择了材质和贴图图标。在轨迹视图中选择物体的修改器，可以在修改面板中同时显示出该修改器的参数面板。

14.5.3 关键帧窗口

轨迹视图的右侧区域就是关键帧窗口。由于选择模式的不同，该窗口中显示的内容也不同。选择曲线编辑器模式时，该窗口以图表功能曲线来表示运动。在该模式下，可以使运动的插值在关键点之间创建直观的变换。使用曲线上的关键点的切线控制柄可以以更平滑的方式控制场景中物体的运动。

在选择摄影表编辑器模式时，可以以图形的方式显示对动画的调整，类似于在电子表格中看到的效果。

视图中的时间滑块和时间标尺用于显示当前场景中的时间。

14.5.4 轨迹视图工具栏

在编辑物体的运动时，需要使用工具栏中的工具，这些工具的作用是非常大的，下面就介绍一下这些工具的功能。

- 过滤器：使用该选项确定在"控制器"对话框和"关键点"对话框中显示的内容。
- 移动关键点：在函数曲线图上水平和垂直地自由移动关键点。
- 滑动关键点：在"曲线编辑器"中使用"滑动关键点"工具来移动一组关键点并根据移动来滑动相邻的关键点。
- 缩放关键点：使用此选项在两个关键帧之间压缩或扩大时间量。可以用在"曲线编辑器"和"摄影表"模型中。
- 缩放值：根据一定的比例增加或减小关键点的值，而不是在时间上移动关键点。
- 添加关键点：在函数曲线图或"摄影表"的曲线上创建关键点。
- 绘制曲线：使用它来绘制新曲线，或通过直接在函数曲线上绘制草图来更改已存在的曲线。
- 减少关键点：使用它来减少轨迹中的关键点总量。
- 将切线设置为自动：在"关键点切线轨迹视图"工具栏中，选择关键点，然后单击此按钮来将切线设置为自动切线。也可用打开按钮单独设置内切线和外切线为自动。将"自动"切线的控制柄更改为自定义，并使它们可用于编辑。
- 将切线设置为自定义：将关键点设置为自定义切线选择关键点后，单击此按钮使此关键点控制柄可用于编辑。用打开按钮单独设置内切线和外切线。在使用控制柄时按下Shift键中断使用。
- 切线设置为快速：将关键点切线设置为快速内切线、快速外切线或二者均有，这取决于在打开按钮中的选择。
- 将切线设置为慢速：将关键点切线设置为慢速内切线、慢速外切线或二者均有，这取决于在打开按钮中的选择。
- 将切线设置为阶跃：将关键点切线设置为阶跃内切线、阶跃外切线或二者均有，这取决于在打开按钮中的选择。使用阶跃来冻结从一个关键点到另一个关键点的移动。
- 将切线设置为线性：将关键点切线设置为线性内切线、线性外切线或二者均有，这取决于在打开按钮中的选择。
- 将切线设置为平滑：将关键点切线设置为平滑。用它来处理不能继续进行的移动。

- 锁定当前选择：锁定选中的关键点。一旦创建了一个选择，打开此选项就可以避免不小心选择其他对象。
- 捕捉帧：将关键点移动限制到帧中。启用此选项后，关键点移动总是捕捉到帧中。禁用此选项后，可以移动一个关键点到两个帧之间并成为一个子帧关键点。默认设置为启用。
- 参数超出范围曲线：使用此选项来重复关键点范围之外的关键点移动。选项包括"循环"、"往复"、"周期"、或"相对重复"，如果使用还有恒定和线性。
- 显示可设置关键点图标：显示一个定义轨迹为关键点或非关键点的图标。仅当轨迹在想要的关键帧之上时，使用它来设置关键点。在"轨迹视图"中禁用一个轨迹也就在视口中限制了此移动。红色关键点是可设为关键点的轨迹，黑色关键点是不可设为关键点的轨迹。
- 显示所有切线：在曲线上隐藏或显示所有切线控制柄。选中很多关键点时，使用此选项来快速隐藏控制柄。
- 显示切线：在曲线上隐藏或显示切线控制柄。使用此选项来隐藏单独曲线上的控制柄。
- 锁定切线：锁定选中的多个切线控制柄，然后可以一次操作多个控制柄。禁用"锁定切线"时，一次仅可以操作一个关键点切线。

 还有一些工具按钮，它们用于设置角色动画，不再赘述。另外，有的工具按钮下面还隐含有相应的工具，它们的功能基本上都是对应的。

14.5.5 控制区工具

轨迹视图的下面是用于控制视图区的一些工具按钮。

- 显示选定关键点状态：用于在选择的关键点右侧显示它的坐标值。
- 缩放选定对象：将当前选择的物体显示在层次列表的顶部。
- 平移：用于在关键帧对话框中显示所有的活动时间段。
- 水平方向最大化显示：用于在关键帧对话框中显示所有的关键点。
- 最大化显示值：用于在关键帧对话框中显示所有的曲线。
- 缩放：用于在关键帧对话框中缩放显示的内容。
- 缩放区域：用于在关键帧对话框中放大选择区域的内容。

14.5.6 摄影表工具栏

在编辑物体的运动时，有时需要使用摄影表，如图14-44所示，它也有一个工具栏，里面也包含有一些工具按钮，下面就介绍一下这些工具按钮。

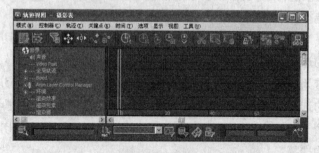

图14-44 摄影表

- ■编辑关键点：显示"摄影表编辑器"模式，它将关键点在图形上显示为长方体。使用这个模式来插入、剪切和粘贴时间。
- ■编辑关范围：显示"摄影表编辑器"模式，它将关键点轨迹在图形上显示为范围工具栏。
- ■过滤器：使用它来决定在"控制器"对话框和"摄影表-关键点"对话框中显示什么。
- ■滑动关键点：在"摄影表"中使用"滑动关键点"来移动一组关键点并根据移动来滑动相邻的关键点。仅有活动关键点在同一控制器轨迹上。
- ■添加关键点：在存在于"摄影表"栅格中的轨迹上创建关键点。将此工具与"当前值"编辑器结合来调整关键点的数值。
- ■缩放关键点：使用它在两个关键帧之间压缩或扩大时间量。可以用在"曲线编辑器"和"摄影表"模型中。使用时间滑块作为缩放的起始或结束点。
- ■选择时间：用来选择时间范围。时间选择包含时间范围内的任意关键点。使用插入"时间"，然后用"选择时间"来选择时间范围。
- ■删除时间：将选中时间从选中轨迹中删除。不可以应用到对象整体来缩短时间段。此操作会删除关键点，但会留下一个"空白"帧。
- ■反转时间：在选中的时间段内，反转选中轨迹上的关键点。
- ■缩放时间：在选中的时间段内，缩放选中轨迹上的关键点。
- ■插入时间：以时间插入的方式插入一个范围的帧。滑动已存在的关键点来为插入时间创造空间。一旦选择了具有"插入时间"的时间，此后可以使用所有其他的时间工具。
- ■剪切时间：将选中时间从选中轨迹中删除。
- ■复制时间：复制选中的时间，以后可以用它来粘贴。
- ■粘贴时间：将剪切或复制的时间添加到选中轨迹中。
- ■锁定选择：锁定选中的关键点。一旦创建了一个选择，启用此选项就可以避免不小心选择其他对象。
- ■捕捉帧：将关键点移动限制到帧中。打开此选项，关键点移动总是捕捉到帧中。禁用此选项，可以移动一个关键点到两个帧之间并成为一个子帧关键点。默认设置为启用。
- ■显示可设置关键点图标：显示一个定义轨迹为关键点或非关键点的图标。仅当轨迹在想要的关键帧之上时，使用它来设置关键点。在"轨迹视图"中禁用一个轨迹也就在视口中限制了此移动。红色关键点是可设为关键点的轨迹，黑色关键点是不可设为关键点的轨迹。
- ■修改子树：启用该选项后，在父对象轨迹上操作关键点来将轨迹放到层次底部。它默认在"摄影表"模式下。
- ■修改子关键点：如果在没有启用"修改子树"时修改父对象，单击"修改子关键点"将更改应用到子关键点上。类似地，在启用"修改子树"时修改了父对象，"修改子关键点"禁用这些更改。

摄影表控制区中的控制按钮与轨迹视图中的按钮基本相同，在此不再赘述。

14.5.7 使用轨迹视图调整弹簧的弹跳

这个实例将介绍如何使用轨迹视图来调整弹簧的弹跳运动，以便初步掌握轨迹视图的使用。

（1）在视图中创建一个弹簧和一个平面物体，如图14-45所示。也可以创建一个具有同等物理属性的物体来进行测试，比如篮球。

（2）按M键，打开材质编辑器对话框，为弹簧赋予一种弹簧材质，为平面赋予一种地面材质。

（3）执行"渲染→环境"命令，打开"环境和效果"编辑器，然后单击None按钮添加一幅背景图像。

（4）按F9键进行渲染，效果如图14-46所示。

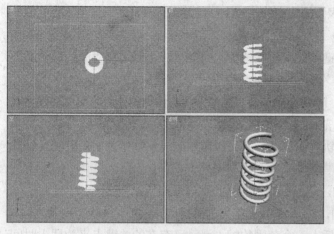

图14-45　创建模型

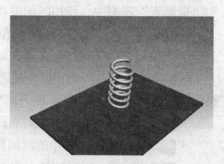

图14-46　渲染效果

下面我们开始设置动画。

（1）确定时间滑块在0的时间上，然后在工作界面的右下角单击"自动关键点"以启用它。

（2）把时间滑块拖动到50的时间上。然后在前视图中使用"选择并移动"工具沿Y轴把弹簧向下移动到平面物体上。

（3）把时间滑块拖动到50的时间上。然后在前视图中使用"选择并移动"工具沿Y轴把弹簧向上移动到平面物体上方。

（4）此时，如果单击动画控制区的 ▶（播放）按钮，则可以在顶视图中看到弹簧在做匀速的上下运动。

（5）单击 ■ 按钮即可停止动画的播放。

通过浏览动画，可以看到弹簧的运动是匀速的，也就是说没有加速度和减速度。在自然界中，物体的运动都是有加速度和减速度的。如何为弹簧的运动添加加速度和减速度呢？使用轨迹视图就可以做到，下面就介绍如何使用轨迹视图来为弹簧添加加速度运动效果。

（1）执行"视图→显示重影"命令，启动重影功能。该功能会把当前关键帧之前的物体位置显示为淡绿色。

提示　启动重影功能是为了更清楚地看到弹簧的运动效果。

（2）执行"自定义→首选项"命令打开"首选项设置"对话框，单击"视口"项，并把重影帧的值设置为4，把显示第N帧的值设置为3，然后单击"确定"按钮，如图14-47所示。

（3）确定透视图处于激活状态，然后执行"图形编辑器→轨迹视图"命令打开轨迹视图，如图14-48所示。

图14-47 "首选项设置"对话框

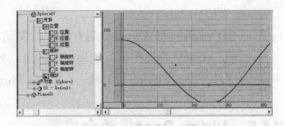

图14-48 轨迹视图

（4）在轨迹视图左侧的列表对话框中单击Sphere01下面的Z位置项，这样会在右侧的对话框中显示出Z轴运动曲线。

（5）在蓝色的曲线下端有一个黑色的小点，这就是一个关键点，单击这个关键点，它会改变成白色，并显示一对控制手柄。

（6）按住Shift键，把左侧的手柄向上拖动，效果如图14-49所示。

 按住Shift键进行拖动可以移动一侧的控制手柄，如果不按住Shift键，则会拖动两侧的控制手柄。

（7）单击动画控制区中的 （播放）按钮，则可以在视图中看到弹簧的运动改变了。

（8）如果感觉弹簧的运动效果比较好，那么按住Shift键拖动另外一侧的控制手柄，效果如图14-50所示。

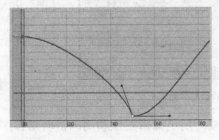

图14-49 轨迹视图

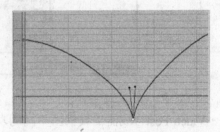

图14-50 轨迹视图

（9）执行"视图→显示重影"命令，停止重影功能。单击动画控制区中的 （播放）按钮，就可以看到弹簧的运动有了加速度和减速度，如图14-51所示。

 这里的弹簧没有伸缩动画。不过，可以使用关键帧来设置弹簧的伸缩运动效果。

图14-51 弹簧在跳动

（10）按着前面介绍的渲染方法，渲染动画，并把文件保存起来。

当然，使用轨迹视图可以编辑很多的运动效果，读者可以多进行练习和操作。下面的内容将介绍另外一个重要的动画工具——Video Post视频合成器。

14.6 Video Post视频合成器

Video Post视频合成器是制作动画的另一个利器。它提供不同类型事件的合成渲染输出，包括当前场景、位图图像、图像处理功能等。Video Post视频合成器相当于一个视频后期处理软件，源于PostProduction（后制作）。它提供了各种图像和动画合成的手段，包括动态影像的非线性编辑功能以及特殊效果处理功能，类似于Adobe公司的Premiere视频合成软件。

·执行"渲染→Video Post"命令即可打开"Video Post"对话框。从外表上看，与轨迹视图非常相似，主要包括5个部分，如图14-52所示。顶端为工具栏，左侧为序列对话框，右侧为编辑对话框，底部是提示信息栏和一些显示控制工具。

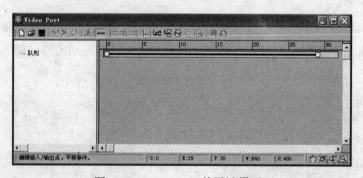

图14-52 Video Post的默认界面

·Video Post合成器工具栏由不同的功能按钮组成，用于编辑图像和动画资料事件。下面介绍一下这些按钮工具的功能。

· 新建序列：可创建新Video Post序列。

· 打开序列：可打开存储在磁盘上的Video Post序列。

· 保存序列：可将当前Video Post序列保存到磁盘。

· 编辑当前事件：会显示一个对话框，用于编辑选定事件的属性。

· 删除当前事件：会删除Video Post队列中的选定事件。

- ⟳交换事件：可切换队列中两个选定事件的位置。
- ✖执行序列：执行Video Post队列作为创建后期制作视频的最后一步。执行与渲染有所不同，因为渲染只用于场景，但是可以使用"Video Post"合成图像和动画而无需包括当前的3ds Max 2010中文版场景。
- ⊨编辑范围栏：为显示在事件轨迹区域的范围栏提供编辑功能。
- ⊫将选定项靠左对齐：向左对齐两个或多个选定范围栏。
- ⊨将选定项靠右对齐：向右对齐两个或多个选定范围栏。
- ⊞使选定项大小相同：使所有选定的事件与当前的事件大小相同。
- ⊩关于选定项：将选定的事件端对端连接，这样，一个事件结束时，下一个事件开始。
- ▦添加场景事件：将选定摄影机视口中的场景添加至队列。
- ▦添加图像输入事件：将静止或移动的图像添加至场景。
- ▦添加图像过滤器事件：提供图像和场景的图像处理。
- ▦添加图像层事件：添加合成插件来分层队列中选定的图像。
- ▦添加图像输出事件：提供用于编辑输出图像事件的控件。
- ▦外部：事件通常是执行图像处理的程序。
- ▦循环事件：导致其他事件随时间在视频输出中重复。它们控制排序，但是不执行图像处理。

序列对话框按分支树的形式排列各个项目，顺序是从上到下，下面的层级会覆盖上面的层级，因此需要把背景图像放在最上面。双击序列对话框中的项目可以打开它的参数控制面板来设置相关的参数。

编辑对话框使用深蓝色的时间条表示选择项目的时间段，它上面有可滑动的时间标，使用它可以确定时间段的坐标，可以移动或者缩放时间条，双击时间条可以打开它的参数面板来设置参数。

信息栏用于显示相关的信息，S显示当前选择项目的起始帧，E显示当前选择项目的结束帧，F显示当前选择项目的总帧数，W/H显示当前序列最后输出图像的尺寸，单位为Pixel（像素）。显示控制工具指处于Video Post右下角的四个工具，主要用于序列对话框和编辑对话框的显示操作。它们分别是平移、最大化显示、放大时间和缩放区域。

14.7　实例：某电视台的"环球旅行"片头

本实例将使用设置关键点的方法和路径约束的方法制作一个片头的动画效果，其中4帧的动画截图如图14-53所示。当然也可以制作其他的动画效果。

（1）进入到几何体创建面板中，依次单击▦→▦→▦按钮，在视图中创建1个球体，用来制作旋转的地球，如图14-54所示。

（2）进入到图形创建命令面板中，依次单击▦→▦→▦按钮，在参数面板的"文本"框内输入"follow me"，在前视图中单击鼠标左键创建出文字，用来制作沿路径飞行的文字。然后将字体设置为"迷你简彩蝶"，"大小"设置为40，如图14-55所示。

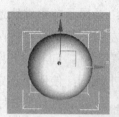

图14-53　片头效果　　　　　　　　　　　　　　　　图14-54　创建的球体

（3）确定文本处于选中状态，单击▨按钮，进入到修改命令面板。单击"修改器列表"右侧的下拉按钮，打开修改器列表，选择"挤出"修改器。在"参数"面板中将挤出"数量"的值设置为4，如图14-56所示。

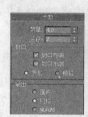

图14-55　文本的参数设置及创建的文本　　　　　　　　　图14-56　"挤出"效果

（4）进入到图形创建命令面板中，依次单击▨→▨→文本按钮，在参数面板的"文本"框内输入"环球旅行"，在前视图中单击鼠标左键创建出文字，用来制作片头字幕，并将字体设置为"迷你简彩蝶"，"大小"的值设置为50，如图14-57所示。

（5）确定片头字幕处于选中状态，单击▨按钮，进入到修改命令面板中。单击"修改器列表"右侧的下拉按钮，打开修改器列表，选择"挤出"修改器。在"参数"面板中，将挤出"数量"的值设置为8，如图14-58所示。

图14-57　文本的参数设置及创建的文本　　　　　　　　　图14-58　片头字幕

（6）使用同样的方法创建出"trip around the world"文本，用来制作环绕地球旋转的文字，如图14-59所示。

（7）进入到几何体创建面板中，依次单击▨→▨→平面按钮，在视图中创建1个平面，用来制作片头的图标，如图14-60所示。

图14-59 创建的环绕文字

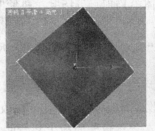

图14-60 创建的平面

（8）场景制作完毕，为其设置材质，在此不再详细介绍，本实例主要来练习如何设置片头的动画效果。单击界面底部的"时间配置" 按钮，打开"时间配置"对话框。将"长度"的值设置为300，其他参数设置如图14-61所示。

（9）为地球设置旋转动画。确定地球处于选中状态，单击命令面板中的"运动" 按钮，进入到运动面板中。打开"指定控制器"面板，选择"旋转：Euler XYZ"选项。然后单击选框上面的"指定控制器"按钮，打开"指定 旋转 控制器"对话框，选择"TCB旋转"选项，单击"确定"按钮确认。如图14-62所示。

图14-61 "时间配置"对话框

图14-62 "指定控制器"面板和"指定 旋转 控制器"对话框

（10）在"关键点信息"面板底部勾选"旋转终结"选项，如图14-63所示。

> 必须启用"旋转终结"选项，否则动画不会正确执行。

图14-63 勾选"旋转终结"选项

（11）单击界面底部的 按钮，此时"自动关键点"按钮呈现红色，活动视口轮廓呈现红色以提醒现在处于自动关键点动画模式下。将时间滑块拖动到最后位置，按A键以启用"角度捕捉"。激活工具栏中的"选择并旋转" 工具，将地球沿Z轴旋转360度。然后单击界面底部的 按钮以将其禁用。

（12）单击界面底部的"播放动画" 按钮，可以看到，地球以逆时针方向平滑旋转，而真实的地球是保持着一定角度旋转的，所以还需要进一步设置。激活工具栏中的"选择并旋转"

工具,将球体沿*Y*轴旋转-15度,以使它倾斜旋转。

> 因为"自动关键点"已禁用,所以此旋转将影响整个动画。

(13)为环绕地球旋转的文字设置动画。选择"trip around the world"文本,单击按钮,进入到修改命令面板中。单击"修改器列表"右侧的下拉按钮,打开修改器列表,选择"弯曲"修改器。在"参数"面板上将弯曲"角度"的值设置为190,"弯曲轴"设置为X,如图14-64所示。

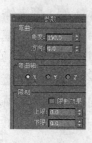
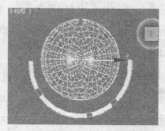

图14-64　文字的弯曲效果

(14)选择文字,单击命令面板中的"层次"按钮,进入到层次面板中。单击调整轴下部的 仅影响轴 按钮,然后单击工具栏中的"对齐"按钮。返回到在视图中选择球体,打开"对齐当前选择"对话框,在"对齐方向"栏中勾选"X位置"、"Y位置"和"Z位置"复选框。将"当前对象"和"目标对象"均设置为"轴点",单击"确定"按钮。此时文字的轴点与地球的中心对齐,单击 仅影响轴 按钮以将其禁用。如图14-65所示。

(15)激活工具栏中的"选择并旋转"工具,将文字沿*Y*轴旋转-15度。此时文本的旋转便与地球的旋转相匹配了,如图14-66所示。

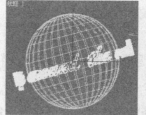

图14-65　"调整轴"面板和"对齐
　　　　　当前选择"对话框

图14-66　文字的旋转角度

(16)确定文字处于选中状态,单击命令面板中的"运动"按钮,进入到运动面板中。打开"指定控制器"面板,选择"旋转:Euler XYZ"选项。然后单击上面的"指定控制器"按钮,打开"指定 旋转 控制器"对话框,选择"TCB旋转"选项,单击"确定"按钮确认。在"关键点信息"面板底部,勾选"旋转终结"选项。如图14-67所示。

（17）确定时间滑块处于开始位置，单击界面底部的 自动关键点 按钮，使用"选择并旋转" 工具将文字沿Y轴旋转到球体后面。将时间滑块拖动到最后位置，将文本绕Y轴旋转-360度。在"关键点信息"面板中，将"连续性"设置为0，如图14-68所示。这样可以使文本以连续的速率绕地球旋转。

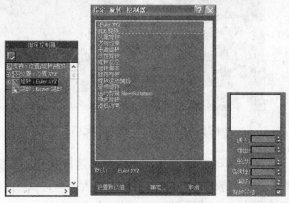

图14-67 "指定控制器"面板和"指定旋转控制器"对话框　　　　图14-68 "关键点信息"面板

（18）单击界面底部的 自动关键点 按钮以将其禁用。单击界面底部的"播放动画" 按钮，可以看到，文本和地球的旋转平滑且连续循环。

（19）为飞行的文字设置动画。在视图中绘制作一条螺旋向上的曲线，作为文字飞行的路径，如图14-69所示。

（20）选择"follow me"文字，单击命令面板中的"运动" 按钮，进入到运动面板中。打开"指定控制器"面板，选择"位置：位置XYZ"选项。然后单击上面的"指定控制器" 按钮，打开"指定 位置 控制器"对话框，选择"路径约束"选项，单击"确定"按钮确认，如图14-70所示。

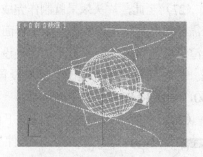

图14-69 绘制的路径曲线　　　　图14-70 "指定控制器"面板和"指定
位置 控制器"对话框

（21）进入到"路径参数"面板，单击"添加路径" 添加路径 按钮，在视图中选择绘制的样条线，在"路径参数"面板中将"轴"设置为"X"，然后勾选"路径选项"栏的"跟随"和"倾斜"复选框，如图14-71所示。

（22）单击界面底部的"播放动画" 按钮，可以看到，文字沿着路径曲线飞行。

（23）为片头字幕设置从地球后面逐渐变大着向前运行的动画。确定时间滑块处于开始位置。选择"环球旅行"文字，使用"选择并移动" ⬚ 工具将其调整至地球后面，如图14-72所示。然后单击界面底部的"设置关键点" ⬚ 按钮，设置文字开始位置的关键帧。

图14-71 "路径参数"面板设置

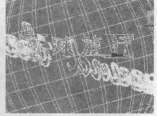

图14-72 字幕开始时的大小和位置

（24）将时间滑块拖动到最后位置处。选择"环球旅行"文字，使用"选择并移动" ⬚ 工具将其移动至地球的前面，然后使用"选择并均匀缩放" ⬚ 工具将其适当放大一些，如图14-73所示。最后单击界面底部的"设置关键点" ⬚ 按钮，设置字幕结束位置的关键帧。

图14-73 字幕结束时的大小和位置

（25）使用设置关键点的方法为片头图标设置关键帧，方法与设置字幕动画的方法相同，在此不再详细介绍。

（26）在场景中创建一盏泛光灯，用来照亮整个场景。然后创建一盏目标聚光灯，并为其设置体积光效果，从下向上照耀地球。

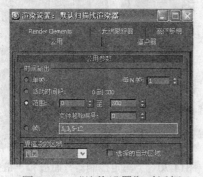

图14-74 "渲染设置"对话框

（27）至此，片头效果就制作完成了，接下来需要对其进行渲染输出。单击界面右上角的"渲染设置" ⬚ 按钮，打开"渲染设置"对话框。将时间输出的"范围"的值设置为从0至300，如图14-74所示。

（28）在"渲染设置"对话框下面单击 ▇▇文件...▇▇ 按钮，打开"渲染输出文件"对话框，设置好保存路径、名称和文件类型，如图14-75所示。

 本实例是动画文件，需要将其设置为AVI格式，单击"渲染输出文件"对话框中的 ▇保存⑤▇ 按钮时会打开"AVI文件压缩设置"对话框，可以对质量与主帧比率进行设置，如图14-76所示。

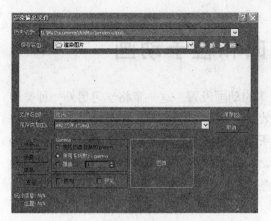

图14-75 "渲染输出文件"对话框

图14-76 "AVI文件压缩设置"对话框

很多电视台的片头都是借助于3ds Max这样的三维软件来制作的，有兴趣的读者可以自己去尝试制作其他的效果。

第15章 空间扭曲和粒子动画

前面的章节介绍了动画的概念、工具及一些基本的动画设置。这一章将学习另外一种类型的动画——粒子动画。粒子动画用于模拟一些自然效果，例如雨、烟雾和雪，也可以模拟一些其他的自然现象，如激光冲击波等效果，如图15-1所示。一般把这种类型的动画归结为程序动画，它不同于普通的关键帧动画。在关键帧动画中，对象是从关键帧移动到关键帧。在程序动画中，对象的动画由一组参数控制。可以随时为这些参数设置关键帧，但一般不能在系统中为单个对象或粒子设置动画。粒子动画的生成需要使用粒子系统，所以先来了解粒子系统。

图15-1 使用粒子制作的飘雪效果

15.1 空间扭曲和粒子动画

空间扭曲和粒子系统是附加的建模工具。空间扭曲是使其他对象变形的"力场"，从而创建出涟漪、波浪和风吹等效果。粒子系统能生成粒子对象，从而达到模拟雪、雨、灰尘等效果的目的，粒子系统主要用于动画中。

空间扭曲能创建使其他对象变形的力场，从而创建出涟漪、波浪和风吹等效果。空间扭曲的行为方式类似于修改器，只不过空间扭曲影响的是世界空间，而几何体修改器影响的是对象空间。创建空间扭曲对象时，视口中会显示一个线框来表示它，如图15-2所示。

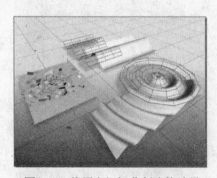

图15-2 使用空间扭曲创建的效果

空间扭曲只会影响和它绑定在一起的对象。扭曲绑定显示在对象修改器堆栈的顶端。空间扭曲总是在所有变换或修改器之后应用。当把多个对象和一个空间扭曲绑定在一起时，空间扭曲的参数会平等地影响所有对象。不过，每个对象距空间扭曲的距离或它们相对于扭曲的空间方向可以改变扭曲的效果。由于该空间效果的存在，只要在扭曲空间中移动对象就可以改变扭曲的效果。

也可以在一个或多个对象上使用多个空间扭曲。多个空间扭曲会以应用它们的顺序显示在对象的堆栈中。可以利用"自动栅格"功能调整新的空间扭曲相对于现有对象的方向和位置。

一些类型的空间扭曲是专门用于可变形对象上的，如基本几何体、网格、面片和样条线。其他类型的空间扭曲用于粒子系统，如"喷射"和"雪"。5种空间扭曲（重力、粒子爆炸、风力、马达和推力）可以作用于粒子系统，还可以在动力学模拟中用于特殊的目的。在后一种情况下，不用把扭曲和对象绑定在一起，而应把它们指定为模拟中的效果。

在"创建"面板上，每个空间扭曲都有一个被标为"支持对象类型"的面板。该面板列出了可以和扭曲绑定在一起的对象类型。下面介绍一下空间扭曲的基本操作。

（1）启动3ds Max 2010后，创建空间扭曲和对象。

（2）确定应用空间扭曲的对象处于选择状态，然后在工具栏中激活"绑定到空间扭曲"按钮 。

（3）在选定的对象上单击并按住鼠标键，然后拖动到空间扭曲对象上即可。空间扭曲对象会闪烁片刻以表示绑定成功。

 本书对空间扭曲不做详细介绍，只对粒子系统进行介绍。

空间扭曲一般可分为3种类型，每种类型都有不同的应用，它们分别是力、导向器和几何/可变形。下面简单地介绍一下这几种空间扭曲的类型。

15.1.1 力空间扭曲

进入到创建面板中单击"空间扭曲"按钮 ，在默认设置下即可进入到力的创建面板中，如图15-3所示。如果不是，那么在创建面板中单击 按钮，从打开的下拉列表中选择"力"项即可。

力对粒子系统和动力学系统都有很大的影响。力的类型有9种，下面分别简单地介绍一下。

1. 推力空间扭曲

对于粒子系统，"推力"将应用均匀的单向力。对于动力学系统，它提供了一个点力，类似于用手指推动某物。推力效果如图15-4所示。

图15-3　力的创建面板

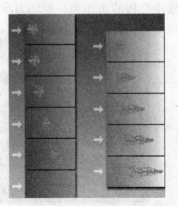

图15-4　使用推力空间扭曲制作的效果

2. 马达空间扭曲

马达空间扭曲的工作方式类似于推力，但前者对受影响的粒子或对象应用的是转动扭矩而不是定向力。马达图标的位置和方向都会对围绕其旋转的粒子产生影响，效果如图15-5所示。

3. 漩涡空间扭曲

漩涡空间扭曲将力应用于粒子系统，使它们在急转的漩涡中旋转，然后让它们向下移动成一个长而窄的喷流或者旋涡井。漩涡在创建黑洞、涡流、龙卷风和其他漏斗状对象时很有用，漩涡效果如图15-6所示。

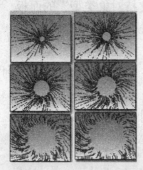

图15-5　使用马达空间扭曲制作的效果

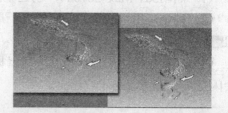

图15-6　使用漩涡空间扭曲制作的效果

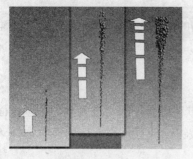

图15-7　使用阻力空间扭曲制作的效果

4. 阻力空间扭曲

阻力空间扭曲是一种在指定范围内按照指定量来降低粒子速率的粒子运动阻尼器。应用阻尼的方式可以是线性、球形或者柱形。阻力在模拟风阻、致密介质（如水）中的移动、力场的影响以及其他类似的情景时非常有用，阻力效果如图15-7所示。

5. 粒子爆炸空间扭曲

粒子爆炸空间扭曲能创建一种使粒子系统爆炸的冲击波，它有别于使几何体爆炸的爆炸空间扭曲。粒子爆炸尤其适合"粒子类型"设置为"对象碎片"的粒子阵列（Parray）系统。该空间扭曲还会将冲击作为一种动力学效果加以应用，粒子爆炸效果如图15-8所示。

图15-8　使用粒子爆炸空间扭曲制作的效果

6. 路径跟随空间扭曲

路径"跟随"空间扭曲可以强制粒子沿螺旋形路径运动，路径跟随效果如图15-9所示。

7. 重力空间扭曲

重力空间扭曲可以在粒子系统所产生的粒子上对自然重力的效果进行模拟。重力具有方向性。沿重力箭头方向的粒子加速运动。逆着箭头方向运动的粒子呈减速状，效果如图15-10所示。

图15-9 使用路径跟随空间扭曲制作的效果 图15-10 使用重力空间扭曲制作的效果

8. 风空间扭曲

风空间扭曲可以模拟风吹动粒子系统所产生的粒子效果。风力具有方向性。顺着风力箭头方向运动的粒子呈加速状。逆着箭头方向运动的粒子呈减速状。在球形风力情况下，运动朝向或背离图标，效果如图15-11所示。

9. 置换空间扭曲

置换空间扭曲以力场的形式推动和重塑对象的几何外形。置换对几何体（可变形对象）和粒子系统都会产生影响。

15.1.2 导向器空间扭曲

导向器一般也称为导向板。进入到创建面板中单击"空间扭曲"按钮，在创建面板中单击按钮，从打开的下拉列表中选择"导向器"项即可进入到导向器的创建面板中，如图15-12所示。

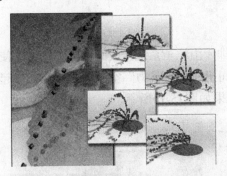 

图15-11 使用风空间扭曲制作的效果 图15-12 导向器空间扭曲的创建面板

共有9种类型的导向器，下面分别简单地介绍一下这些导向器。

1. 泛方向导向板空间扭曲

泛方向导向板是空间扭曲的一种平面泛方向导向器类型。它能提供比原始导向器空间扭曲更强大的功能，包括折射和繁殖能力。

2. 动力学导向板空间扭曲

动力学导向板（平面动力学导向器）是一种平面动力学导向器，是一种特殊类型的空间扭曲，它能让粒子影响动力学状态下的对象。例如，如果想让一股粒子流撞击某个对象并打翻它，就好像消防水龙的水流撞击堆起的箱子那样，就应该使用动力学导向板。

3. 泛方向导向球空间扭曲

泛方向导向球是空间扭曲的一种球形泛方向导向器类型。它提供的选项比原始的导向球更多。大多数设置和泛方向导向板中的设置相同。不同之处在于该空间扭曲提供的是一种球形的导向表面而不是平面表面。唯一不同的设置在"显示图标"区域中，这里设置的是"半径"，而不是"宽度"和"高度"。

4. 动力学导向球空间扭曲

动力学导向球空间扭曲是一种球形动力学导向器。它就像动力学导向板扭曲，只不过它是球形的，而且其"显示图标"微调器指定的是图标的"半径"值。

5. 全泛方向导向器空间扭曲

全泛方向导向器（通用泛方向导向器）提供的选项比原始的全导向器更多。该空间扭曲能够使用其他任意几何对象作为粒子导向器。导向是精确到面的，所以几何体可以是静态的、动态的，甚或是随时间变形或扭曲的。

6. 全动力学导向器空间扭曲

全动力学导向器空间扭曲是一种通用的动力学导向器，利用它，可以使用任何对象的表面作为粒子导向器和对粒子碰撞产生动态反应的表面。

7. 导向球空间扭曲

导向球空间扭曲起着球形粒子导向器的作用。

8. 全导向器空间扭曲

全导向器是一种能以任意对象作为粒子导向器的全导向器。使用这种空间扭曲制作的效果如图15-13所示。

9. 导向板空间扭曲

导向板空间扭曲起着平面防护板的作用，它能排斥由粒子系统生成的粒子。例如，使用导向板可以模拟被雨水敲击的公路。将"导向板"空间扭曲和"重力"空间扭曲结合在一起可以产生瀑布和喷泉效果。使用这种空间扭曲制作的效果如图15-14所示。

图15-13　全导向器空间扭曲效果

图15-14　导向板空间扭曲效果

15.1.3 几何/可变形空间扭曲

进入到创建面板中单击"空间扭曲"按钮，在默认设置下即可进入到"几何/可变形"的创建面板中，如图15-15所示。如果不是，那么在创建面板中单击按钮，从打开的下拉列表中选择"几何/可变形"项即可。

这些空间扭曲用于使几何体变形。共有6种类型，下面简单地介绍一下这些空间扭曲的类型。

1. FFD（长方体）空间扭曲

自由形式变形（FFD）提供了一种通过调整晶格的控制点使对象发生变形的方法。控制点相对原始晶格源体积的偏移位置会引起受影响对象的扭曲。FFD（长方体）空间扭曲是一种类似于原始FFD修改器的长方体形状的晶格FFD对象。该FFD既可以作为一种对象修改器也可以作为一种空间扭曲。使用这种空间扭曲制作的效果如图15-16所示。

图15-15 几何/可变形的创建面板

图15-16 制作的模型效果

2. FFD（圆柱体）空间扭曲

自由形式变形（FFD）提供了一种通过调整晶格的控制点使对象发生变形的方法。控制点相对原始晶格源体积的偏移位置会引起受影响对象的扭曲。FFD（圆柱体）空间扭曲在其晶格中使用柱形控制点阵列。该FFD既可以作为一种对象修改器也可以作为一种空间扭曲。

3. 波浪（长方体）空间扭曲

波浪空间扭曲可以在整个世界空间中创建线性波浪。它影响几何体和产生作用的方式与波浪修改器相同。想让波浪影响大量对象，或想要相对于其在世界空间中的位置影响某个对象时，应该使用波浪空间扭曲。使用这种空间扭曲制作的效果如图15-17所示。

4. 涟漪（长方体）空间扭曲

涟漪空间扭曲可以在整个世界空间中创建同心波纹。它影响几何体和产生作用的方式与涟漪修改器相同。想让涟漪影响大量对象，或想要相对于其在世界空间中的位置影响某个对象时，应该使用涟漪空间扭曲。

图15-17 制作的模型效果

5. 一致（长方体）空间扭曲

一致空间扭曲修改绑定对象的方法是按照空间扭曲图标所指示的方向推动其顶点，直至这些顶点碰到指定目标对象，或从原始位置移动到指定距离。

6. 爆炸空间扭曲

"爆炸"空间扭曲能把对象炸成许多单独的面。使用这种空间扭曲制作的效果如图15-18

所示。

可以结合使用这些空间扭曲类型和粒子系统来制作很多的动画效果。

 关于基于修改器空间扭曲
基于修改器的空间扭曲和标准对象修改器的效果完全相同。和其他空间扭曲一样，它们必须和对象绑定在一起，并且它们是在世界空间中发生作用。想对散布得很广的对象组应用诸如扭曲或弯曲等效果时，它们非常有用。下面是基于修改器的空间扭曲创建面板，如图15-19所示。

图15-18　制作的效果　　　　　图15-19　基于修改器空间扭曲的创建面板

15.2　粒子系统简介

在3ds Max中，粒子系统可用于完成多种动画任务。3ds Max提供了两种不同类型的粒子系统：事件驱动和非事件驱动。事件驱动粒子系统，又称为粒子流，它测试粒子属性，并根据测试结果将其发送给不同的事件。粒子位于事件中时，每个事件都指定粒子的不同属性和行为。在非事件驱动粒子系统中，粒子通常在动画过程中显示类似的属性。

图15-20　创建面板

在标准基本体创建面板中，单击小三角按钮，从列表中选择粒子系统即可打开粒子系统的创建面板，如图15-20所示。粒子还具有各种属性，比如粒子寿命、粒子碰状和粒子繁殖等。

在3ds Max中，粒子系统包含下列类型：PF Source、喷射、雪、暴风雪、粒子云、粒子阵列和超级喷射。其中PF Source属于事件驱动粒子系统，其他6种则属于非事件驱动粒子系统。通常情况下，对于简单动画，如下雪或喷泉，使用非事件驱动粒子系统进行设置要更为快捷和简便。对于较复杂的动画，如随时间生成不同类型粒子的爆炸（例如，碎片、火焰和烟雾），使用"粒子流"可以获得最大的灵活性和可控性。下面的内容将依次介绍这些粒子类型的设置参数及应用。

15.3　PF Source系统

这是一种新型、多功能且强大的粒子系统。它使用一种称为粒子视图的特殊对话框来使用事件驱动模型。在"粒子视图"中，可将一定时期内描述粒子属性（如形状、速度、方向和旋转）的单独操作符合并到称为事件的组中。每个操作符都提供一组参数，其中多数参数可以设置动画，以更改事件期间的粒子行为。随着事件的发生，"粒子流"会不断地计算列表中的每个操作符，并相应更新粒子系统。它主要用于创建暴风雪、水流、爆炸、碎片、火焰和烟雾等。

15.3.1　PF Source系统的创建过程

（1）在标准基本体创建面板中，单击小三角按钮▼，从列表中选择粒子系统即可进入到粒子系统的创建面板中。

（2）单击 PF Source 按钮，然后在顶视图中单击并拖动即可创建出PF　Source系统，如图15-21（左）所示。

（3）在3ds Max工作界面的底部把时间滑块拖动到第20帧，就可以看到有粒子发射出来，如图15-21（右）所示。

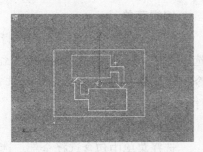 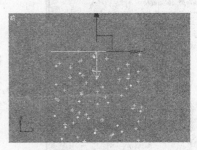

图15-21　PF Source系统（左）和粒子发射（右）

（4）如果按F9键渲染透视图，则会看到如图15-22所示的效果。

15.3.2　修改PF Source粒子的渲染效果

（1）按6键就可以打开"粒子视图"，如图15-23所示。

（2）在"粒子视图"中分别单击Render 01（几何体），并在"类型"右侧的下拉列表中选择一种类型即可，如图15-24所示。

（3）设置好需要的类型后，单击激活透视图，并按Shift+Q键进行渲染，则会看到粒子的形状发生改变。

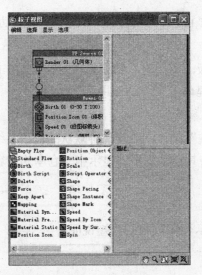

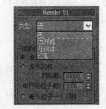

图15-22　PF Source粒子　　　　图15-23　粒子视图　　　　图15-24　设置渲染的类型

15.3.3 粒子视图

由于粒子视图起着很重要的作用，因此需要详细介绍一下该视图。按6键即可打开粒子视图，如图15-25所示。

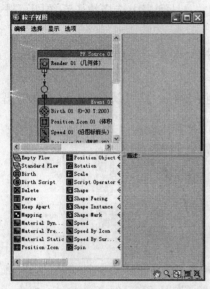

图15-25 粒子视图

从图中可以看出，它含有一个菜单栏，4个面板，左上角为事件显示面板、左下角为仓库、右上角为事件参数面板、右下角为事件说明面板，右下角还有几个显示工具。在下面的内容中分别介绍一下这几部分的作用。

1. 菜单栏

编辑菜单

编辑菜单中包含新建命令、打开命令、连接选定命令、复制和粘贴命令等。比如使用新建命令可以向事件显示中添加包含选定动作的新事件。

选择菜单

选择菜单中包含选择全部、选择动作、选择事件、选择测试等命令。比如使用选择全部命令可以选择高亮显示事件中的所有项目。

显示菜单

显示菜单中包含平移工具、缩放工具、最大化显示工具、选择事件工具、保存选定项工具等，比如使用平移工具可以在事件显示中拖动以便移动视图。鼠标光标变为手形图标。还可以通过按住鼠标中键或者滚轮按钮进行拖动以便平移视图。

选项菜单

该菜单栏中的命令用于设置显示的内容。

2. 事件显示面板

事件显示面板包含粒子图表，并提供修改粒子系统的功能。

3. 参数面板

参数面板包含多个面板，用于查看和编辑任何选定动作的参数。基本功能与3ds Max命令面板的功能相同，包括右键单击菜单的使用。

4. 仓库

仓库包含所有"粒子流"动作，以及几种默认的粒子系统。要查看项目说明，单击仓库中的项目。要使用项目，请将其拖动到事件显示中。仓库的内容可划分为三个类别：操作符、测试和流。

5. 说明面板

说明面板用于高亮显示仓库项目的简短说明。

15.3.4 粒子流修改面板

创建粒子后，单击"修改"按钮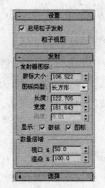即可进入到其修改面板中，如图15-26所示。

它的参数设置非常简单，有设置栏、发射栏、选择栏、系统管理栏和脚本栏共同组成。设置栏用于启用粒子的发射功能。发射栏用于设置发射粒子的徽标大小、类型及在视口中显示的模式。选择栏用于选择粒子、清除粒子和选择事件等。系统管理栏用于设置渲染时的积分步长。脚本栏用于设置脚本的编辑和启用等。

图15-26 粒子流的修改面板

15.4 喷射粒子系统

这是喷射的一种更强大、更高级的版本，它具有喷射的所有功能以及其他一些特性。可用于模拟雨、喷泉、公园水龙的喷水等水滴效果。其使用方法如下：

（1）在标准基本体创建面板中，单击小三角按钮▾，从列表中选择粒子系统即可进入到粒子系统的创建面板中。

（2）单击 喷射 按钮，然后在顶视图中单击并拖动即可创建出喷射系统，如图15-27所示。

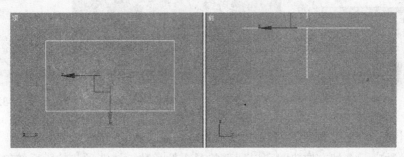

图15-27 喷射系统

 在默认设置下，它的粒子喷射方向是向下的。

（3）在3ds Max 2010工作界面的底部把时间滑块拖动到第30帧，就可以看到有粒子发射出来，如图15-28所示。

（4）进入到修改面板中，设置参数如图15-29所示。

（5）为粒子设置材质。按M键打开材质编辑器，把漫反射的颜色设置为纯白色，然后在"贴图"栏中选中"不透明项"，并单击它右侧的None按钮，在打开的对话框中双击"渐变贴图"，设置渐变参数如图15-30所示。

（6）执行"渲染→环境"命令，打开"环境/效果"对话框，单击None按钮，添加一幅背景图像。如果按F9键渲染透视图，则会看到如图15-31所示的效果。

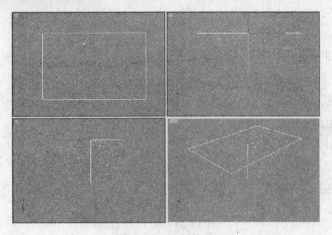

图15-28　喷射粒子　　　　　　　　　　　　　　　　　　图15-29　设置参数

　　在制作好了场景和粒子系统后，要为它赋予一定的材质才能够表现出粒子的效果。下面介绍一下它的参数设置选项，其参数面板如图15-32所示。

图15-30　参数设置　　　　　　　图15-31　喷射粒子效果　　　　　　图15-32　参数面板

- 视口计数：在给定帧处，视口中显示的最大粒子数。
- 渲染计数：一个帧在渲染时可以显示的最大粒子数。该选项与粒子系统的计时参数配合使用。如果粒子数达到"渲染计数"的值，粒子创建将暂停，直到有些粒子消亡。
- 水滴大小：粒子的大小（以活动单位数计）。
- 速度：每个粒子离开发射器时的初始速度。粒子以此速度运动，除非受到粒子系统空间扭曲的影响。
- 变化：改变粒子的初始速度和方向。"变化"的值越大，喷射越强且范围越广。
- 水滴、圆点或十字叉：选择粒子在视口中的显示方式。显示设置不影响粒子的渲染方式。水滴是一些类似雨滴的条纹，圆点是一些点，十字叉是一些小的加号。
- 四面体：粒子渲染为长四面体，长度在"水滴大小"参数中指定。四面体是渲染的默认设置。它提供水滴的基本模拟效果。
- 面：粒子渲染为正方形面，其宽度和高度等于"水滴大小"。面粒子始终面向摄影机（即用户的视角）。这些粒子专门用于材质贴图。请对气泡或雪花使用相应的不透明贴图。

・开始：第一个出现粒子的帧的编号。

・寿命：每个粒子的寿命（以帧数计）。

・出生速率：每个帧产生的新粒子数。

・恒定：启用该选项后，"出生速率"不可用，所用的出生速率等于最大可持续速率。禁用该选项后，"出生速率"可用。默认设置为启用。

・宽度和长度：在视口中拖动以创建发射器时，即隐性设置了这两个参数的初始值。可以在面板中调整这些值。

・隐藏：启用该选项可以在视口中隐藏发射器。禁用"隐藏"后，在视口中显示发射器。发射器从不会被渲染。默认设置为禁用状态。

15.5 雪粒子系统

雪粒子系统与喷射类似，但是雪粒子系统提供了其他参数来生成翻滚的雪花，渲染选项也有所不同。其使用方法如下：

（1）在标准基本体创建面板中，单击小三角按钮，从列表中选择粒子系统即可进入到粒子系统的创建面板中。

（2）单击 雪 按钮，然后在顶视图中单击并拖动即可创建出喷射系统，如图15-33所示。

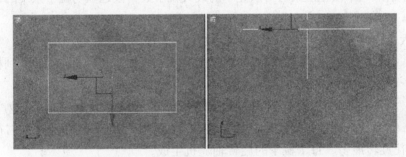

图15-33 喷射系统

（3）在3ds Max 2010中文版工作界面的底部把时间滑块拖动到第40帧，就可以看到有粒子发射出来，如图15-34所示。

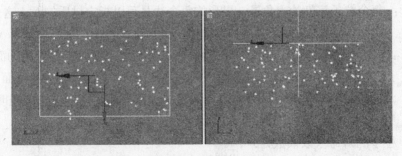

图15-34 喷射粒子

（4）进入到修改面板中，设置参数如图15-35所示。

（5）为粒子设置材质。按M键打开材质编辑器，把漫反射的颜色设置为白色，然后在"贴图"栏中选中"不透明项"，并单击它右侧的None按钮，在打开的对话框中双击"渐变贴图"，然后设置渐变参数。

　　（6）执行"渲染→环境"命令，打开"环境/效果"对话框，单击None按钮，添加一幅背景图像。如果按F9键渲染透视图，则会看到如图15-36所示的效果。

　　下面介绍一下它的参数设置选项，其参数面板如图15-37所示。

　　图15-35　设置参数　　　　　　图15-36　雪粒子效果　　　　　图15-37　参数面板

- 视口计数：在给定帧处，视口中显示的最大粒子数。
- 渲染计数：一个帧在渲染时可以显示的最大粒子数。该选项与粒子系统的计时参数配合使用。
- 雪花大小：粒子的大小（以活动单位数计）。
- 速度：每个粒子离开发射器时的初始速度。粒子以此速度运动，除非受到粒子系统空间扭曲的影响。
- 变化：改变粒子的初始速度和方向。"变化"的值越大，降雪的区域越广。
- 翻滚：雪花粒子的随机旋转量。此参数可以在0到1之间。设置为0时，雪花不旋转；设置为1时，雪花旋转最多。每个粒子的旋转轴随机生成。
- 翻滚速率：雪花的旋转速度。"翻滚速率"的值越大，旋转越快。
- 雪花、圆点或十字叉：选择粒子在视口中的显示方式。显示设置不影响粒子的渲染方式。雪花是一些星形的雪花，圆点是一些点，十字叉是一些小的加号。
- 六角形：每个粒子渲染为六角星。星形的每个边是可以指定材质的面。这是渲染的默认设置。
- 三角形：每个粒子渲染为三角形。三角形只有一个边是可以指定材质的面。
- 面：粒子渲染为正方形面，其宽度和高度等于"水滴大小"。面粒子始终面向摄影机（即用户的视角）。这些粒子专门用于材质贴图。请对气泡或雪花使用相应的不透明贴图。
- 开始：第一个出现粒子的帧的编号。
- 寿命：粒子的寿命（以帧数计）。
- 出生速率：每个帧产生的新粒子数。
- 恒定：启用该选项后，"出生速率"不可用，所用的出生速率等于最大可持续速率。禁用该选项后，"出生速率"可用。默认设置为启用。
- 宽度和长度：在视口中拖动以创建发射器时，即隐性设置了这两个参数的初始值。可以在面板中调整这些值。

·隐藏：启用该选项可以在视口中隐藏发射器。禁用该选项后，在视口中显示发射器。发射器从不会被渲染。默认设置为禁用状态。

15.6 暴风雪粒子系统

暴风雪粒子系统是原来的雪粒子系统的高级版本。其使用方法如下：

（1）在标准基本体创建面板中，单击小三角按钮 ，从列表中选择粒子系统即可进入到粒子系统的创建面板中。

（2）单击 暴风雪 按钮，然后在顶视图中单击并拖动即可创建出暴风雪系统，如图15-38所示。

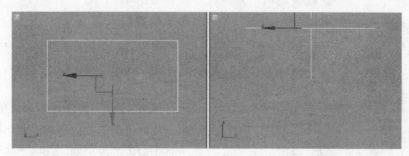

图15-38 暴风雪系统

（3）在3ds Max工作界面的底部把时间滑块拖动到第40帧，就可以看到有粒子发射出来，如图15-39所示。

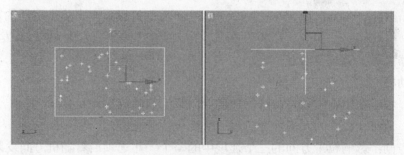

图15-39 暴风雪粒子

它的参数设置选项与雪粒子系统的参数设置选项基本相同，在此不在赘述。

15.7 粒子云

如果希望使用粒子云填充特定的体积，请使用粒子云粒子系统。粒子云可以创建一群鸟、一个星空或一队在地面行军的士兵。可以使用提供的基本体积（长方体、球体或圆柱体）限制粒子，也可以使用场景中任意可渲染对象作为体积，只要该对象具有深度。二维对象不能使用粒子云。下面介绍一下它的使用方法：

（1）在标准基本体创建面板中，单击小三角按钮 ，从列表中选择粒子系统即可进入到粒子系统的创建面板中。

（2）单击 [粒子云] 按钮，然后在顶视图中单击并拖动，再向下拖动即可创建出粒子云系统，如图15-40所示。

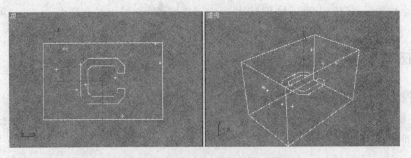

图15-40　粒子云系统

下面介绍一下它的参数设置选项，其参数面板如图15-41所示。

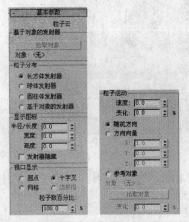

图15-41　参数面板

基本参数栏

· 拾取对象：单击此选项，然后选择要作为自定义发射器使用的可渲染网格对象。

· 长方体发射器：选择立方体形状的发射器。

· 球体发射器：选择球体形状的发射器。

· 圆柱体发射器：选择圆柱体形状的发射器。

· 基于对象的发射器：选择"基于对象的发射器"组中所选的对象。

· 半径/长度：调整球体或圆柱体图标的半径以及立方体图标的长度。

· 宽度：设置立方体发射器的宽度。

· 高度：设置立方体或圆柱体发射器的高度。

· 发射器隐藏：隐藏发射器。

粒子运动栏

· 速度：粒子在出生时沿着法线的速度（以每帧的单位数计）。

· 变化：对每个粒子的发射速度应用一个变化百分比。

· 随机方向：影响粒子方向的三个选项中的一个。此选项沿着随机方向发射粒子。

· 方向向量：通过X、Y和Z三个微调器定义的向量指定粒子的方向。

· X/Y/Z：显示粒子的方向向量。

· 参考对象：沿着指定对象的局部Z轴的方向发射粒子。

· 对象：显示所拾取对象的名称。

· 变化：在选择"方向向量"或"参考对象"选项时，对方向应用一个变化百分比。如果选择"随机方向"，此微调器不可用并且无效。

15.8　超级喷射

超级喷射系统是原来的喷射系统的高级版本，它能够发射受控制的粒子喷射，增加了所有新型粒子系统提供的功能。其使用方法如下：

（1）在标准基本体创建面板中，单击小三角按钮▼，从列表中选择粒子系统即可进入到粒子系统的创建面板中。

（2）单击 超级喷射 按钮，然后在顶视图中单击并拖动即可创建出超级喷射系统，如图15-42所示。

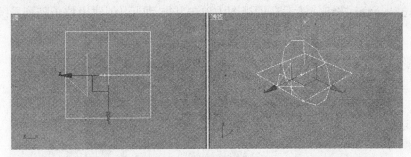

图15-42 超级喷射系统

（3）在3ds Max 2010中文版工作界面的底部把时间滑块拖动到第30帧，就可以看到有粒子发射出来，如图15-43所示。

下面介绍一下它的参数设置选项，有些选项与喷射系统相同，只介绍几个不同的选项，其参数面板如图15-44所示。

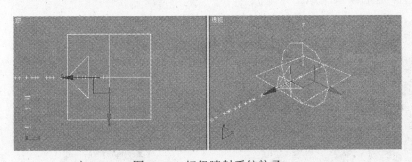

图15-43 超级喷射系统粒子

图15-44 参数面板

- 轴偏离：影响粒子流与Z轴的夹角（沿着X轴的平面）。
- 扩散：影响粒子远离发射向量的扩散（沿着X轴的平面）。
- 平面偏离：影响围绕Z轴的发射角度。如果"轴偏离"设置为0，则此选项无效。
- 扩散：影响粒子围绕"平面偏离"轴的扩散。如果"轴偏离"设置为0，则此选项无效。
- 速度：粒子出生时的速度（以每帧的单位数计）。
- 变化：对每个粒子的发射速度应用一个变化百分比

15.9 粒子阵列

粒子阵列系统提供两种类型的粒子效果，一种是将所选几何体对象用作发射器模板（或图案）发射粒子，此对象在此称作分布对象，如图15-45所示。

图15-45 用作分布对象的篮筐，粒子在其表面上随机分布

另外一种就是用于创建复杂的对象爆炸效果。下面就通过一个实例来演示如何创建爆炸效果。操作步骤如下：

（1）在标准基本体创建面板中，单击小三角按钮，从列表中选择粒子系统即可进入到粒子系统的创建面板中。

（2）单击 粒子阵列 按钮，然后在顶视图中单击并拖动即可创建出粒子阵列系统，如图15-46所示。

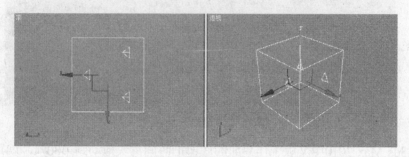

图15-46　粒子阵列系统

（3）使用标准基本体创建面板中的"茶壶"工具创建一个茶壶，如图15-47所示。

（4）选择粒子阵列系统。然后进入到其修改面板中，并单击 拾取对象 按钮，如图15-48所示。在视图中单击选择茶壶，这样是把该系统赋予茶壶。

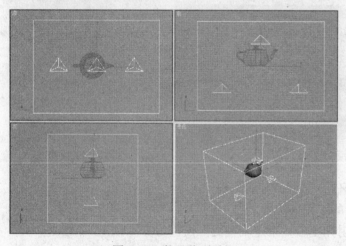

图15-47　粒子阵列系统

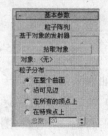

图15-48　"拾取对象"按钮

（5）在"视口显示"面板中选中"圆点"项，如图15-49所示。

（6）为了便于观看，打开"背景和效果"对话框，在该对话框中单击背景颜色下面的颜色块，把它设置为白色。

（7）在修改面板中展开"粒子类型"栏，然后选中"对象碎片"项，如图15-50所示。

（8）在界面底部把时间滑块拖动到10，然后按F9键进行渲染，效果如图15-51所示。

（9）在"对象碎片控制"栏中把厚度的值设置为20，选中"碎片数目"项，再次渲染，效果如图15-52（右）所示。

（10）展开"粒子产生"栏，把速度的值设置为10，把变化的值设置为20，把散度的值设置为10，把寿命的值设置为30，把变化的值设置为10。再次渲染，效果如图15-53所示。

图15-49 设置选项

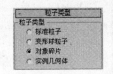

图15-50 设置粒子类型

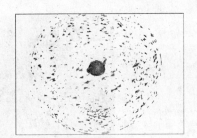

图15-51 碎片效果

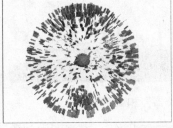

图15-52 渲染效果

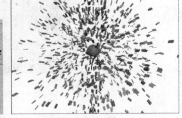

图15-53 二次渲染后的效果（右）

通过设置这些参数可以获得各种各样的爆炸效果。其参数设置与喷射系统基本相同，在此不再赘述。

15.10 实例：小屋炊烟的制作

这一实例将使用粒子系统创建烟雾从烟囱里冒出来的效果。首先设置一个场景，然后创建粒子系统，再为粒子制作材质，最后设置动画。制作的烟雾效果如图15-54所示。

（1）选择菜单栏中的"🔘→重置"命令，重新设置系统。

（2）在标准基本体创建命令面板中依次单击▨→◉→平面按钮，在前视图中创建一个平面，并在"参数"面板设置好参数，如图15-55所示。

图15-54 烟雾效果

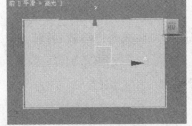

图15-55 创建的平面

（3）按M键，打开"材质编辑器"，选择一个空样本球。进入到"Blinn基本参数"面板中，单击"漫反射"右边的方块按钮，打开"材质/贴图浏览器"。双击"位图"按钮，为其指定本书配套资料中的工厂烟囱贴图，并将材质赋予创建的平面。如图15-56所示。

图15-56 "材质/贴图浏览器"和烟囱贴图

（4）进入到"粒子系统"创建面板中，单击 超级喷射 按钮，在视图中创建"超级喷射"系统，如图15-57所示。

（5）单击界面底部的"时间配置" 按钮，打开"时间配置"对话框。将"长度"的值设置为100，其他参数设置如图15-58所示。

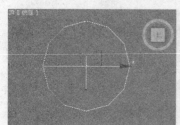  

图15-57 创建的超级喷射系统   图15-58 "时间配置"对话框

（6）单击窗口底部的"播放动画" 按钮，就会看到一缕粒子从发射器中发射出来，如图15-59所示。此时粒子发射的方向是竖直向上的，而且速度比较快。它还不像烟雾，需要进一步调节。

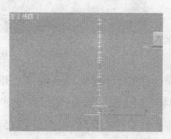 

图15-59 发射的粒子

（7）确定超级喷射系统处于选取状态，单击 █ 按钮，进入到修改面板中。在"基本参数"面板中，选中"圆点"项，如图15-60所示，同时在视图中将十字叉改为圆点形状。创建粒子密度比较大的效果时，使用圆点要比使用十字叉好一些。

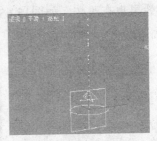

图15-60　参数面板

（8）在"粒子生成"面板的粒子运动组中，设置"使用速率"的值为80，"速度"的值为2，"发射开始"的值为0，"发射停止"、显示时限"和"寿命"的值都为100，如图15-61所示。此时视图中的粒子数量变多了。

（9）烟雾在空气中的运动基本上是没有规律的，它会随着空气的流动而运动并扩散，所以还要为之添加风和扰乱。在此需要使用空间扭曲来模拟风。单击 █ 按钮，在其下拉菜单

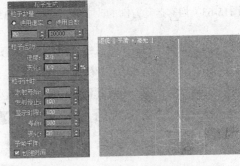

图15-61　设置的参数及效果

中选择"力"项，并单击"风"按钮。在左视图中单击并拖曳鼠标左键创建风空间扭曲。并使用"选择并移动" █ 工具调整风的方向，使风向箭头指向烟雾粒子，如图15-62所示。

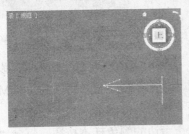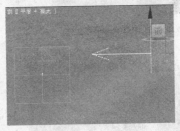

图15-62　创建的"风"空间扭曲

（10）需要将空间扭曲绑定到烟雾粒子，使粒子的运动更为随机。选择超级喷射粒子系统，单击工具栏中的"绑定到空间扭曲" █ 按钮，然后在顶视图中单击超级喷射系统，并按住鼠标左键拖曳到风空间扭曲，当鼠标指针改变形状时，松开鼠标左键。

（11）单击窗口底部的"播放动画" █ 按钮，播放动画，就会看到粒子的运动方向改变了，如图15-63所示。

（12）不过，看起来风的强度太大了，因此还要调节风的一些参数。选择风，单击 █ 按钮进入修改面板中。在"参数"面板中，将"强度"的值设置为0.05，"湍流"的值设置为0.15，"频率"的值设置为0.1，如图15-64所示。

为了让烟雾有在空气中飘荡的感觉，还需要添加一定的扰乱，所以需要在参数修改面板的参数栏中调整湍流和频率的数值，以使效果更好一些。

（13）单击窗口底部的"播放动画"▶按钮播放动画，就会看到粒子的运动速度变慢了，而且方向及扩散效果也有改变，如图15-65所示。但是粒子的运动还是有点"僵硬"，因此还需要做一些调整。

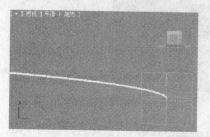
图15-63　烟雾运动方向的改变

图15-64　参数设置

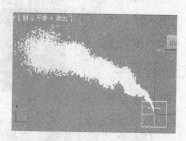
图15-65　粒子效果

（14）确定超级喷射系统处于选中状态，单击 按钮，进入到修改面板。在"粒子类型"栏中选择"面"项。展开"粒子生成"栏，确定其大小的值为0.3，变化的值为30。将增长耗时的数值设置为80，将衰减耗时的数值设置为20，如图15-66所示。

（15）单击窗口底部的"播放动画"▶按钮，播放动画，就会看到粒子的运动有了一些改变，如图15-67所示。

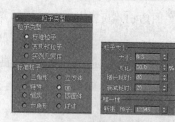
图15-66　参数设置

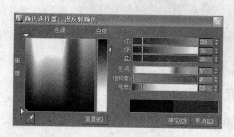
图15-67　烟雾的粒子效果

图15-68　设置的漫反射颜色

（16）下面开始为烟雾设置材质，这里只是简单地设置一下颜色。按M键打开"材质编辑器"，选择一个空样本球。单击"漫反射"旁边的颜色样本按钮，打开"颜色选择器"对话框，把颜色设置为深灰色，如图15-68所示。

（17）选择粒子，单击"将材质指定给选定对象" 按钮，将粒子材质赋予它们。按F9键进行渲染，效果如图15-69所示。此时烟雾效果太生硬，所以还需要进行调节。

（18）在视图中单击鼠标右键，从打开的菜单中选择"对象"属性，打开"对象属性"对话框，选择"图像"项，如图15-70所示。

（19）单击"确定"按钮后，按F9键渲染透视图，就会有比较好的效果了，如图15-71所示。

图15-69　渲染后的烟雾效果

图15-70　"对象属性"对话框

 　　为了获得比较真实的烟雾效果，我们需要设置各种参数。读者可以尝试着进行设置。

　　（20）把它制作成一段动画。单击界面右上角的"渲染设置" 按钮，打开"渲染设置"对话框。将时间输出中的"范围"值设置为从0至100，如图15-72所示。

　　（21）在"渲染设置"对话框中单击 文件... 按钮，打开"渲染输出文件"对话框，设置好保存路径、名称和文件类型，如图15-73所示。

图15-71　烟雾效果

图15-72　"渲染设置"对话框

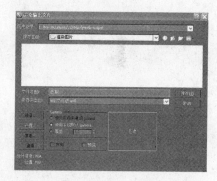

图15-73　"渲染输出文件"对话框

 　　本实例是动画文件，需要将其设置为AVI格式，单击"渲染输出文件"对话框中的 保存(S) 按钮会打开"AVI文件压缩设置"对话框，用户可以对质量与主帧比率进行设置。根据需要设置压缩器和质量即可。

 　　关于角色动画部分的内容，本书不做介绍，有兴趣的读者可以参阅3ds Max 2010的帮助文件部分。

第6篇 综合实例

这部分内容将选择一个具有代表性的综合室外设计实例——医疗中心，介绍它的整体制作过程，以便使读者能够掌握和拓展3ds Max 2010的实际运用。

本篇共包括下列内容：

☐ 第16章 室外建筑设计——医疗中心

第16章 室外建筑设计——医疗中心

使用3ds Max不仅可以制作室内效果图，还可以制作室外建筑效果图，而且有着非常广泛的应用。本章将介绍如何制作一个医疗中心的建筑效果图，其最终效果如图16-1所示。

图16-1 医疗中心的最终效果

16.1 设计思路

根据本章的效果图来分析其结构，然后根据其结构来制作模型。在结构上讲，它由前厅和主楼构成。在制作楼体时，先制作出前面大厅，再制作出主楼。模型需要在3ds Max 2010中完成制作，然后为场景设置好灯光和摄影机后渲染出图。最后在Photoshop中进行后期处理来完成最终的效果图。该范例的制作流程图如图16-2所示。

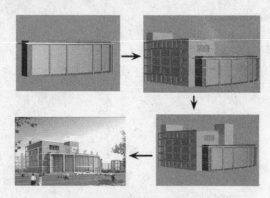

图16-2 制作流程图

16.2 制作模型

将模型分成几个独立的部分来进行制作。

16.2.1 制作前厅

（1）选择菜单栏中的"⑤→重置"命令，重新设置系统。

（2）制作前厅墙体部分。进入到图形创建命令面板中，依次单击 ⊕→◎→ 线 按钮，在顶视图创建出一条曲线，然后从修改列表进入到"样条线"级别，如图16-3所示。

（3）进入到"几何体"面板中，在 轮廓 按钮后面的数值框内输入13，此时样条线会向外扩展形成一条封闭的曲线，如图16-4所示。

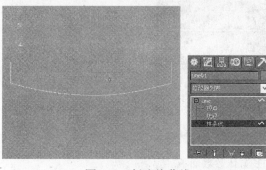
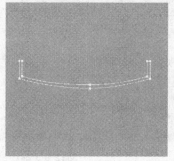

图16-3　创建的曲线　　　　　　　　　图16-4　"几何体"面板和制作的样条线

（4）选择制作的轮廓曲线，单击 ◎ 按钮进入到修改命令面板中。单击"修改器列表"右侧的下拉按钮，打开修改器列表，选择"挤出"修改器，并在"参数"面板中设置挤出"数量"为182，如图16-5所示。

（5）进入到图形创建命令面板中，依次单击 ⊕→◎→ 线 按钮，在顶视图创建出一条闭合的曲线，如图16-6所示。

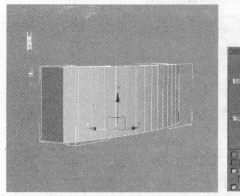

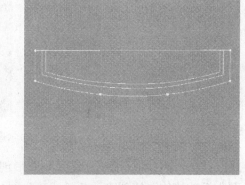

图16-5　挤出后的效果和挤出"参数"面板　　　　　　　　图16-6　创建的样条线

（6）选择创建的轮廓曲线，为其添加"挤出"修改器，在"参数"面板中设置挤出"数量"为5，如图16-7所示。

（7）进入到标准基本体创建命令面板中，依次单击 ⊕→◎→ 长方体 按钮。在视图中创建一个长方体，并设置其参数。然后将创建的长方体移动到前厅墙体中央，如图16-8所示。

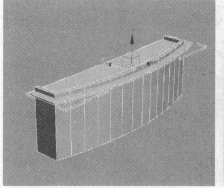

图16-7　制作的前厅楼顶

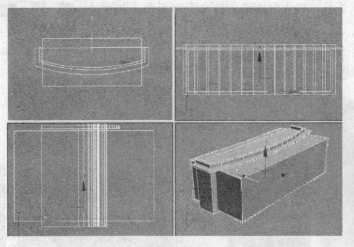

图16-8　创建的长方体和长方体参数面板

（8）选择前面制作的前墙墙体部分，单击"标准基本体"右侧的下拉按钮，在打开的下拉列表中选择"复合对象"选项。进入到复合对象创建面板中，选择 布尔 按钮，然后单击 拾取操作对象B 按钮，返回到视图中选择创建的长方体，效果如图16-9所示。

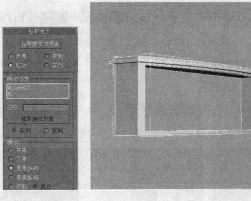

图16-9　布尔运算面板和布尔运算后的效果

（9）制作前厅玻璃。进入到图形创建命令面板中，依次单击 ⊕→⊙→弧 按钮，在顶视图中沿前墙的曲线创建一条弧线，如图16-10所示。

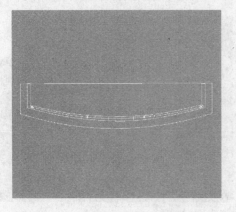
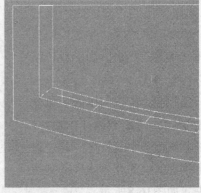

图16-10　创建的弧线

（10）选择创建的弧线，然后为其添加"挤出"修改器，在"参数"面板中设置挤出数量为161，制作出玻璃幕墙造型，如图16-11所示。

（11）制作前厅支柱。依次单击 ⚙ → ◎ → 圆柱体 按钮，在顶视图创建一个圆柱体，并设置其参数，如图16-12所示。

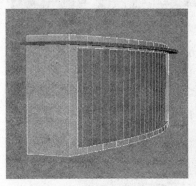

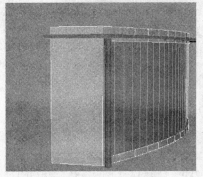

图16-11　挤出的玻璃幕墙和挤出参数面板　　　　图16-12　创建的圆柱体

（12）选择制作的圆柱体，按住Shift键将其移动复制5个，并使用"选择并移动" ✛ 工具将它们排列在门厅前面，如图16-13所示。

（13）选择创建的玻璃幕墙，然后将其隐藏，下面来制作玻璃幕墙的固定架部分。进入到图形创建命令面板中，依次单击 ⚙ → ◎ → 弧 按钮，在顶视图中创建一条圆弧。然后进入到"渲染"参数面板中，勾选"在渲染中启用"和"在视口中启用"复选框，点选"径向"选项，并将"厚度"的值设置为2，如图16-14所示。这样在视图和渲染中便实现了弧线的实体形状，以此作为玻璃幕墙骨架。

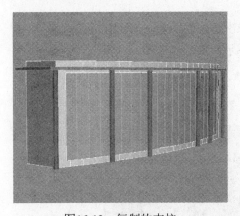

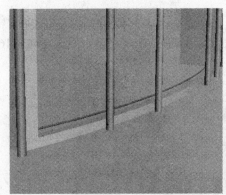

图16-13　复制的支柱　　　　　　　图16-14　创建的曲线和曲线参数面板

（14）复制横向骨架，将制作的横向骨架复制多份，效果如图16-15所示。

（15）制作竖向骨架。进入到标准基本体创建命令面板中，依次单击 ⚙ → ◎ → 圆柱体 按钮，在顶视图创建出一个圆柱体，如图16-16所示。

（16）选择竖向骨架，按住Shift键将其移动复制多个，并使用"选择并移动" ✛ 工具将它们排列在玻璃幕墙位置，与横向骨架交错排列，如图16-17所示。

（17）将前面隐藏的玻璃物体取消隐藏，效果如图16-18所示。

图16-15　制作的横向骨架

图16-16　创建的圆柱体

图16-17　复制的竖向骨架

16.2.2　制 作 主 楼

（1）制作主墙体。进入到图形创建命令面板中，依次单击 ▓ → ◉ → ▆矩形 按钮，在前视图创建长度和宽度值分别为415和213的矩形，如图16-19所示。

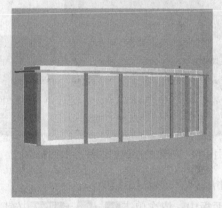

图16-18　取消隐藏后的效果

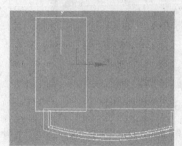

图16-19　创建的矩形

（2）选择矩形，单击 ▆ 按钮，进入到修改面板中。单击修改器列表右侧的下拉按钮，在其下拉列表中选择"编辑样条线"命令。进入到"样条线"模式下，设置"轮廓"的参数值为22，如图16-20所示。

（3）选择添加轮廓后的矩形，然后在修改器下拉列表中选择"挤出"命令，进入到"参数"卷展栏中，设置"数量"的参数值为285，如图16-21所示。

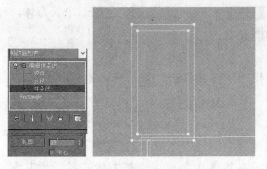

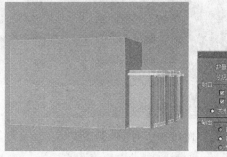

图16-20 设置轮廓后的效果　　　　　图16-21 挤出后的效果和挤出参数面板

（4）制作楼板。进入到图形创建命令面板中，依次单击 ▦ → ▣ → 线 按钮，在视图中创建出楼板的轮廓，如图16-22所示。

（5）选择楼板轮廓，单击 ▨ 按钮，进入到修改面板中，在其下拉列表中选择"挤出"修改器，进入到"参数"卷展栏中，设置"数量"的参数值为2.5，并使用"选择并移动" ✛ 工具调整其位置，如图16-23所示。

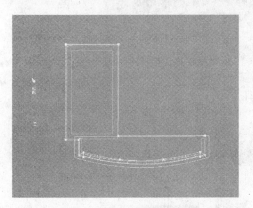

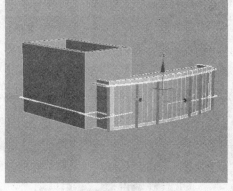
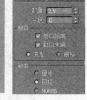

图16-22 制作的楼板轮廓　　　　　图16-23 挤出后的效果和挤出参数面板

（6）选择制作的楼板，按住Shift键并使用"选择并移动" ✛ 工具将其沿Z轴复制一个，如图16-24所示。

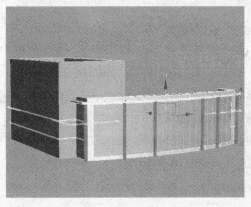

图16-24 复制的楼板

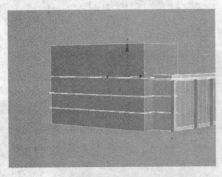

图16-25　制作的侧楼楼板

（7）继续制作侧楼高层的楼板，进入到标准基本体创建命令面板中，依次单击 ▦ → ◉ → 圆柱体 按钮，在顶视图中创建一个长方体，如图16-25所示。

（8）选择制作的长方体，按住Shift键并使用"选择并移动" ✛ 工具将其沿Z轴复制一个，如图16-26所示。

（9）制作楼顶楼板，进入到标准基本体创建命令面板中，依次单击 ▦ → ◉ → 长方体 按钮，在视图中创建一个长方体，并设置其参数。然后将其移动到侧楼楼顶部位。如图16-27所示。

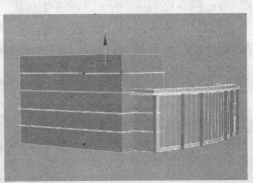

图16-26　复制的楼板

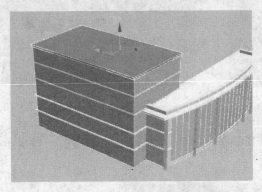

图16-27　创建的顶楼楼板

（10）接下来制作侧楼的窗框，在制作窗框之前，先来了解一下将要制作的侧楼结构，通过分析其结构，可以使用布尔运算来得到侧楼的窗框效果，如图16-28所示。

（11）制作一楼窗框。在标准基本体创建命令面板中依次单击 ▦ → ◉ → 长方体 按钮，在顶视图中创建出一个长方体，然后将其移动到如图16-29所示的位置上。

（12）选择创建的长方体，激活顶视图，按住Shift键，并使用工具栏中的"选择并移动" ✛ 工具将其以"实例"方式沿Y轴复制5个，如图16-30所示。

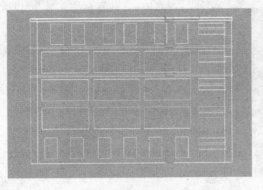

图16-28　侧楼的窗框结构

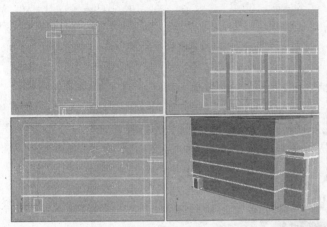
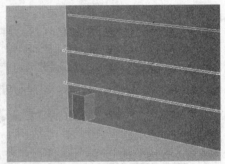

图16-29　创建的长方体

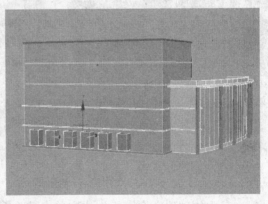

图16-30　复制的长方体

（13）制作二楼窗框。在标准基本体创建命令面板中依次单击 ![] → ![] → 长方体 按钮，在顶视图创建出一个长方体，然后将其移动到如图16-31所示的位置上。

（14）选择创建的长方体，激活顶视图，按住Shift键，并使用工具栏中的"选择并移动" ![] 工具将其以"实例"的方式沿Y轴复制2个，如图16-32所示。

（15）一楼和五楼的窗框结构相同，二楼、三楼、四楼的结构相同，选择一楼的窗框长方体，然后复制一份到五楼，将二楼窗框长方体复制到三楼和四楼，复制后的效果如图16-33所示。

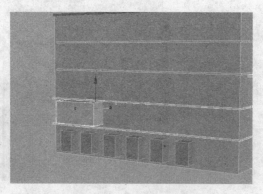

图16-31　创建的长方体

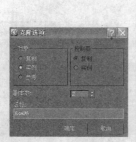 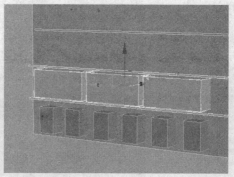

图16-32　复制的长方体

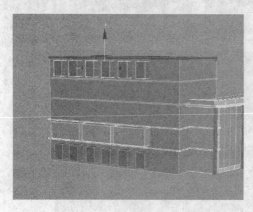 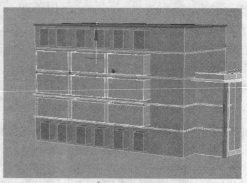

图16-33　复制后的效果

（16）在标准基本体创建命令面板中依次单击 ▦ → ◉ → 长方体 按钮，在视图中创建一个长方体，然后将其移动到侧楼右边部位，如图16-34所示。

（17）选择创建的长方体，然后在顶视图中按住Shift键，并使用工具栏中的"选择并移动" ✛ 工具，将其以"实例"的方式沿Z轴复制1个，如图16-35所示。

（18）选择新创建的两个长方体，在左视图中，按住Shift键，并使用工具栏中的"选择并移动" ✛ 工具，将其以"实例"的方式沿Z轴复制4个，如图16-36所示。

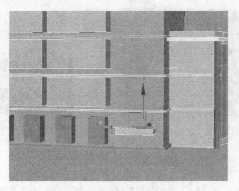

图16-34 创建的长方体

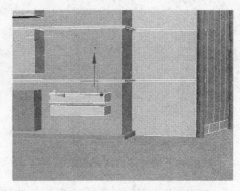

图16-35 复制的长方体

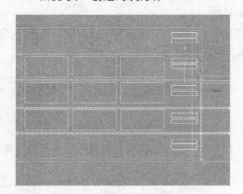

图16-36 复制后的效果

（19）选中其中一个长方体并单击鼠标右键，在打开的菜单栏里选择"转换为可编辑多边形"命令，然后在"编辑几何体"面板中选择"附加"命令，将其他的长方体附加在一起，如图16-37所示。

（20）选择前面制作的前墙墙体部分，单击"标准基本体"右侧的下拉按钮，在下拉列表中选择"复合对象"选项。然后在复合对象创建面板中选择 布尔 命令。最后单击 拾取操作对象 B 按钮，返回到视图中选择创建的长方体。如图16-38所示。

图16-37 鼠标右键菜单和"编辑几何体"面板

图16-38 复合对象面板和布尔运算后的效果

（21）使用同样的方法制作出侧楼侧面的窗子，如图16-39所示。

（22）制作前厅侧面窗框。在标准基本体创建命令面板中依次单击 ⚙ → ◉ → 长方体 按钮，在视图中创建一个长方体，如图16-40所示。

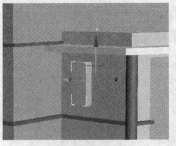

图16-39　侧楼侧面窗框效果　　　　　　　　图16-40　创建的长方体

（23）选中长方体，激活顶视图，按住Shift键，并使用工具栏中的"选择并移动"  工具将其以"实例"的方式沿Y轴复制1个，如图16-41所示。

（24）选择新创建的两个长方体，在左顶视图中，按住Shift键，并使用工具栏中的"选择并移动"工具，将其以"实例"的方式沿Z轴复制2个，如图16-42所示。

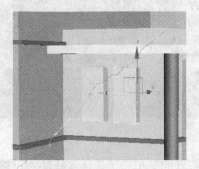
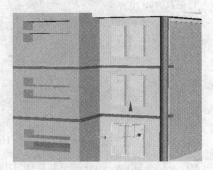

图16-41　复制的长方体　　　　　　　　图16-42　复制的长方体

（25）选中其中一个长方体并单击鼠标右键，在打开的菜单栏里选择"编辑几何体"命令，然后在"编辑几何体"面板中选择"附加"命令，和其他的长方体附加在一起，如图16-43所示。

（26）选择前面制作的前厅墙体部分，单击"标准基本体"右侧的下拉按钮，在下拉列表中选择"复合对象"选项。然后在复合对象面板中选择 布尔 按钮。单击 拾取操作对象B 按钮，返回到视图中选择刚才创建的长方体。使用前面介绍的布尔运算，制作出前厅左侧面的窗框，如图16-44所示。

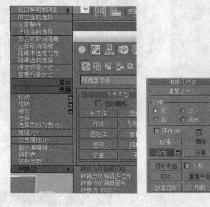

图16-43　鼠标右键菜单和"编辑几何体"面板　　　　　图16-44　布尔动算效果

（27）制作侧厅玻璃，在左视图中创建一个长方体，注意这里创建的长方体将作为侧楼的玻璃，将创建的长方体移动侧楼窗框中央部分，使其镶嵌在窗框中，如图16-45所示。

（28）使用同样的方法制作出侧楼侧面的玻璃和前厅侧面的玻璃，如图16-46所示。

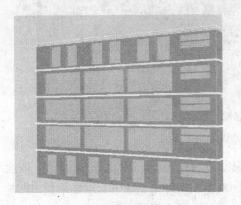

图16-45 制作的侧楼玻璃

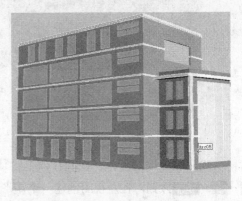

图16-46 添加玻璃后的效果

（29）制作出主楼的其他部分。在标准基本体创建命令面板中依次单击 ⚙ → ◎ → 长方体 按钮，在视图中创建三个长方体，如图16-47所示。

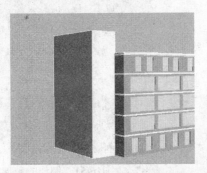

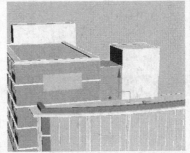

图16-47 制作的方体

（30）制作侧楼装饰柱。可以使用长方体制作，也可以先绘制矩形，然后进行挤出。对于同样的模型通过复制制作，效果如图16-48所示。

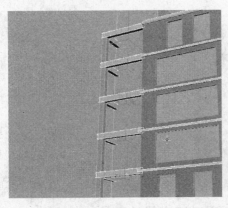

图16-48 装饰架

（31）制作外墙装饰结构架。进入到图形创建命令面板中，依次单击 ⚙ → ◎ → 矩形 按钮，在前视图中创建2个矩形，然后把它们附加在一起，并进行挤出，效果如图16-49所示。

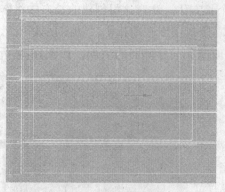

图16-49　绘制的矩形和挤出效果

（32）制作玻璃窗框。在制作窗框物体时，可以利用线的可渲染的性质来制作。依次单击
■→■→■ 按钮，在左视图创建一个矩形，并在"渲染"面板中勾选"在渲染中启用"和"在视口中启用"复选框，选中"矩形"选项，如图16-50所示。

（33）使用同样的方法制作出另外的玻璃窗框，如图16-51所示。

图16-50　参数面板和创建的窗框

图16-51　制作的玻璃窗框

（34）制作窗棂，在标准基本体创建命令面板中依次单击■→■→■ 按钮，在视图中创建一个长方体，将其旋转一定的角度，然后将其移动到玻璃窗框上。再进行复制，效果如图16-52所示。

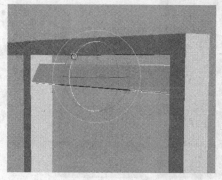

图16-52　制作的窗棂

（35）使用工具栏中的"选择并移动"■工具调整位置，再进行复制和调整，效果如图16-53所示。

图16-53 制作其他的玻璃窗框

（36）使用前面介绍的方法制作出其他的玻璃窗框，如图16-54所示。

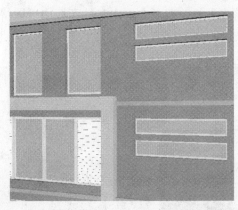
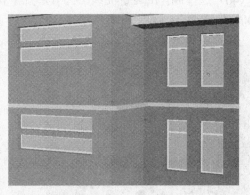

图16-54 制作的玻璃窗框

（37）制作前大厅上方的窗户部分。在标准基本体创建命令面板中依次单击█→◎→█长方体█按钮，在视图中创建一个长方体，然后将其移动到侧面楼体窗框上。再复制多个，并调整好它们的位置，如图16-55所示。

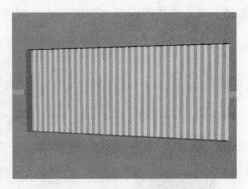

图16-55 制作的长方体

（38）制作医疗中心标志的底部造型。在标准基本体创建命令面板中依次单击█→◎→█长方体█按钮，在视图中创建一个长方体，设置其参数，并将其移动到合适的位置。然后复制多个，如图16-56所示。

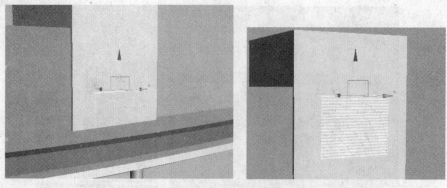

图16-56　创建的长方体

（39）制作医疗中心标志。进入到图形创建命令面板中，依次单击 → → 线 按钮，在前视图中创建一个十字架形的封闭曲线，如图16-57所示。

（40）选择制作的轮廓曲线，为其添加"挤出"修改器，在挤出参数面板中设置挤出"数量"为2.5，如图16-58所示。

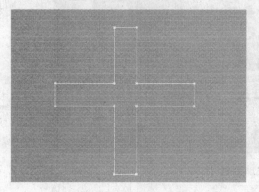

图16-57　制作的封闭曲线

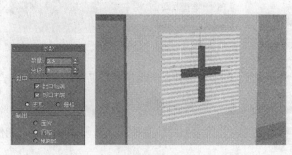

图16-58　挤出参数面板和挤出后的效果

（41）进入到图形创建命令面板中，依次单击 → → 文本 按钮，在文本参数面板中输入"社区医疗中心"，在前视图中单击鼠标左键创建出文字，然后将字体设置为"黑体"，"大小"设置为40。再在前视图中单击创建文本。如图16-59所示。

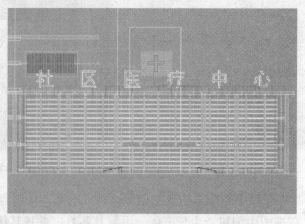

图16-59　文本参数面板和创建的文本

（42）选择创建的文本，然后为其添加"挤出"修改器，在挤出参数面板中设置挤出"数量"为2，如图16-60所示。

（43）选中挤出后的文本，在修改器列表中为其添加"弯曲"修改器，将弯曲"角度"的值设置为27，"弯曲轴"设置为X，使其依附在楼体上，如图16-61所示。

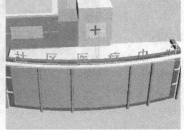

图16-60 挤出参数面板和挤出后的效果   图16-61 弯曲参数面板和弯曲后的效果

（44）制作前门台阶侧栏，可以使用 线 工具绘制出形状，然后进行挤出。台阶可以使用长方体制作，效果如图16-62所示。

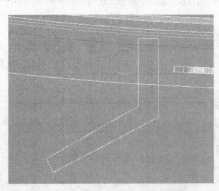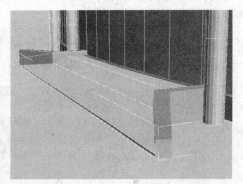

图16-62 制作的台阶和扶手

（45）根据前面介绍的方法制作出门厦部分的模型，效果如图16-63所示。

图16-63 制作的门厦

（46）这样门厅部分就制作完成了，如图16-64所示。

 在制作复杂模型时，为了减少工作量，可以考虑不制作那些看不到的元素，在这里，楼的背面就看不到，因此可以不制作。但是，要求制作时，必须把它们制作出来。

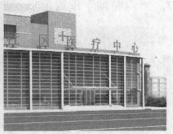

图16-64　门厅部分的效果

16.2.3　制作地面

现在，医疗中心的主体部分已经制作完成，下面要制作地面。在制作地面时，需要把握总体的布局结构。一般包括路面、边路和草坪等。当然，如果需要还可以添加其他的一些饰物。下面开始制作地面。

（1）制作路面。在标准基本体创建命令面板中依次单击 ⚙ → ◎ → 文本 按钮，在顶视图中创建一个长度值为1760、宽度值为2455的长方体，并命名为"路面"，如图16-65所示。

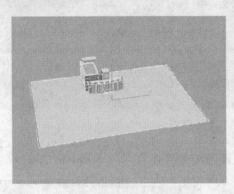
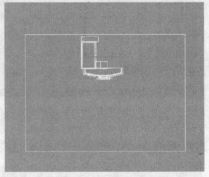

图16-65　创建的路面造型及位置

 该效果图中路面的面积比较大，因此这里把所有的路面作为一个整体进行设计。

（2）制作地面。在标准基本体创建命令面板中依次单击 ⚙ → ◎ → 长方体 按钮，在顶视图中创建一个长度值为4500、宽度值为6600、高度值为20的长方体，命名为"地面"，并调整其位置，如图16-66所示。

（3）创建花池。进入到图形创建命令面板中，依次单击 ⚙ → ◎ → 矩形 按钮，在顶视图创建一个矩形。然后进行应用"编辑样条线"修改器进行轮廓，再进行挤出操作，效果如图16-67所示。

（4）制作马路对面的地面。在标准基本体创建命令面板中依次单击 ⚙ → ◎ → 长方体 按钮，在顶视图中创建一个长方体，如图16-68所示。

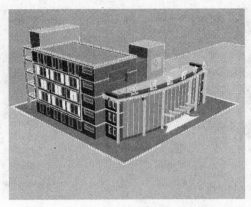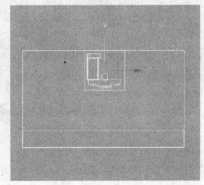

图16-66 创建的地面造型及位置

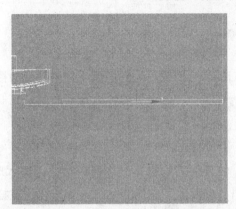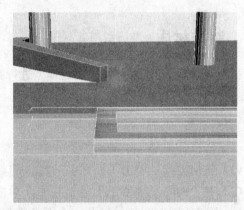

图16-67 创建的矩形

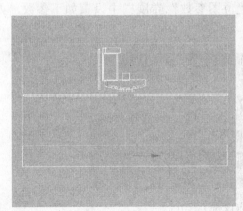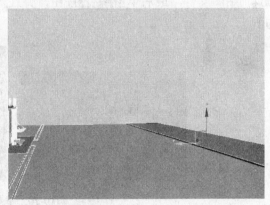

图16-68 制作的长方体

（5）制作行车线，在标准基本体创建命令面板中依次单击 ➍ → ◎ → 长方体 按钮，在顶视图中创建一个长方体，命名为"白色斑马线"，并调整其形态及位置。激活顶视图，按住Shift键，并使用工具栏中的"选择并移动" ✛ 工具将其以"实例"的方式复制2个，如图16-69所示。

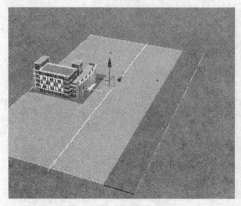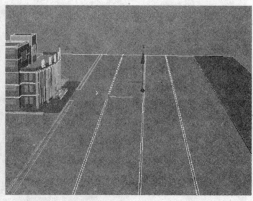

图16-69　创建的行车线

16.3　制作材质

我们可以把需要使用一种材质的模型进行归类，然后统一为它们赋予材质，比如楼体上的所有玻璃材质，所有的装饰线材质、白色斑马线材质等，这也是为什么在前面要把它们分别成组的原因。

1. 制作玻璃材质

（1）按M键或是单击工具栏中的█按钮，打开材质编辑器，选择一个空白样本球。

（2）在"Blinn基本参数"卷展栏中，单击"漫反射"右侧的贴图方块按钮，在打开的对话框中双击"位图"图标，打开一个图像选择窗口，在这个窗口中选择配套资料中的"玻璃WB004"贴图文件，最后单击██按钮，并在"位图参数"卷展栏中设置如下参数，如图16-70所示。

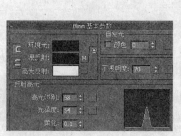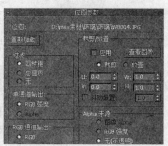

图16-70　参数设置

（3）将漫反射贴图以实例的方式复制到反射通道里。然后在视图中选择前厅玻璃幕墙和其他玻璃物体。单击"将材质指定给选定对象"██按钮，将材质赋予选择的物体。

2. 制作墙体材质

（1）选择一个空白样本球。

（2）在"Blinn基本参数"卷展栏中单击"漫反射"右侧的贴图方块按钮，在打开的对话框中双击"平铺"图标，然后在"高级控制"参数面板中将"水平数"的值设置为50，将"垂直数"的值设置为100，如图16-71所示。

（3）在视图中选中墙体造型，单击"将材质指定给选定对象"按钮，将材质赋予选择的物体。

3. 制作白色装饰柱材质

（1）选择一个空白样本球。

（2）进入到"Blinn基本参数"面板中，在"反射高光"选项栏中设置"高光级别"的值为6，"光泽度"的值为10，如图16-72所示。

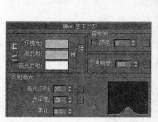 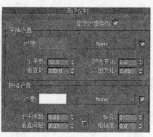 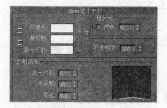

图16-71 参数面板 　　　　　　　　　　　图16-72 参数面板

（3）在视图中选择装饰墙柱造型、装饰线、楼板，单击"将材质指定给选定对象"按钮，将材质赋予选择的物体。

4. 制作字体材质

（1）选择一个空白样本球，进入到"Blinn基本参数"面板中，将"环境光"色块和"漫反射"色块设置为深红色，设置如图16-73所示。

 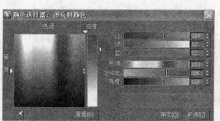

图16-73 "Blinn基本参数"面板和设置颜色

（2）在"反射高光"选项栏中设置"高光级别"的值为30，"光泽度"的值为49。然后设置漫反射的颜色为深红色，并设置其他参数，如图16-74所示。

图16-74 参数面板

（3）在视图中选中文字造型和医疗中心标志造型，单击"将材质指定给选定对象"按钮，将材质赋予选择的物体。

5. 制作地面材质

（1）选择一个样本球。

（2）在"Blinn基本参数"卷展栏中单击"漫反射"右侧的贴图方块按钮，在打开的对话框中双击"位图"图标，打开一个图像选择窗口，在这个窗口中选择配套资料中的"地面GR-098"贴图文件，单击打开按钮。然后在"位图参数"卷展栏中设置如下参数，如图16-75所示。

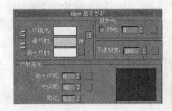

图16-75　参数面板

（3）在视图中选择地面造型，单击"将材质指定给选定对象"按钮，将材质赋予选择的物体。

提示　白色车行线和黄色车行线通过设置合适的颜色即可，不再详细介绍。

16.4　设置灯光

在设置室外效果的灯光时，要先从主光开始，如果感觉某个区域不亮，那么可以再添加其他的灯光。

（1）单击按钮，进入到"对象类型"面板中，单击目标平行灯光按钮。然后在前视图的右上角单击并向左下角拖动，创建一盏目标平行灯光，如图16-76所示。

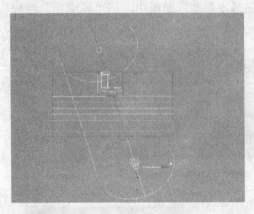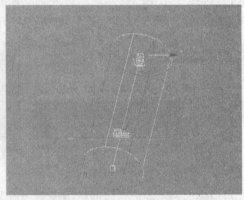

图16-76　创建的目标平行灯光

（2）选中创建的目标平行灯光，单击按钮进入到"常规参数"设置面板中。设置灯光的"倍增"值为2。然后进入到"平行光参数"面板中，将"聚光区/光束"的值设置为1232，如图16-77所示。

（3）按F9键渲染摄影机视图，效果如图16-78所示。

提示　如果亮度不够，可以通过增加灯光的倍增值或者通过添加一盏目标聚光灯进行照明。

（4）从渲染结果来看，阴影及楼板下面还是太暗，接下来继续添加辅助灯光。在视图中创建一盏泛光灯，并设置好参数，如图16-79所示。

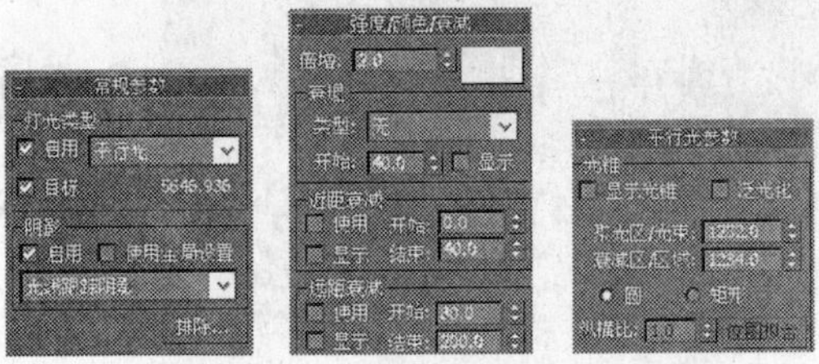

图16-77　设置的灯光参数

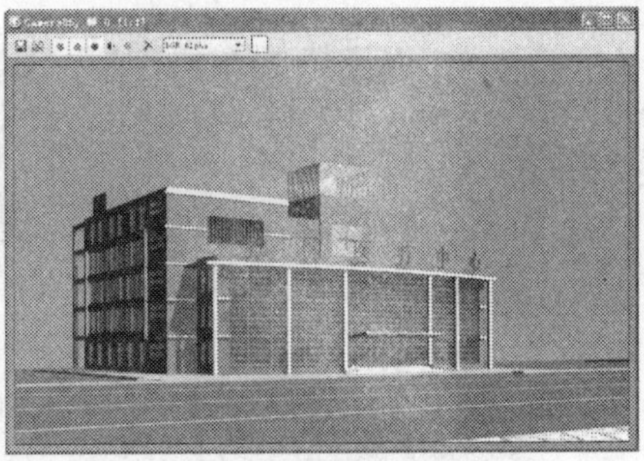

图16-78　渲染效果

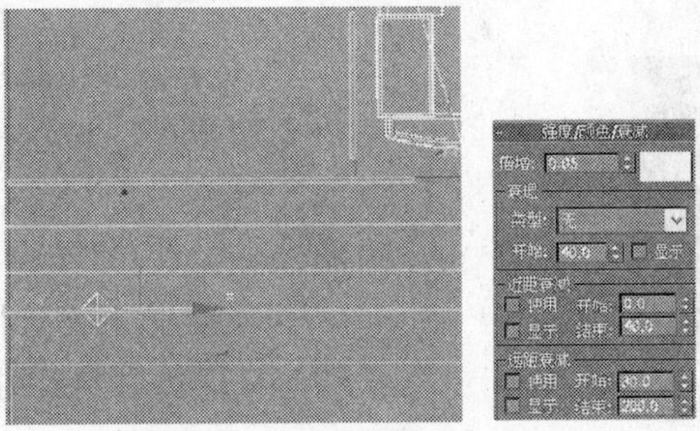

图16-79　创建的泛光灯

（5）为了获得比较好的照明效果，可以选中创建的泛光灯，将其以实例的方式复制几盏，并均匀调整好它们的位置，如图16-80所示。

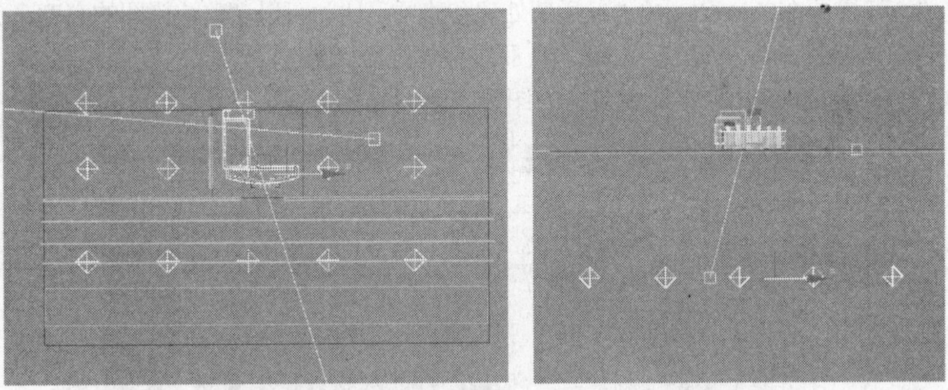

图16-80　复制的泛光灯

（6）按F9键渲染摄影机视图，效果就比较好了。

16.5　创建摄影机和进行渲染

还需要为创建的场景添加一个摄影机，以便更好地观察场景和制作出需要的效果图。

（1）进入到标准创建命令面板中，然后依次单击 → → 目标 按钮，在顶视图中单击并拖曳鼠标左键，创建一个目标摄影机，并在视图中调整其位置，如图16-81所示。

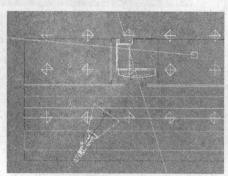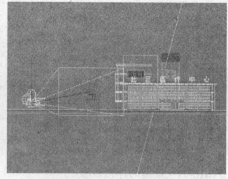

图16-81　摄影机的位置

图16-82　摄影机的参数设置

（2）选择摄影机，单击■按钮进入到修改命令面板中，设置好镜头参数，如图16-82所示。激活"透视"视图，按C键切换到摄影机视图。

（3）按F9键进行渲染，并将渲染的图像保存起来，然后导入到Photoshop中进行处理。

16.6　后期处理

通常，还需要在Photoshop中进行后期处理和修饰，比如可以调整渲染图的亮度，色调等，还要为它添加背景、树、汽车、人等。最后对整体进行调整。

（1）启动Photoshop，打开渲染好的图片，如图16-83所示。

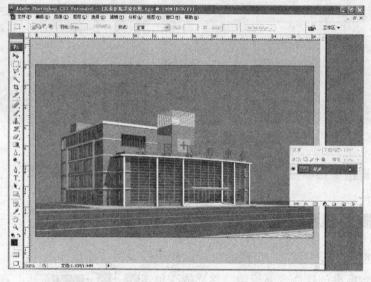

图16-83　在Photoshop中打开渲染的图片

（2）打开一幅带有蓝天白云的背景图片，并按Ctrl+A进行选择。

（3）使用Photoshop中的"魔棒工具"选择效果图中的蓝色背景，然后选择"编辑→粘贴入"命令为其添加背景，并调整图像的大小和位置，如图16-84所示。

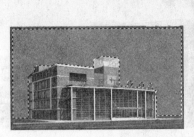

图16-84　选择的背景和导入背景图片

（4）添加背景楼群，打开配套资料中的背景楼体和远景绿化文件，将其导入并调整其位置，如图16-85所示。

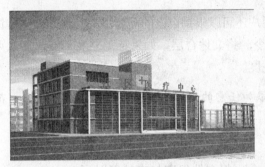

图16-85　导入楼群和树木后的效果

（5）接下来调整主体医疗中心的亮度。选择医疗中心图层，按Ctrl+M键打开"曲线"对话框，设置其参数如图16-86所示。

（6）调整后的效果如图16-87所示。

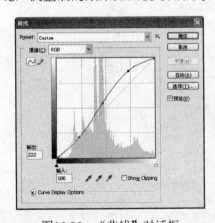
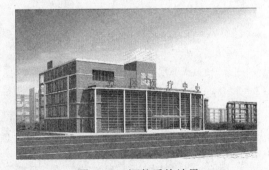

图16-86　"曲线"对话框　　　　　图16-87　调整后的效果

（7）打开配套资料中的汽车文件和人群图像，把它们拖入到渲染图片中，并使用移动工具调整它的大小和位置，如图16-88所示。

（8）导入前景装饰树。打开配套资料提供的前景树，将其导入并调整其位置，效果如图16-89所示。

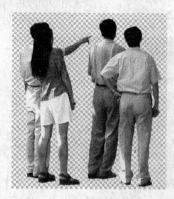

图16-88　添加人物和汽车后的效果

图16-89　添加的前景树

 用户添加这样的图片时，如果色调或亮度与背景图片不匹配，那么可以通过执行"图像→调整→曲线"命令或者"图像→调整→色彩命令"进行调整。

（9）添加的一些装饰内容制作完成后，用户还可以根据自己的需要添加其他的一些装饰。添加完成后，执行"图层→合并可见图层"命令，将文件合层。如果感觉亮度不够，那么可以使用"图像→调整→曲线"命令调整图片的亮度。

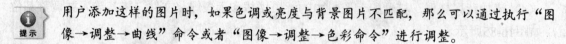 读者可以根据自己的需要在效果图中添加任意的内容，比如更多的汽车、行人、花草树木和背景效果等。

（10）调整后的效果如前图16-1所示。

（11）选择菜单栏中的"文件→存储"命令，将文件保存起来就可以了。

附录A 3ds Max 2010中的快捷键

在这里总结并收集了在3ds Max 2010中使用的快捷键，熟练地使用这些快捷键可以帮助用户提高工作效率。

主界面

显示降级适配（开关）	【O】
适应透视图格点	【Shift】+【Ctrl】+【A】
排列	【Alt】+【A】
角度捕捉（开关）	【A】
动画模式 （开关）	【N】
改变到后视图	【K】
背景锁定（开关）	【Alt】+【Ctrl】+【B】
前一时间单位	【.】
下一时间单位	【,】
改变到顶视图	【T】
改变到底视图	【B】
改变到摄影机视图	【C】
改变到前视图	【F】
改变到等大的用户视图	【U】
改变到右视图	【R】
改变到透视图	【P】
循环改变选择方式	【Ctrl】+【F】
默认灯光（开关）	【Ctrl】+【L】
删除物体	【Delete】
当前视图暂时失效	【D】
是否显示几何体内框（开关）	【Ctrl】+【E】
显示第一个工具条	【Alt】+【1】
专家模式	【Ctrl】+【X】
暂存场景	【Alt】+【Ctrl】+【H】
取回场景	【Alt】+【Ctrl】+【F】
冻结所选物体	【6】
跳到最后一帧	【End】
跳到第一帧	【Home】
显示/隐藏摄影机	【Shift】+【C】
显示/隐藏几何体	【Shift】+【O】
显示/隐藏网格	【G】

显示/隐藏帮助物体	【Shift】+【H】
显示/隐藏光源	【Shift】+【L】
显示/隐藏粒子系统	【Shift】+【P】
显示/隐藏空间扭曲物体	【Shift】+【W】
锁定用户界面（开关）	【Alt】+【0】
匹配到摄影机视图	【Ctrl】+【C】
材质编辑器	【M】
最大化当前视图（开关）	【Alt】+【W】
脚本编辑器	【F11】
新建场景	【Ctrl】+【N】
法线对齐	【Alt】+【N】
向下轻推网格	小键盘【-】
向上轻推网格	小键盘【+】
NURBS表面显示方式	【Alt】+【L】或【Ctrl】+【4】
NURBS调整方格1	【Ctrl】+【1】
NURBS调整方格2	【Ctrl】+【2】
NURBS调整方格3	【Ctrl】+【3】
偏移捕捉	【Alt】+【Ctrl】+【空格】
打开一个MAX文件	【Ctrl】+【O】
平移视图	【Ctrl】+【P】
交互式平移视图	【I】
放置高光	【Ctrl】+【H】
播放/停止动画	【/】
快速渲染	【Shift】+【Q】
回到上一场景操作	【Ctrl】+【A】
回到上一视图操作	【Shift】+【A】
撤销场景操作	【Ctrl】+【Z】
撤销视图操作	【Shift】+【Z】
刷新所有视图	【1】
用前一次的参数进行渲染	【Shift】+【E】或【F9】
渲染配置	【Shift】+【R】或【F10】
在xy/yz/zx锁定中循环改变	【F8】
约束到X轴	【F5】
约束到Y轴	【F6】
约束到Z轴	【F7】
旋转视图模式	【Ctrl】+【R】或【V】
保存文件	【Ctrl】+【S】
透明显示所选物体（开关）	【Alt】+【X】
选择父物体	【PageUp】

选择子物体	【PageDown】
根据名称选择物体	【H】
选择锁定（开关）	【空格】
减淡所选物体的面（开关）	【F2】
显示所有视图网格 （开关）	【Shift】+【G】
显示/隐藏命令面板	【3】
显示/隐藏浮动工具条	【4】
显示最后一次渲染的图画	【Ctrl】+【I】
显示/隐藏主要工具栏	【Alt】+【6】
显示/隐藏安全框	【Shift】+【F】
显示/隐藏所选物体的支架	【J】
显示/隐藏工具条	【Y】/【2】
百分比捕捉（开关）	【Shift】+【Ctrl】+【P】
打开/关闭捕捉	【S】
循环通过捕捉点	【Alt】+【空格】
声音（开关）	【\】
间隔放置物体	【Shift】+【I】
改变到光线视图	【Shift】+【4】
循环改变子物体层级	【Ins】
子物体选择（开关）	【Ctrl】+【B】
帖图材质修正	【Ctrl】+【T】
加大动态坐标	【+】
减小动态坐标	【-】
激活动态坐标（开关）	【X】
精确输入转变量	【F12】
全部解冻	【7】
根据名字显示隐藏的物体	【5】
刷新背景图像	【Alt】+【Shift】+【Ctrl】+【B】
显示几何体外框（开关）	【F4】
视图背景	【Alt】+【B】
用方框快显几何体（开关）	【Shift】+【B】
打开虚拟现实	数字键盘【1】
虚拟视图向下移动	数字键盘【2】
虚拟视图向左移动	数字键盘【4】
虚拟视图向右移动	数字键盘【6】
虚拟视图向中移动	数字键盘【8】
虚拟视图放大	数字键盘【7】
虚拟视图缩小	数字键盘【9】
实色显示场景中的几何体（开关）	【F3】

全部视图显示所有物体　　　　　　　【Shift】+【Ctrl】+【Z】

视图缩放到选择物体范围　　　　　　【E】

缩放范围　　　　　　　　　　　　　【Alt】+【Ctrl】+【Z】

视图放大两倍　　　　　　　　　　　【Shift】+数字键盘【+】

放大镜工具　　　　　　　　　　　　【Z】

视图缩小两倍　　　　　　　　　　　【Shift】+数字键盘【-】

根据框选进行放大　　　　　　　　　【Ctrl】+【w】

视图交互式放大　　　　　　　　　　【[】

视图交互式缩小　　　　　　　　　　【]】

轨迹视图

加入关键帧　　　　　　　　　　　　【A】

前一时间单位　　　　　　　　　　　【<】

下一时间单位　　　　　　　　　　　【>】

编辑关键帧模式　　　　　　　　　　【E】

编辑区域模式　　　　　　　　　　　【F3】

编辑时间模式　　　　　　　　　　　【F2】

展开对象切换　　　　　　　　　　　【O】

展开轨迹切换　　　　　　　　　　　【T】

函数曲线模式　　　　　　　　　　　【F5】或【F】

锁定所选物体　　　　　　　　　　　【空格】

向上移动高亮显示　　　　　　　　　【↓】

向下移动高亮显示　　　　　　　　　【↑】

向左轻移关键帧　　　　　　　　　　【←】

向右轻移关键帧　　　　　　　　　　【→】

位置区域模式　　　　　　　　　　　【F4】

回到上一场景操作　　　　　　　　　【Ctrl】+【A】

撤销场景操作　　　　　　　　　　　【Ctrl】+【Z】

用前一次的配置进行渲染　　　　　　【F9】

渲染配置　　　　　　　　　　　　　【F10】

向下收拢　　　　　　　　　　　　　【Ctrl】+【↓】

向上收拢　　　　　　　　　　　　　【Ctrl】+【↑】

材质编辑器

用前一次的配置进行渲染　　　　　　【F9】

渲染配置　　　　　　　　　　　　　【F10】

撤销场景操作　　　　　　　　　　　【Ctrl】+【Z】

示意视图

下一时间单位	【>】
前一时间单位	【<】
回到上一场景操作	【Ctrl】+【A】
撤销场景操作	【Ctrl】+【Z】
绘制区域	【D】
渲染	【R】
锁定工具栏（泊坞窗）	【空格】

视频编辑

加入过滤器项目	【Ctrl】+【F】
加入输入项目	【Ctrl】+【I】
加入图层项目	【Ctrl】+【L】
加入输出项目	【Ctrl】+【O】
加入新的项目	【Ctrl】+【A】
加入场景事件	【Ctrl】+【s】
编辑当前事件	【Ctrl】+【E】
执行序列	【Ctrl】+【R】
新建序列	【Ctrl】+【N】
撤销场景操作	【Ctrl】+【Z】

NURBS编辑

CV约束法线移动	【Alt】+【N】
CV约束到U向移动	【Alt】+【U】
CV约束到V向移动	【Alt】+【V】
显示曲线	【Shift】+【Ctrl】+【C】
显示控制点	【Ctrl】+【D】
显示格子	【Ctrl】+【L】
NURBS面显示方式切换	【Alt】+【L】
显示表面	【Shift】+【Ctrl】+【s】
显示工具箱	【Ctrl】+【T】
显示表面整齐	【Shift】+【Ctrl】+【T】
根据名字选择本物体的子层级	【Ctrl】+【H】
锁定2D 所选物体	【空格】
选择U向的下一点	【Ctrl】+【→】
选择V向的下一点	【Ctrl】+【↑】
选择U向的前一点	【Ctrl】+【←】
选择V向的前一点	【Ctrl】+【↓】

根据名字选择子物体	【H】
柔软所选物体	【Ctrl】+【S】
转换到Curve CV层级	【Alt】+【Shift】+【Z】
转换到Curve层级	【Alt】+【Shift】+【C】
转换到Imports层级	【Alt】+【Shift】+【I】
转换到Point层级	【Alt】+【Shift】+【P】
转换到Surface CV层级	【Alt】+【Shift】+【V】
转换到Surface层级	【Alt】+【Shift】+【S】
转换到上一层级	【Alt】+【Shift】+【T】
转换降级	【Ctrl】+【X】

FFD编辑

转换到控制点层级	【Alt】+【Shift】+【C】
到格点层级	【Alt】+【Shift】+【L】
到设置体积层级	【Alt】+【Shift】+【S】
转换到上层级	【Alt】+【Shift】+【T】

打开的UVW贴图

进入（编辑）UVW模式	【Ctrl】+【E】
调用*.uvw文件	【Alt】+【Shift】+【Ctrl】+【L】
保存UVW为*.uvw格式的文件	【Alt】+【Shift】+【Ctrl】+【S】
打断选择点	【Ctrl】+【B】
分离边界点	【Ctrl】+【D】
过滤选择面	【Ctrl】+【空格】
水平翻转	【Alt】+【Shift】+【Ctrl】+【B】
垂直翻转	【Alt】+【Shift】+【Ctrl】+【V】
冻结所选材质点	【Ctrl】+【F】
隐藏所选材质点	【Ctrl】+【H】
全部解冻	【Alt】+【F】
全部取消隐藏	【Alt】+【H】
从堆栈中获取面选集	【Alt】+【Shift】+【Ctrl】+【F】
锁定所选顶点	【空格】
水平镜像	【Alt】+【Shift】+【Ctrl】+【N】
垂直镜像	【Alt】+【Shift】+【Ctrl】+【M】
水平移动	【Alt】+【Shift】+【Ctrl】+【J】
垂直移动	【Alt】+【Shift】+【Ctrl】+【K】
平移视图	【Ctrl】+【P】
像素捕捉	【S】

平面贴图面/重设UVW	【Alt】+【Shift】+【Ctrl】+【R】
水平缩放	【Alt】+【Shift】+【Ctrl】+【I】
垂直缩放	【Alt】+【Shift】+【Ctrl】+【O】
移动材质点	【Q】
旋转材质点	【W】
等比例缩放材质点	【E】
焊接所选的材质点	【Alt】+【Ctrl】+【W】
焊接到目标材质点	【Ctrl】+【W】
Unwrap的选项	【Ctrl】+【O】
更新贴图	【Alt】+【Shift】+【Ctrl】+【M】
将Unwrap视图扩展到全部显示	【Alt】+【Ctrl】+【Z】
框选放大Unwrap视图	【Ctrl】+【Z】
将Unwrap视图扩展到所选材质	【Alt】+【Shift】+【Ctrl】+【Z】
点的大小	
缩放到Gizmo大小	【Shift】+【空格】
缩放工具	【Z】

反应器

建立反应	【Alt】+【Ctrl】+【C】
删除反应	【Alt】+【Ctrl】+【D】
编辑状态切换	【Alt】+【Ctrl】+【S】
设置最大影响	【Ctrl】+【I】
设置最小影响	【Alt】+【I】
设置影响值	【Alt】+【Ctrl】+【V】

Video Post

添加新事件	【Ctrl】+【A】
添加场景事件	【Ctrl】+【S】
编辑当前事件	【Ctrl】+【E】
执行序列	【Ctrl】+【R】
新建序列	【Ctrl】+【N】
添加图像过滤器事件	【Ctrl】+【F】
添加图像输入事件	【Ctrl】+【I】
添加图像层事件	【Ctrl】+【L】
添加图像输出事件	【Ctrl】+【O】

粒子流

在粒子流视图中粘贴	【Ctrl】+【V】
选择粒子流视图中的全部内容	【Ctrl】+【A】
选定粒子发射切换	【Shift】+【；】
复制粒子流视图中的选定内容	【Ctrl】+【C】
粒子发射切换	【；】
粒子视图切换	【6】

反侵权盗版声明

　　电子工业出版社依法对本作品享有专有出版权。任何未经权利人书面许可，复制、销售或通过信息网络传播本作品的行为；歪曲、篡改、剽窃本作品的行为，均违反《中华人民共和国著作权法》，其行为人应承担相应的民事责任和行政责任，构成犯罪的，将被依法追究刑事责任。

　　为了维护市场秩序，保护权利人的合法权益，我社将依法查处和打击侵权盗版的单位和个人。欢迎社会各界人士积极举报侵权盗版行为，本社将奖励举报有功人员，并保证举报人的信息不被泄露。

　　举报电话：（010）88254396；（010）88258888

　　传　　真：（010）88254397

　　E-mail：　dbqq@phei.com.cn

　　通信地址：北京市万寿路173信箱

　　　　　　　电子工业出版社总编办公室

　　邮　　编：100036